国家重点研发计划项目（2017YFC1500502）资助

地震危险性判定技术方法系列丛书

# 地震电磁分析预测技术方法工作手册

中国地震局监测预报司　组织编著

地震出版社

图书在版编目（CIP）数据

地震电磁分析预测技术方法工作手册／中国地震局监测预报司编著.
—北京：地震出版社，2020.12
ISBN 978-7-5028-5248-1

Ⅰ.①地…　Ⅱ.①中…　Ⅲ.①电磁学—分析—预测技术—手册　Ⅳ.①O441－62

中国版本图书馆 CIP 数据核字（2020）第 235152 号

地震版　XM4723/O（6023）

地震危险性判定技术方法系列丛书
**地震电磁分析预测技术方法工作手册**
中国地震局监测预报司　组织编著

责任编辑：王　伟
责任校对：凌　樱

出版发行：地震出版社
　　　　　北京市海淀区民族大学南路 9 号　　　　邮编：100081
　　　　　发行部：68423031　68467993　　　　传真：88421706
　　　　　门市部：68467991　　　　　　　　　传真：68467991
　　　　　总编室：68462709　68423029　　　　传真：68455221
　　　　　专业部：68721991
　　　　　http://seismologicalpress.com
　　　　　E-mail：68721991@sina.com
经销：全国各地新华书店
印刷：河北文盛印刷有限公司

版（印）次：2020 年 12 月第一版　　2020 年 12 月第一次印刷
开本：787×1092　1/16
字数：403 千字
印张：15.75
书号：ISBN 978-7-5028-5248-1
定价：120.00 元

# 丛书编委会

主　任：阴朝民
成　员：宋彦云　马宏生　张浪平　邵志刚　周龙泉
　　　　张　晶　冯志生　孙小龙

# 本书编写组

组　长：冯志生
成　员：冯丽丽　李鸿宇　倪晓寅　戴　苗　谭大诚
　　　　解　滔　姚　丽　朱培育　黄　颂　李军辉
　　　　姜楚峰　戴　勇　王建军　袁桂平　何　康
　　　　樊文杰　管贻亮　何　畅　廖晓峰　贺曼秋
　　　　刘素珍　李　霞　康建红　艾萨·伊斯马伊力
　　　　赵俊香　章　鑫　袁文秀　李　莎　王庆林

# 序

自 1966 年邢台地震起，中国地震预报工作开启了漫长的科学探索，经过地震人 50 多年的艰苦卓绝的努力，人们在认识地震发生过程，掌握和应用地震预报理论、技术、方法等方面已取得了长足的进步，在地震预报的实际应用中取得了某些成功，积累了丰富的地球物理观测数据，产出大量的有关地震预报的研究成果和专著以及近 400 次 $M \geqslant 5.0$ 级地震震例，正式出版 15 册《中国震例》（1966~2015）。这些文献成为广大地震预报科学工作者必备的基础资料。已有的研究成果多是基于部分震例，针对某项异常、或某一区域的某种预测方法的研究，涉及了部分基础知识。但鉴于论文、专著都是一些探讨性的研究，没有系统地、全面地介绍技术方法或前兆异常的基础理论。而《中国震例》仅仅是针对单次地震前异常现象的汇总，缺乏利用各技术方法进行全时空扫描的虚报率、漏报率相关统计研究。目前我国地震预测研究仍处于基于震例统计的经验预测阶段，日常震情跟踪与年度危险区判定依据主要来自《中国震例》的经验总结。因此，迫切需要系统清理出具有普适性、指标性的方法来指导预测工作。

为了获取地震孕育、发生过程中相关的前兆信息，充分发挥地震监测预报各学科专业团队的攻坚作用，中国地震局监测预报司于 2014 年组织成立了测震、形变、地下流体和电磁四个学科的分析预报技术管理组（中震测函 [2014] 7 号），开展了前兆异常核实、预报效能检验、预测指标梳理、技术方法整理等一系列分析预报业务工作。从 2015 年开始，四大学科技术管理组组织众多专家历经 5 年的清理研究，对我国 50 年来积累的震例和现有的预报技术方法进行了认真总结、系统梳理、科学评价，遴选出一系列当前预报人员使用频率高、通过预报效能检验的技术方法。在国家重点研发计划项目《基于密集综合观测技术的强震短临危险性预测关键技术研究》的资助下，四大学科管理组有关专家梳理总结了与地震预报业务相关的基础理论知识、异常识别方法、异常判定规则以及预测指标体系，编写了《地震危险性判定技术方法系列丛书》，供各级分析预报人员和科研人员参照使用，逐步推进预报工作规范化、系统化和指标化。

# 前　言

依据中震测函〔2014〕55 号和中震测函〔2014〕90 号文件有关规定，2015 年开始，电磁分析预报技术管理组组织人员开展了地震电磁分析预报方法指标研制与完善工作，共研制完善 9 个方法并编著成本手册。本手册各方法内容主要包括：方法概述、指标体系、指标依据、异常与震例。方法概述简要阐述了该方法的基本原理及采用物理量、国内外进展、异常机理和计算步骤，计算步骤总体要求采用相同资料可以重复相同计算结果。指标体系包括异常判据、预测规则和预报效能。异常判据和预测规则总体要求定量、明确、可操作，预报效能要求虚报率最低报对率最高。指标依据介绍了本手册建立这些指标体系所采用的分析资料和依据，这些依据绝大部分来自震例的统计结果。异常与震例详细给出了采用资料相应范围内有震异常、虚报异常和疑似异常，它们是本手册的预报指标体系的主要统计依据。

本手册共七章，第一章"地震电磁学概述"简要介绍了地震电磁学研究内容，其分类体现了本手册的研究与编制思路。第二章主要介绍了地电场干扰处理及地电场优势方位角法。该工作是地震地电场分析方法的重要研究进展，极大地推动了我国地震地电场分析预报工作。地壳岩石裂隙方向的变化与应力变化及地震活动关系密切，地电场优势方位角反映了观测场地及附近一定范围介质含水裂隙优势方向的变化。第三章主要介绍了地震地磁日变化异常分析方法，包括地磁低点位移法、地磁加卸载响应比法、地磁逐日比法、地磁日变化空间相关法和地磁每日一值差分法。这些方法提取的是地磁场垂直分量日变化畸变异常，这些畸变异常与地壳感应电流集中有关，其中地磁日变化空间相关方法给出的重叠异常，其实质是线状集中分布地磁日变化感应电流短期内原地重现，是地震地磁日变化分析的发展方向，并且，地震主要发生在重叠段的端部，预测区域大为缩小，克服了地震地磁日变化分析方法存在的预测区域大的缺陷；另外，地磁每日一值差分法由地磁每日一值空间相关法发展而来，它克服了相关法参考台影响异常可靠性的缺点，但距离实际应用还有很多工作需要开展；地磁加卸载响应比法和地磁逐日比法的预报指标体系对震级和地点的准确性有了较大提高，这些工作是此次指标建设工作的一大进展。第四章介绍了地震地磁扰动异常的分析方法，它实际上是属于过去的电磁波磁场信号分析处理范畴，但介绍的地磁垂直强度极化法物理思路清晰，采用的磁通门资料相对于过去的电磁波观测资料稳定可靠，反映了此次指标建设工作在此方面的最新研究进展。第五章介绍了直流视电阻率法异常分析方法，主要为按本手册要求归纳总结的直流视电阻率指标体系及其有关内容。第六章介绍了磁测深视电阻率异常分析方法，该工作拓展了地震地球介质电阻率分析途径，改变了过去仅仅依靠直流视电阻率开展地震预报工作的局面，是地震电阻率分析预报工作的重要进展，其中，速率累加法已经具有实用价值，是有关研究人员持之以恒开展研究工作的成果。第七章简要介绍与本手册有关的地磁分析软件。本手册未涉及地震岩石圈磁异常分析方法，也未涉及卫星资料开展分析的方法。

本手册第二章研究工作主要由谭大诚、王建军、范莹莹和安张辉完成；第三章最新研究工作由冯志生指导完成，其中，地磁低点位移由姚丽、黄颂和章鑫完成，地磁加卸载响应比由戴苗、朱培育完成，地磁逐日比由倪晓寅、朱培育、艾萨·伊斯马伊力完成，地磁日变化相关由戴勇、李军辉、姜楚峰、章鑫和朱培育完成，地磁每日一值差分法由袁桂平和李鸿宇完成；第四章研究工作由冯志生指导，冯丽丽、何畅、管贻亮、樊文杰、廖晓峰、李霞、贺曼秋、姚休义、朱培育、刘素珍、袁文秀和艾萨·伊斯马伊力完成；第五章由解滔、卢军、杜学彬归纳总结完成；第六章研究工作由冯志生指导完成，累加速率法由李鸿宇、袁桂平、朱培育和康建红完成，空间线性度法由何康、王庆林和朱培育完成；第七章软件由冯志生指导，朱培育编制完成，袁桂平、李鸿宇、毕波和赵俊香参与调试完善。

本手册第一章由冯志生执笔，第二章由谭大诚、李霞、张国苓、赵玉红、张志宏、张国强、辛建村、王玮铭、王宇执笔，第三章第二节由黄颂和姚丽执笔，第三节由戴苗执笔，第四节由倪晓寅执笔，第五节由李军辉、戴勇和姜楚峰执笔，第六节由袁桂平执笔，第四章由冯丽丽、樊文杰、何畅、管贻亮、廖晓峰、贺曼秋、李霞、姚休义、朱培育、刘素珍、袁文秀和艾萨·伊斯马伊力执笔，第五章由解滔、杜学彬、卢军执笔，第六章第一、二节由李鸿宇执笔，

第三节由何康和王庆林执笔，第七章由朱培育执笔，地震参数由贺曼秋、姜楚峰和李莎核实，参考文献由何畅编辑而成。

本手册预测指标术语含义。应报地震：预测指标预测地震三要素范围之内的所有地震；报对地震：发生在预测三要素范围内的地震，其中一个异常发生多次地震的，按实际发生地震次数计算；漏报地震：震前无异常地震，应报地震=报对地震+漏报地震；非报地震：预测三要素范围之外的地震；异常总数：满足判据的所有异常；有震异常：异常之后发生满足预测规则地震发生的异常；虚报异常：满足判据异常之后无满足预测规则地震发生的异常，异常总数=有震异常+虚报异常；疑似异常：异常不满足判据，但异常之后有满足预测规则地震发生的异常；异常报对率：有地震异常占所有异常的比例，其中多个异常发生一次地震的，按实际异常次数计算；地震漏报率：漏报地震占应报地震的比例，其中一个异常对应多次地震的，按实际发生地震次数计算。

在本手册编写过程中，得到中国地震局监测预报司领导的支持和指导。在此一并致以谢意。

# 目　　录

# 第1章 地震电磁学概述

地震电磁学源于地球电磁学，而地球电磁学又是电磁学在地球科学中的具体应用。电磁学是研究电磁场变化规律和相互转换，以及电磁场与电磁介质相互作用的科学，它基于两个重要实验获得的毕奥-萨伐尔（Biot-Savart）定律和电磁感应定律，加上麦克斯韦关于变化电场即位移电流产生磁场的假设，构成电磁学的整个理论体系——麦克斯韦电磁理论。地震电磁学是研究地震孕育和发生过程中出现的有关电磁现象的学科，地球电磁学的电磁场时空变化规律、电磁感应分析方法和地壳磁异常（岩石圈磁异常）分析方法等被广泛应用于地震电磁学。

地震电磁研究主要包含四个方面：地震与地电场的关系、地震与地磁场的关系、地震与地球介质电磁参数——电阻率和磁化率的关系、变化电磁场对地震的触发作用。基于地震电磁异常变化规律和研究方法以及观测资料，地震与电磁场研究大致可以分为四个频段，从长周期到高频分别为：长期变化、日变化、电磁扰动、电磁波，其中，长期变化的周期范围大致为几年到数十天，日变化为数十天到数分钟，电磁扰动为数百秒（数分钟）到数百赫兹，电磁波为数百赫兹到数千赫兹，甚至数兆赫兹。

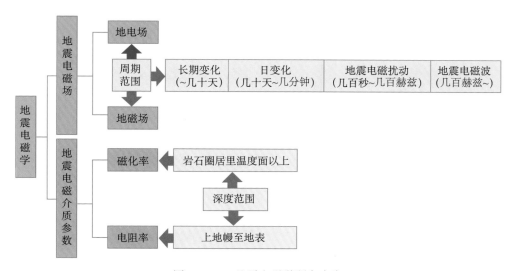

图 1.0-1 地震电磁学研究内容

地震地磁场日变化异常的研究方法主要有地磁低点位移法、地磁加卸载响应比法、地磁逐日比法、地磁日变化相关法和地磁每日一值差分法（地磁每日一值相关法），目前来看其异常现象与地磁学中的地磁变化异常一样，在电磁学机理上，它们都是感应电流在地壳的集中分布所致，由于其这些感应电流分布于地壳和上地幔，埋深浅，其引起的感应场变化主要分布于地磁垂直分量，因此前述方法采用资料基本都是地磁垂直分量。地震地电场日变化异常的研究方法主要有地电场优势方位角法、地电场垂直极化投影法和地电场强度方位角法，它们反映的都是场地及附近介质的极化特性变化。地震电磁扰动异常的研究方法目前主要有地磁垂直强度极化和水平椭圆极化法，它们的优点是能给出电磁信号的来源。

地震电磁学研究的地球介质电阻率变化和岩石圈介质磁化率变化可以深及震源区及更深范围。介质电阻率尤其是含流体介质电阻率对应力应变的变化十分敏感，往往呈倍数至数十倍变化；介质磁化率对温度敏感，岩石圈介质磁化率容易受深部上涌热流体影响。因此，地球介质电阻率和磁化率是研究孕震区介质变化及开展地震预报应用的最理想参数之一。目前，地震地电阻率异常的研究方法主要有直流视电阻率法、磁测深视电阻率法和大地电磁测深视电阻率法。地震岩石圈磁异常研究则属于地磁长期变化研究范围，其研究基本思路是观测地磁绝对值，再分别剔除变化磁场和地心偶极子磁场。

变化电磁场对地震的触发作用也是地震电磁研究的一个领域，主要包括磁暴、地磁日变化和地磁长期变化等对地震的触发作用。

地震电磁观测可以分为地面观测和空间电离层观测，其中空间电离层观测又包括空间卫星观测和地面对空观测。

# 第 2 章　地震地电场日变化异常分析方法

## 2.1　概述

  人类在 19 世纪初已经观测到地球表面存在电流，1940 年 S. Chapman 和 J. Bartels 提出了大地电场 $E_T$、自然电场 $E_{sp}$ 的概念（孙正江和王华俊，1984）；1984 年，希腊学者提出从地电场观测资料中提取 SES 信号（Seismic electric signals）预测地震的 VAN 法（Varotsos and Alexopoulous，1984a，1984b），其原理主要应用了自然电场数据（马钦忠等，2004），但一直存在争议（黄清华，2005）。

  我国应用地电场数据开展地震预测分析最早主要是常规波形分析方法（钱复业和赵玉林，2005）。近 20 年来也探索了多种分析方法，如频谱分析（范莹莹等，2010）、极化方位计算（毛桐恩等，1999）、长短极距比值计算（田山和王建国，2009）等。针对观测数据受到环境影响，除了应用 VAN 法识别外，也发展了其他干扰分析方法（Tan and Xin，2017）。学科发展认为（黄清华，2005）从复杂电磁环境中提取相对较弱的地震电磁信号，有必要探寻数学、信号处理与地震电磁物理过程结合的物理解析方法。由此，地电场学科开展了地电场机理、特征、数值模拟等研究（黄清华和刘涛，2006；叶青等，2007；黄清华和林玉峰，2010；谭大诚等，2010，2019），基于对大地电场的物理解析深入认识，近年探索了自然电场、大地电场初步分离原理（谭大诚等，2012），逐步发展出地电场优势方位角分析方法（谭大诚等，2011，2014，2019）。

  目前，应用于预测的前兆方法，包括地电场多种分析方法都存在一定的局限性。例如：VAN 法的点源模型对远源识别较好，而对近源的干扰判定存在一定的风险，这使得其在华北等构造活动相对平稳地区应用较好；由于没有确认地震孕育发生的特定信号频率，使得频谱分析方法更注重 FFT 前几阶谐波的能量，环境干扰对其影响就相对明显；极化方位计算主要存在取值的差异、结果的离散等；长短极距比值方法的机理尚不清楚。总体上，这些方法或存在应用推广技术难题，或存在机理解释困难，或抗干扰性差等问题；近年发展的地电场优势方位角分析方法机理解释、抗干扰性较好，但也存在场地选择性局限等。

## 2.2　干扰处理

  地震地电场观测装置是以"多方位、多极距"为布设原则，其布极区面积最小都会有数万平方米。在目前的观测技术和经济发展状况下，地电场观测数据会不同程度带有干扰成分，中国大陆在这方面相对突出。地电场观测的干扰源具有多样性，干扰的影响在时域、频域中也具有复杂性，这增加了应用地电场数据开展地震预测的困难。

目前，为降低或消除地电场数据中干扰成分对预测的影响，总体上有两种技术处理思路：一是识别并排除，这种技术思路基本都在时域中开展，具有直观性，主要方法有基于VAN法原理的干扰识别法、同区域多场地对比法等；二是抽取特定信号分析，这种思路多会基于频域的分析结果，再应用特定算法开展，具有抽象性，地电场优势方位角计算就应用了这一思路。

## 2.2.1　VAN法的干扰识别

VAN法的基本原理建立在"点源"模型基础上，其将信号源看成是一个"点源"，并依据信号源与观测装置的距离分成"远源"和"近源"两类。通常，当这个距离大约超过10倍极距时，该信号源可视为"远源"，反之视为"近源"，如图2.2－1a所示。基于"点源"模型，当信号源是"远源"时，VAN法视其为SES信号（Seismic electric signals）；当信号源是"近源"时，VAN法视为干扰。

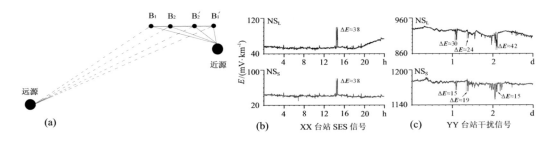

图2.2－1　基于VAN法原理的干扰识别

在数据曲线中，"远源"和"近源"容易判断。如果是"远源"信号，即SES信号，那么场地同测向的观测装置长、短极距的 $\Delta E$ 值几乎相等，如图2.2－1b所示；如果是"近源"信号，即干扰，则其长、短极距的 $\Delta E$ 值差异明显，如图2.2－1c所示。

应指出，目前我国地电场观测是分钟采样，看到的SES信号持续时间基本是分钟量级，通常在2~3个测向都会出现。另外，近年发展的高压直流输电系统偶尔以大地作为回流时，在其影响范围内的观测装置长、短极距 $\Delta E$ 值可能几乎相等，但不属于SES信号。

## 2.2.2　同区域多场地对比

地电场由大地电场 $E_{\mathrm{T}}$ 和自然电场 $E_{\mathrm{SP}}$ 构成。剧烈的区域构造活动常导致许多场地应力应变、地下流体出现变化，这种变化就会通过地电场在大空间范围得以体现，而且不同场地异常应该在 $E_{\mathrm{SP}}$ 或 $E_{\mathrm{T}}$ 的形态、时间等方面表现出某些差异。如在构造活动剧烈的青藏高原，近年的大震、强震前后，总能发现至少十余个相距较远台站 $E_{\mathrm{SP}}$ 或 $E_{\mathrm{T}}$ 出现形态多种、时间准同步的短临异常现象，而且其趋势性变异也存在这种现象（谭大诚等，2012；Tan and Xin，2017）。图2.2－2是3组邻近场地的数据短临、趋势变异对比图。

应用同区域多场地对比法，需确认同一断裂带或构造活动关联区域内存在（Tan and

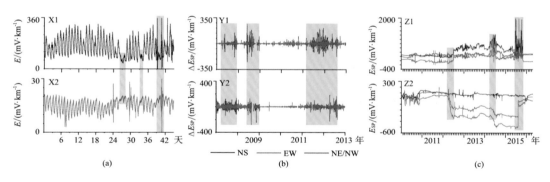

图 2.2-2　邻近场地的信号变异对比识别

Xin，2017）：

（1）多个场地 $E_{SP}$ 或 $E_T$ 跃变、突跳、畸变或趋势性变异等具有时间准同步性，并且变化形态不具有完全的一致性。

（2）多个场地 $E_{SP}$ 或 $E_T$ 趋势性变异表现出此起彼伏的准连续性。

满足上述条件之一，即可认为这些场地 $E_{SP}$ 或 $E_T$ 变异具有可信度。显然，一个区域内满足上述条件的场地愈多，$E_{SP}$ 或 $E_T$ 变异的可信度愈高。

应指出：在上述条件中，时间准同步的含义具有相对性，如分析数十天的数据，时间准同步可以相差数小时或数天；分析年尺度的趋势性变化，则时间准同步可以相差数十天。另外，也存在大范围的干扰因素，例如地电暴、高压直流输电系统偶尔以大地作为回流时的影响，但这些影响都是短时、较容易识别。

## 2.2.3　抽取特定信号分析

识别并排除干扰的技术思路具有直观性，但在时域中开展的过程，需要大量精力对变化数据进行识别判断。通常，在构造活动相对平稳、环境和装置较好的场地，这种做法基本不是问题，反之则困难重重。地电场优势方位角方法中，一是采取了抽取特定信号分析，这些信号基本是 FFT 前 10 阶频率固定的谐波；二是计算方位角过程中应用了两个方位谐波振幅和的比值（谭大诚等，2019），具体做法见下面 2.3 节计算步骤。图 2.2-3 表明，这两个步骤明显降低了环境干扰对优势方位角计算结果的影响。

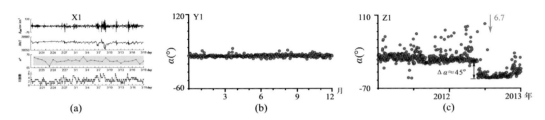

图 2.2-3　地电场优势方位角方法的抗干扰效果图例

（a）空间电磁扰动对西北某台方位角影响；（b）高压直流输电影响范围内华北某台；

（c）复杂环境中某台对附近强震反映

## 2.3　地电场优势方位角

### 2.3.1　方法概述

#### 1. 基本原理

地电场优势方位角是目前地电场日变化异常主要分析方法，其主要原理如下。

大地电场 $E_T$ 日变源于电离层 $S_q$ 电流和潮汐力（黄清华和刘涛，2006；谭大诚等，2010），其中 $S_q$ 电流导致的 $E_T$ 日变波形见图2.3 – 1a所示。受场地条件等影响，任一场地的 $E_T$ 瞬时方向总处于变化中。在条件较好的场地，$E_T$ 瞬时方向基本在优势方位附近随机跳动，如图2.3 – 1b中Ⅰ、Ⅲ段（设为南偏西）及Ⅱ段（设为北偏东）方向为该场地的 $E_T$ 优势方位（谭大诚等，2019）。

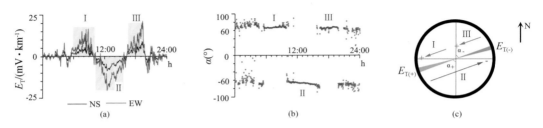

图2.3 – 1　大地电场瞬时方向及优势方位图示

（a）平凉台 $E_T$ 日变形波（2016.05.24）；（b）平凉台 $E_T$ 方向瞬时变化（2016.05.24）；
（c）平凉台 $E_T$ 优势方位（2016.05.24）

地壳中岩体内总存在含水裂隙，基于大地电场 $E_T$ 的岩体裂隙水（电荷）渗流（移动）模型，这些裂隙水或水中电荷在以日为周期沿裂隙往返渗流或移动，如图2.3 – 1c所示（谭大诚等，2019）。因此，岩体裂隙结构的优势方位基本就是地电场 $E_T$ 的优势方位。

在台站地电场 NS、NW 测向之间的相关性高时，地电场 $E_T$ 优势方位角 $\alpha$（北偏东）计算公式（谭大诚等，2014，2019）如下：

$$\alpha \approx 180 - (180/\pi) \cdot \tan^{-1}\left(\sqrt{2}\,\frac{\sum_{i=1}^{10} A_{\mathrm{NW}(i)}}{\sum_{i=1}^{10} A_{\mathrm{NS}(i)}} - 1\right) \qquad (2.3 - 1)$$

式中，$A_{\mathrm{NW}(i)}$、$A_{\mathrm{NS}(i)}$ 分别为 NW、NS 测向第 $i$ 阶潮汐谐波振幅。$A_i$ 计算如下：

对于一个数据序列 $y_t$（时间序列总数 $n$），数学上可表示成：

$$y_t = \bar{y} + \sum_{i=1}^{n/2} \left[ a_i \cdot \cos\left(\frac{2\pi it}{n}\right) + b_i \cdot \sin\left(\frac{2\pi it}{n}\right) \right]$$

式中 $a_i$、$b_i$ 计算公式：

$$a_i = \frac{2}{n} \cdot \sum_{t=1}^{n} y_t \cdot \cos\left(\frac{2\pi it}{n}\right) \qquad b_i = \frac{2}{n} \cdot \sum_{t=1}^{n} y_t \cdot \sin\left(\frac{2\pi it}{n}\right)$$

则 $A_i$ 为：

$$A_i = \sqrt{a_i^2 + b_i^2} \tag{2.3-2}$$

需指出：

（1）计算 $\alpha$ 前，需先进行多测向之间的相关系数检查。通常，选取相关系数高的两个测向进行 $\alpha$ 计算。

（2）式（2.3-1）仅是应用 NS、NW 测向数据的计算公式。当应用其他相关测向计算 $\alpha$ 时，其表达式需相应调整。

（3）应用式（2.3-1）计算中，谐波振幅 $A_i$ 数据采用前 10 阶潮汐谐波振幅，但也可应用后几阶潮汐谐波计算。

**2. 国内外进展**

国内外电磁学科普遍观点认为大地电场 $E_T$ 仅起源于空间电流系，是空间电流通过电磁感应在地表形成了大地电场 $E_T$。地震孕育是地下介质中应力积累，因此在地震地电场研究中更注重自然电场 $E_{SP}$ 研究，如 1984 年提出的 VAN 法就是希望从自然电场 $E_{SP}$ 观测资料中提取 SES 信号，进而开展地震预测尝试。

中国学者基于大地电场 $E_T$ 日变波形的时域和频域特征，2010 年提出了 $E_T$ 日变波源于电离层 $S_q$ 电流和潮汐力说法，即大地电场的潮汐机理（黄清华和刘涛，2006；谭大诚等，2010）。按照这一机理认识，岩体裂隙水中的电荷是在 $S_q$ 电流感应作用下以日为周期移动，或裂隙水在潮汐力作用下以日为周期渗流，这样就建立了大地电场 $E_T$ 的岩体裂隙水（电荷）渗流（移动）模型（谭大诚等，2014，2019）。在地下介质应力积累过程中，会导致岩体裂隙结构变化，从而使得大地电场 $E_T$ 的强度或方向发生变化。因此，通过对大地电场 $E_T$ 研究，理论上也能够开展地震预测尝试。

地电场优势方位角方法主要是计算大地电场 $E_T$ 方向的逐日变化情况。应用这一方法，可以看到近年中国大陆发生的多次大震、强震前出现了较显著的异常现象。

**3. 异常机理**

基于中国大陆 100 余个地电场台分钟观测数据，可见到在多个水平测向之间，大地电场 $E_T$ 日变波总表现出同相或反相的相位关联特征。图 2.3-2a、c 是两个地电场台站在一天中三个测向的地电场日变波形，图 2.3-2a 显示这个场地 NS、NE、EW 测向 $E_T$ 日变波形的相位相同，图 2.3 - 2c 显示另一个台 EW 与 NS、NW 测向波形的相位相反。研究表明（辛建村和谭大诚，2017a）岩体裂隙优势方位对不同测向 $E_T$ 日变波的相位关联至关重要，如图 2.3 - 2b 所示裂隙优势方位可导致出现图 2.3 - 2a 所示的同相关系，图 2.3 - 2d 所示裂隙优势方位则导致出现图 2.3 - 2c 所示的反相关系。

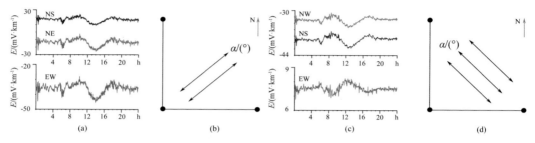

图 2.3 - 2　多方位大地电场的相位关系及机理图示

基于地电场 $E_T$ 优势方位 $\alpha$ 持续变化的范围进行分类，可见到图 2.3 - 3 所示三类（谭大诚等，2019）：

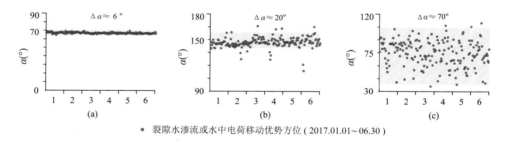

● 裂隙水渗流或水中电荷移动优势方位（2017.01.01～06.30）

图 2.3 - 3　典型的地电场优势方位角正常变化形态

在图 2.3 - 3a 中，$\alpha$ 变化几乎成一条直线，$\Delta\alpha$ 跳动范围小，反映场地岩体裂隙发育好，在孕育中强地震区域常见这种背景；图 2.3 - 3b 中，$\alpha$ 角变化范围 $\Delta\alpha$ 不大，反映场地岩体裂隙发育较正常；图 2.3 - 3c 中，$\alpha$ 角变化范围 $\Delta\alpha$ 大，反映场地岩体裂隙可能较破碎（少数情况会是裂隙生成阶段），这基本是中小地震发生区域具有的背景。

需指出，多数场地长期观测过程中，$\alpha$ 角偶尔会跳出正常变化范围，如图 2.3 - 3b 中所示，这是正常的情况。多数情况下，这种跳动的频繁程度会与环境、装置、场地等因素有关，其具有间断、不连续的特点。

通常，震中附近孕震过程的应力在不断变化，理论上岩体裂隙结构会因应力变化而变化。在实际场地，岩体结构差异会使其裂隙结构对应力变化的响应出现差异，这导致了不同场地的优势方位角 $\alpha$ 异常具有场地选择性现象。在部分场地，应力积累过程会导致岩体裂隙结构发生剧烈变化，使得该场地的地电场优势方位角 $\alpha$ 发生显著变异，比如：$\alpha$ 分布范围出现大幅度改变、跃变等，而当岩石受压破裂时，剪裂会导致 $\alpha$ 发生约45°角的变异，共轭剪裂会导致 $\alpha$ 发生约90°角的变化（谭大诚等，2019）。

**4. 计算步骤**

1）数据选取

取全天 24 小时分钟值数据，数据源于数据库（原始或预处理数据）。对于个别缺测点，用其前或后的可靠数据填补；同一天缺数（含直线数据）累积超过 100 分钟，则不对当天进行相关计算。

2）不同方位间相关系数计算

根据选取的长或短极距数据，计算不同方位之间分钟数据的相关系数。

3）潮汐谐波振幅计算

对不同测向分钟值数据（1 天 1440 个）分别进行 FFT 运算，获取其 24、12、8、6、4.8、4、3.4、3、2.7、2.4h（周期）谐波的振幅和。

4）优势方位角计算

一般选取不同方位间相关系数最大的两个方位，基于上一步骤计算的潮汐谐波振幅和数据，按照类似式（2.3 - 1）计算优势方位角。

## 2.3.2　指标体系

**1. 异常判据**

通常，一个场地的地电场优势方位 $\alpha$ 角会在一定范围内随机分布，如图 2.3 - 3 所示。在一个区域内（约 300km）或同一条断裂带附近，多个场地 $\alpha$ 角集中分布出现跃变、集中分布与发散分布出现转换，并且持续一周以上，可判定方位角 $\alpha$ 变化为异常。异常主要的表现形态见图 2.3 - 5 所示。

需指出：

（1）可信度分析：在相关区域内，这种 $\alpha$ 异常变化的场地愈多，其可信度愈高；当 $\alpha$ 出现约 45° 左右或约 90° 左右异常时，其可信度也会提高。

（2）主要影响因素：观测装置连接不可靠，如虚焊、漏电等。

**2. 预测规则**

发震时间：从异常开始计时，异常出现后 6 个月内发震几率高。异常持续 6 个月或以上期间没有发生强震或 4 级左右丛集地震，则异常消失后 3 个月内可能发震。总体上，异常持续期间发震比例接近 75%，异常结束后发震比例约 25%。

发震地点：台站附近约 300km 以内。通常，$\alpha$ 出现约 45°（或 90°）左右异常的场地更靠近震中。

发震强度：西部（南北带以西）4.5 级以上；东部 4.0 级以上。

**3. 取消规则**

预测取消：满足下列条件之一，则预测取消。

（1）异常期间有对应地震发生，异常恢复后一个月取消。

（2）异常恢复后有对应地震发生即取消。

（3）异常恢复后三个月内无地震即取消。

### 4. 预测效能

表 2.3 - 1　大陆地区大地电场优势方位角预测效能统计结果

| 序号 | 震级范围 $M_s$ | 异常总数 | 应报地震 | 有震异常 | 异常报对率 | 报对地震 | 地震漏报率 |
|---|---|---|---|---|---|---|---|
| 1 | ≥4.0 | 61 | 18 | 50 | 81% | 13 | 28% |
| 2 | ≥4.5 | 53 | 21 | 42 | 79% | 13 | 39% |
| 3 | ≥4.5 | 88 | 35 | 72 | 81% | 25 | 29% |

备注：①序号 1 为东北地区；2 为西北地区；3 为南北地震带及附近。

②统计时段：东北、西北为 2008～2018 年，南北地震带附近为 2014～2018 年。

③本方法为近年研究新方法。

## 2.3.3　指标依据

### 1. 资料概况

研究区域：主要有三个区域，即东北地区的黑龙江、吉林、辽宁；西北地区的新疆、青海和甘肃天祝以西；南北地震带及附近地区。

统计时段：东北、西北为 2008～2018 年，南北地震带附近为 2014～2018 年。

台站选择：研究区域内所有台站均为统计分析应用台站，但对每个震例统计分析中只选择震中 300km 内台站。

地震选取：东北地区 4.0 级及以上；西北、南北地震带附近 4.5 级及以上。

### 2. 指标依据

应用地电场优势方位角方法统计分析的台站主要分布在三大区域，即东北、西北、南北地震带附近，如图 2.3 - 4 所示。对这些区域 100 多次震例的分析总结，获知震前发生地电场优势方位角异常主要集中在 300km 左右以内区域。

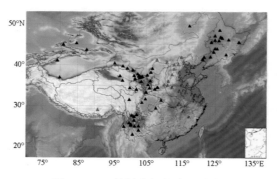

图 2.3 - 4　统计分析的台站分布

黑色为统计分析台站

异常主要现象有：集中分布出现跃变、集中分布与发散分布出现转换，尤其是发生约 45°或 90°改变，这些异常现象会具有持续性。异常持续时间方面，较短时间一般在 1 周以上，较长时间可持续数月，绝大多数在 6 个月内，少数震例发生在 6 个月后或异常消失后 3 个月内。由此，提出了地电场优势方位角方法的异常判据、预测规则。

### 2.3.4 异常与震例

**1. 异常概述**

通常，任一场地的地电场优势方位 $\alpha$ 角会在一定范围内分布，如图 2.3 - 3 所示。按照本节的"异常判据"，多场地优势方位角 $\alpha$ 集中分布出现跃变、集中分布与发散分布出现转换，且具有持续性可视为异常，$\alpha$ 角典型异常形态主要有图 2.3 - 5 所示几种现象：

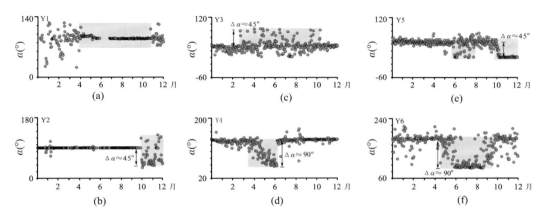

图 2.3 - 5 场地 $\alpha$ 角典型异常形态图例

(a) 跳变范围显著收窄/成近直线； (b) 跳变范围显著增大/最大变约 45°；

(c) 跳变范围明显加大且持续/最大增约 45°； (d) 跳变范围增大/方位角持续偏转/最大偏约 90°；

(e) 跳变范围加大/中间值偏转约 45°/收窄近直线； (f) 中间值渐变/最大偏约 90°

图 2.3 - 5 中的几种异常现象具有特征：一是如图 2.3 - 5a、b 阴影区 $\alpha$ 分布范围快速出现显著收窄或增大，其图（b）最大变化接近 45°；二是如图 2.3 - 5c 阴影区 $\alpha$ 稳定值基本没有变化，但 $\alpha$ 持续出现间断跳变，其范围最大接近 45°；三是如图 2.3 - 5d、f 阴影区 $\alpha$ 出现显著的或快或慢持续偏转，最终偏转角度以 45°或 90°为其特点。实际场地异常现象有时会复杂些，如图 2.3 - 5e 前、后两次异常中，前一次 $\alpha$ 持续出现间断跳变，后一次 $\alpha$ 发生 45°快速偏转，并且 $\alpha$ 分布范围明显收窄。

需注意：观测环境、装置的干扰可能会引起 $\alpha$ 不稳定变化。通常，在干扰幅度较小或干扰时间短时，多会导致优势方位角 $\alpha$ 出现较小幅度的突跳，而且突跳幅度一般不会太大，也不会出现持续的 45°或 90°突跳。

**2. 有震异常**

注：以下各震例中，图（a）中标注为红色三角形的台站，其 $\alpha$ 有异常现象。

（1）2018 年 5 月吉林松原 5.7 级地震。

2018 年 5 月 28 日，吉林松原发生 5.7 级地震。震前，300km 内的黑龙江望奎、肇东、绥化、林甸台 α 有异常现象，台站分布如图 2.3 - 6a 所示。其中，望奎台（约 129km）在 2018 年 2 月中旬至 3 月中旬，α 中间值逐步从 45°左右下降至接近 0°，并且 α 分布范围明显收窄，几乎变成一条直线，如图 2.3 - 6b 所示。这期间及 3 月中旬后，肇东、绥化、林甸等台出现类似现象，肇东台 α 异常变化如图 2.3 - 6c 所示。

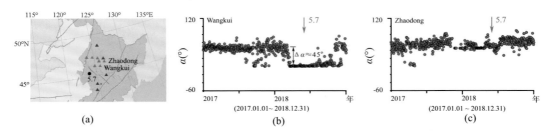

图 2.3 - 6　吉林松原 5.7 级地震周边场地 α 角异常图例

（2）2017 年 8 月四川九寨沟 7.0 级地震。

2017 年 8 月 8 日，四川九寨沟发生 7.0 级地震。震前 300km 内汉王、玛曲、成都台 α 有异常，台站分布如图 2.3 - 7a 所示。2016 年底，汉王台（109km）、宝鸡台（355km）的 α 分布范围明显收窄，2017 年 4 月底宝鸡台 α 分布范围再次显著增大，如图 2.3 - 7b、c 所示。

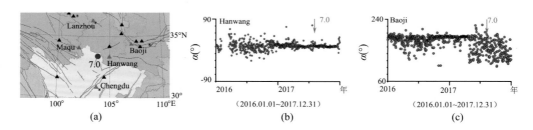

图 2.3 - 7　四川九寨沟 7.0 级地震周边场地 α 角异常图例

（3）2016 年 12 月新疆呼图壁 6.2 级和 2017 年 8 月精河 6.6 级地震。

2017 年 8 月 9 日，新疆精河发生 6.6 级地震。震前，距震中约 200km 的克拉玛依（红浅）台站 α 有异常现象，台站位置见图 2.3 - 8a。该台在 2017 年 5 月中旬至 7 月初，α 值逐步从 140°左右下降至 60°左右，7 月中旬 α 恢复原值，如图 2.3 - 8b 所示。同时，乌鲁木齐台在 7 月初，其偏转的 α 值恢复原值，如图 2.3 - 8c 所示。

2016 年 12 月 8 日，新疆呼图壁发生 6.2 级地震。震前，距震中约 100km 的乌鲁木齐台站 α 有异常现象，台站位置见图 2.3 - 8a。该台自 2016 年 10 月底，α 值从 90°左右开始突跳，最大下跳至 45°左右，其 α 异常变化如图 2.3 - 8c 所示。此外，2016 年 6 月前后，克拉玛依台 α 分布范围显著增大，如图 2.3 - 8b 所示。

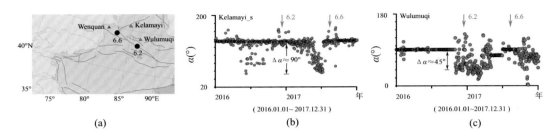

图 2.3 - 8　新疆呼图壁 6.2 和精河 6.6 级地震周边场地 α 角异常

（4）2016 年 1 月青海门源 6.4 级地震。

2016 年 1 月 21 日，青海门源发生 6.4 级地震。震前 300km 内武威、天祝台阵等台站 α 有异常，台站分布如图 2.3 - 9a 所示。其中，武威台（约 80km）自 2015 年 3 月底开始的 α 显著突跳在 11 月中旬结束，其范围主要在 30°~75°间，见图 2.3 - 9b 所示；黄羊川台（约 130km）在 2015 年 12 月中旬的 α 值比当年初上升了约 45°，见图 2.3 -9c 所示。此外，金银滩台（约 100km）表现出震后异常，大武台（约 380km）是较小幅度突跳，如图 2.3 - 9d、e 所示。

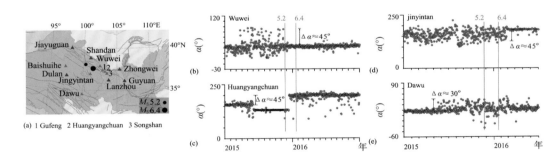

图 2.3 - 9　青海门源 6.4 级地震周边场地 α 角异常图例

（5）2015 年 10 月云南香格里拉 4.8 级和昌宁 5.0 级地震。

2015 年 10 月 29、30 日，云南香格里拉和昌宁分别发生 4.8 和 5.0 级地震。震前，300km 内的盐源、洱源、弥渡和元谋台 α 有异常现象，周边台站分布如图 2.3 - 10a 所示。其中，洱源台（距昌宁约 130km，距香格里拉约 170km）自 2015 年 7 月初 α 偏离背景值约 45°近成直线，如图 2.3 - 10b 所示；弥渡台（距昌宁约 123km，距香格里拉约 245km）在 2015 年 8 月 29 日至 9 月 8 日（计 11 天），α 值分布范围收窄成近直线，见图 2.3 - 10c 所示。此外元谋台 α 异常与这两台具有准同步性。

（6）2014 年 8 月云南鲁甸 6.5 级地震。

2014 年 8 月 3 日，云南鲁甸发生 6.5 级地震。震前，300km 内的泸沽湖、盐源、嵩明等台 α 有异常现象，周边台站分布如图 2.3 - 11a 所示。其中，盐源台（约 205km）自 2014 年

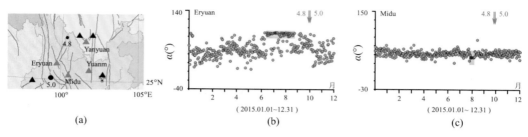

图 2.3 - 10　云南香格里拉 4.8 级和昌宁 5.0 级地震周边场地 α 角异常图例

6 月初 α 偏离背景值，如图 2.3 - 11b 所示；泸沽湖台（约 280km）同样在 2014 年 6 月初 α 分布范围收缩成近直线，见图 2.3 - 11c 所示。此外，嵩明台 α 异常与这两台具有准同步性。

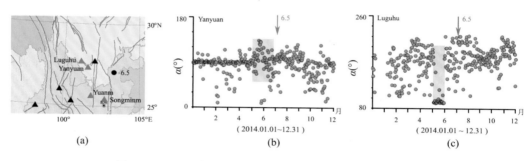

图 2.3 - 11　云南鲁甸 6.5 级地震周边场地 α 角异常图例

（7）2013 年 7 月甘肃岷县漳县 6.6 级地震。

2013 年 7 月 22 日，甘肃岷县、漳县交界处发生 6.6 级地震。地震前后，300km 内的汉王、红沙湾、宝鸡等台站 α 有异常现象，稍超出 300km 的黄羊川、周至等台也有异常，台站分布见图 2.3 - 12a 所示。其中，汉王台（约 145km）自 2013 年 5 月底，α 中间值从 0° 左右下降至接近负 45°，见图 2.3 - 12b 所示；周至台（约 355km）自 2013 年初 α 分布范围增大，5 月底后 α 中间主线已不可分辨，见图 2.3 - 12c 所示。

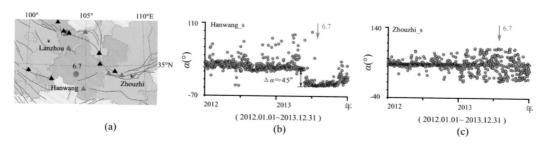

图 2.3 - 12　甘肃岷县漳县 6.6 级地震周边场地 α 角异常现象图例

（8）2013 年 1 月辽宁灯塔 5.1 级地震。

2013 年 1 月 23 日，辽宁灯塔发生 5.1 级地震。震中附近 300km 内有新城子、义县、四平三个台站，台站分布见图 2.3－13a。义县台（约 158km）自 2012 年 10 月底 α 从约 45°跃变至接近 88°，11 月底至 12 月初短时复原，12 月中旬后 α 基本在 88°至 −2°间跳变，见图 2.3－13b 所示；新城子台（约 66km）在 2012 年 8 月 α 分布范围出现约 15°下降，12 月初 α 跳变增加至约 45°，震后 α 基本稳定，见图 2.3－13c 所示。

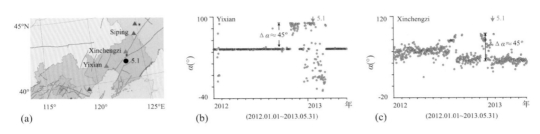

图 2.3－13　辽宁灯塔 5.1 级地震周边场地 α 角异常现象

（9）2013 年 10 月 31 日吉林前郭 5.6 级地震。

2013 年 10 月 31 日吉林前郭 5.6 级地震。震中 300km 内黑龙江望奎、肇东等台站，台站分布见图 2.3－14a。望奎（266.07km）优势方位角 α 异常见图 2.3－14b 所示，其 α 分布范围在 2013 年 8 月后再次收缩成近直线；肇东（206.8km）的 α 角异常见图 2.3－14c 所示，其 α 值在震前偏转近 45°，且收缩成近直线。

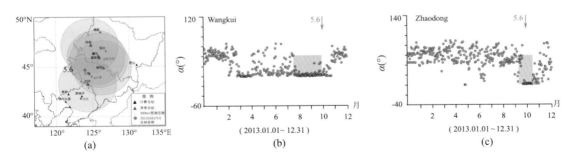

图 2.3－14　吉林前郭 5.6 级地震优势方位角异常图

**3. 虚报异常**

在预测工作中，需严格应用本方法的"异常判据"和"预测规则"。然而，如果出现区域内仅有单个台站或仅有一个台可用等情况，则可能存在虚报。下面是预报工作中可能出现的一些虚报问题：

1）距离虚报

新疆和田台在 2011~2012 年期间的优势方位角 α 变化如图 2.3－15 所示。在 2011 年 9 月于田 5.5 级（239km）、2012 年 3 月洛浦 5.9 级（285km）、2012 年 8 月于田 6.2 级

（263km）级地震前，该台 $\alpha$ 均出现异常变化，但 2012 年 9 月中旬后，$\alpha$ 角再次出现异常，当年底及 2013 年中，该台 300km 内没有 4.5 级以上地震发生。

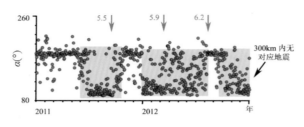

图 2.3 – 15　新疆和田台优势方位角异常图

　　问题简评：上述现象的可能原因有两方面，一是地电场优势方位角方法的异常判据、预测规则是统计结果，不排除少量例外现象。其实，2013 年 2、3 月，在约 400km 外的阿图什分别发生了 4.5、5.1 级两次地震；二是该台周边没有其他台站可对比，"异常判据"难于严格执行。

　　2）时间虚报

　　2017 年 11 月 23 日，距重庆红池坝台约 270km 外的武隆发生 5.0 级地震。此前，该台有两次异常出现，第一次发生在图 2.3 – 16a 中"异常 1"所示时间段，第二次发生在图 2.3 – 16a 中"异常 2"所示时间段。第一次异常超出方位角 $\alpha$ 正常背景变化范围，并有持续性，以此"异常 1"预测则存在虚报时间。

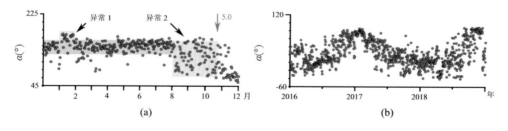

图 2.3 – 16　虚报周边地震图例
（a）重庆红池坝台（2017.01.11~12.31）；（b）福建泉州台（2016.01.11~2018.12.31）

　　问题简评：第一次"异常 1"持续时间基本够了，但相对该台方位角 $\alpha$ 背景的正常变化范围，"异常 1"的幅度变化不显著。对于 $\alpha$ 背景变化幅度较大时，显著异常要类似"异常 2"所示形态。其实，在"异常 1"持续时间段中，没有周边其他台对应。

　　3）地震虚报

　　2016~2018 年，福建泉州附近没有发生 4.0 级以上地震。在这期间，泉州台 $\alpha$ 背景变化出现规律性异常，如图 2.3 – 16b 所示。如果以方位角 $\alpha$ 变化幅度进行预测，则存在地震虚报。

　　问题简评：该台方位角 $\alpha$ 背景出现周期性变化的原因不详，需进一步落实及研究。

**4. 地震漏报**

在预测工作中，严格应用本方法的"异常判据"和"预测规则"也可能存在漏报现象：2016 年 5 月 22 日辽宁朝阳 4.5 级地震，300km 内义县（101.92km）、阜新（151.03km）台站优势方位角 α 异常发生在该次地震后，其震后异常见图 2.3 - 17 所示。

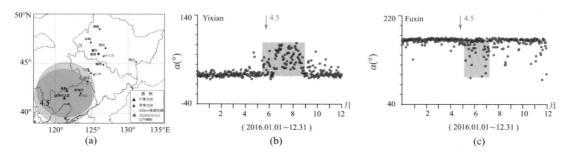

图 2.3 - 17　辽宁朝阳 4.5 级地震优势方位角漏报现象

**5. 疑似异常**

1）小幅度疑似异常

2016 年 8 月和 12 月，距重庆仙女山台 300km 范围内的垫江、荣昌分别发生 4.3 和 4.9 级地震。在 2016 年期间，仙女山台 α 变化情况如图 2.3 - 18a 所示。图中所示异常均为小幅度、持续性不强，其情况类似这一年 10 月江苏射阳 4.3 级地震前南京台的异常（谭大诚等，2019）。这种疑似异常与地电场优势方位角方法的异常判据、预测规则稍有偏差。

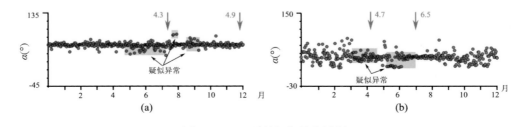

图 2.3 - 18　震前疑似异常图例
（a）重庆仙女山台（2016.01.01～12.31）；（b）云南嵩明台（2014.01.01～12.31）

问题简评：在构造活动相对平稳的东部地区，部分场地的 α 变化范围较小或较稳定。对于接近"线性"的 α 背景，明显跳变幅度的绝对值可能仅有 10° 左右，其连续性也可能表现为一段时间内的间断突跳。

2）复杂环境中疑似异常

云南嵩明台位于城外公路边一块绿地中，观测环境较复杂。2014 年，该台优势方位角计算结果如图 2.3 - 18b 所示。这一年，嵩明台 300km 范围内的元谋、鲁甸分别发生 4.7 和 6.5 级地震。从图 2.3 - 18b 中可见，两次地震前嵩明 α 有疑似异常现象。元谋 4.7 级前表现为突跳范围收窄，鲁甸 6.5 级前则主要是 $\alpha$ 持续稳定的偏转了 20° 左右。

问题简评：复杂情况下，常规方法可能难于开展，地电场优势方位角方法在这种情况下具有可能应用的基础。这一方面是该方法具有一定的抗干扰能力，另方面也有干扰影响方位角的相关研究成果（辛建村等，2017b；谭大诚等，2019）。其实，对比鲁甸 6.5 级前附近其他台站，可以确认嵩明台的疑似异常属实。

3）长短极距不对应的疑似异常

2015 年 1 月 14 日，四川金河发生 5.0 级地震。距震中约 190km 的成都台长、短极距方位角变化不一致，如图 2.3 - 19a、b 所示。2.3 - 19a 显示震前长极距 $\alpha$ 分布范围明显收窄，图 2.3 - 19b 说明短极距 $\alpha$ 跳变无序。同场地长、短极距 $\alpha$ 变化不一致，长极距 $\alpha$ 表现出疑似异常现象。

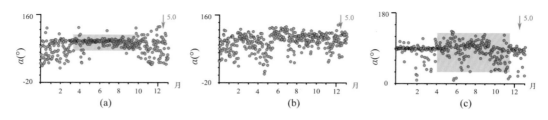

图 2.3 - 19　成都场地 $\alpha$ 角疑似异常现象
（a）成都台长极距方位角（20140101~20150131）；（b）成都台短极距方位角（20140101~20150131）；
（c）盐频台长极距方位角（20140101~20150131）

问题简评：震中距约 280km 的盐源台出现与成都台长极距异常的准同步现象，如图 2.3 - 19c 所示，这支持成都台长极距异常属实看法。对成都台长、短极距 $\alpha$ 异常不一致现象，可能涉及局部场地的地电场变化及机理问题，这尚需深入研究。

## 2.3.5　讨论

### 1. 不同方法对异常认识的差异性

地电场数据分析方法都是基于对其变化特征、机理认识而开展的。例如：根据自然电场局部场地的稳定性、均匀性和"点源"模型，提出了地电场预测地震的 VAN 法；由地电场日变波形、年变波形、稳定性特征等，发展了波形分析法。因此，基于对地电场变化的不同特征开展分析，或持有不同的机理认识开展研究，看到的地电场异常现象会存在差异。

### 2. 地电场优势方位角与极化方位角的区别

20 世纪 90 年代前后，地电场学科提出了天电通过地球内部电磁感应，导致地表大地电场出现线性极化，表述这个极化方位的角度就是极化方位角。这种方法应用中的主要困难：一是 1 天中数据在计算中取值存在差异、计算难于逐日延续等；二是 1 天中计算结果对多数场地存在较大离散性、应用困难；三是不同场地在同一时段，其极化方位角存在的明显差异，这种差异性的极化机理解释困难。

2010 年以后，地电场学科提出空间电流，尤其是 $S_q$ 电流，通过电磁感应导致场地岩体裂隙水中电荷沿裂隙以日为周期移动，或固体潮导致岩体裂隙水沿裂隙以日为周期渗流的观点。在这种观点中，场地大地电场主要沿岩体裂隙优势方位以日为周期变化，这个裂隙优势方位即是地电场优势方位，表述这个优势方位的角度就是地电场优势方位角。在计算中，其信号取值确定，机理上可解释场地方位角离散性、不同场地差异性等。

**3. 长短极距优势方位角异常的不一致性**

基于过去的研究和本预测手册编制，在对上百震例的分析过程中，看到部分场地对附近地震映震时，其长、短极距优势方位角 α 的异常现象表现出差异性。

这种差异性大体有两类现象，一种是 α 异常在长、短极距中并不都存在，另一种是异常出现在长、短极距中的时间不一致。如果认为局部场地的地电场具有均匀性变化特征，则不应该出现这种差异性。目前，地电场长、短极距探测范围的差异性缺乏研究，在实际观测数据中，无论原始数据、处理后数据，以及相关计算获得的物理量中，这种差异性是存在的。前一种差异性现象可能与长、短极距的观测环境、装置系统、探测范围等存在关联，后一种现象更多可能是与探测范围的差异有关。

在实际预测分析工作中，对这种有差异性的台站资料，一般可通过两种方法选择其一应用：一种是多场地对比，另一种是与本场地历史震例对比。

## 2.4　结束语

目前，地震地电场的观测环境日益复杂，这使得从台站观测数据中识别相对较弱的地震电信号愈发困难。学科认为探寻数学、信号处理与地震电磁物理过程结合的物理解析应是发展方向，正是基于这一思路逐步建立了地电场优势方位角方法。

地电场优势方位角方法的物理基础，始于 2010 年提出的地电场日变波形潮汐机理认识。2012 年后，自然电场、大地电场分离研究获得进展，并建立了大地电场岩体裂隙水（电荷）渗流（移动）模型，由此地电场优势方位角方法逐步获得了发展。在震电机理上，该方法认为大地电场源于空间电流在地表的电磁感应和固体潮汐作用，但它的时、频特征及变化却受到场地岩性和电性结构、构造活动等影响，地震孕育发生过程就可能通过场地的大地电场异常反映出来。显然，这一机理认识尚需要更多的研究和验证。实际上，这一方法迄今主要局限于研究人员震后分析和核实，然而令人鼓舞的是近年大多数典型地震发生数月前，震中约 300km 内多存在地电场优势方位角发生显著异常的现象。在这次电磁学科预报实用手册编制中，冯志生研究员组织相关学者对该方法进行了系统整理，首次将其纳入了电磁学科预报推荐方法中。

在应用分析中，学者发现地电场优势方位角方法具有一定的抗干扰能力，尤其在多场地优势方位角异常具有准同步现象时，该方法的应用具有较高的可靠性。同时，该方法计算过程具有客观性，计算结果具有可延续性，异常解释具有相应的科学性，这使得应用地电场开展震情跟踪分析成为可能。然而，实际应用中也发现地电场优势方位角异常仍存在场地选择性局限，加之地电场台网布局的有限性，这可能会导致预测工作出现漏报等现象。同时，近年的震例分析表明该方法主要对中强及大震具有较好预测效能，而对小震的预测效能差。

最后，本章作者感谢赵家骝、钱家栋、赵国泽等老师多年的指导，感谢黄清华教授、冯志生研究员等专家对本项工作的支持，感谢各省（市）地震局地电场台站观测人员的辛勤工作。

## 参考文献

范莹莹、杜学彬、Jacques Zlatnicki 等，2010，汶川 8.0 大震前的电磁现象，地球物理学报，53（12）：2887~2898

黄清华，2005，地震电磁观测研究简述，国际地震动态，323（11）：2~5

黄清华、林玉峰，2010，地震电信号选择性数值模拟及可能影响因素，地球物理学报，53（3）：535~543

黄清华、刘涛，2006，新岛台地电场的潮汐响应与地震，地球物理学报，49（6）：1745~1754

马钦忠、冯志生、宋治平等，2004，崇明与南京台震前地电场变化异常分析，地震学报，26（3）：304~312

毛桐恩、席继楼、王燕琼等，1999，地震过程中的大地电场变化特征，地球物理学报，42（4）：520~528

钱复业、赵玉林，2005，地电场短临预报方法研究，地震，25（2）：33~40

孙正江、王华俊，1984，地电概论，北京：地震出版社

谭大诚、王兰炜、赵家骝等，2011，潮汐地电场谐波和各向波形的影响要素，地球物理学报，54（7）：1842~1853

谭大诚、辛建村、王建军等，2019，大地电场岩体裂隙模型的应用基础与震例解析，地球物理学报，62（2）：558~571

谭大诚、赵家骝、刘小凤等，2014，自然电场的区域性变化特征分析，地球物理学报，57（5）：1588~1598

谭大诚、赵家骝、席继楼等，2010，潮汐地电场特征及机理研究，地球物理学报，53（3）：0544~0555

谭大诚、赵家蹓、席继楼等，2012，青藏高原中强地震前的地电场变异及构成解析，地球物理学报，55（3）：875~885

田山、王建国、徐学恭等，2009，大地电场观测地震前兆异常提取技术研究，地震学报，31（4）：424~431

辛建村、谭大诚，2017a，地电场多测向日变波形相位关联特征，地震学报，39（4）：604~614

辛建村、谭大诚、赵菲等，2017b，典型干扰对岩体裂隙优势方位计算结果的影响研究，地震，37（4）：112~122

叶青、杜学彬、周克昌等，2007，大地电场变化的频谱特征，地震学报，29（4）：382~390

Varotsos P，Alexopoulous K，1984a，Physical properties of the variations of the electric field of the earth preceding earthquakes，Ⅰ.Tectonophysics，110：73-98

Varotsos P，Alexopoulous K，1984b，Physical properties of the electric field of the earth preceding earthquakes，Ⅱ.Determination of epicenter and magnitude，Tectonophysics，110：99-125

Tan D C，Xin J C，2017，Correlation between Abnormal Trends in the Spontaneous Fields of Tectonic Plates and Strong Seismicities，Chin J Earthq Sci，30（4）；）：173-181，doi：10.1007/s11589-017-0180-9

# 第 3 章　地震地磁场日变化异常分析方法

## 3.1　概述

地磁日变化主要受 100km 左右高空电离层电流体系控制，该电流体系又受太阳照射控制，因此，地磁日变化是一种依赖于地方时的周期变化，全球各地的地磁日变化在时间上或相位上是不同步的。我国位于北半球中低纬度地区，地磁垂直分量日变化正常形态类似 V 字形，该 V 字形最低点正对着太阳，V 字形变化跟着太阳走，相位上延迟 4 分钟/经度，或 15°/小时，但 V 字形幅度由南到北逐渐变小，且冬季小，夏春秋大。虽然 V 字形变化不同步，但在几百千米的空间范围内，V 字形变化的相位差比较小，形态基本一致，有明显的相关性。

我国地震预报研究人员先后提出了地磁低点位移法（陈绍明，1987）、地磁加卸载响应比法（曾小苹等，1996）、地磁逐日比法（冯志生等，2001）、地磁垂直分量日变化空间相关法（林美等，1982）和地磁垂直分量日每日一值相关法（中国科学院地球物理研究所第十研究室一组，1977）等提取地震异常的方法，其技术思路基本都是基于地磁垂直分量日变化在一定空间范围内有良好的同步性，通过剔除或压制正常地磁日变化提取地震异常，分析研究地震异常的时空变化特征与地震关系。这些方法目前已被作为地震中短期（半年左右）和短期（3 个月内）异常分析方法应用于我国日常地震预报工作。

冯志生等（2009）研究发现，地磁低点位移异常的关键特征是位移线一侧的日变化 V 字形底部与另一侧 W 形底部倒 V 字形为反相位，作者基于地磁学中的地磁变化异常研究方法分析认为，该反相位变化期间有感应电流集中分布于位移线下方，位移线为反相位变化分界线。地磁低点位移法、地磁逐日比法、地磁加卸载响应比法、地磁垂直分量日变化空间相关法和地磁每日一值空间相关法都是分析提取地磁垂直分量日变化出现的这种畸变异常，因此，就电磁学机理而言，这些方法本质上都是研究提取的反相位变化。

由于相关法参考台的选择影响异常的可靠性，本手册在地磁垂直分量日每日一值相关法的基础上发展出地磁每日一值差分法。

## 3.2　地磁低点位移法

### 3.2.1　方法概述

#### 1. 基本原理

1）低点位移法

我国位于中低纬度，在磁静日地磁垂直分量日变化形态类似 V 字形，地磁垂直分量日变化极小时间不随纬度变化，一般为地方时 12 时左右，并依经度由东向西每度延迟 4 分钟（15°/小时），因此，整体上低点时间在空间上呈现为缓变过程。地磁垂直分量日变化信息常用日变化的极大值和极小值及其出现时间和幅度来表达，即极大值和极大值时间、极小值和极小值时间，以及极大值与极小值的差日变化幅度，极小值时间简称低点时间。

虽然低点时间一般出现在地方时 12 时左右，整体上在空间上呈现为缓变过程，但在某些日期一个大区域的低点时间明显地与另一个大区域的低点时间不同，而每个大区域内部低点时间又基本一致，两个区域之间的低点时间有明显的突变分界线，两个区域之间的低点时间相差一般在 2 小时以上，这条突变分界线称为"地磁低点位移线"，这种现象称为"地磁低点位移异常"（丁鉴海，1994），研究发现低点位移异常出现后 2 个月左右内，低点位移分界线附近常常发生地震。

由于低点位移法的时间差反映的是畸变异常的持续时间，而幅相法和日变化相关法可以反映畸变异常的幅度，因此，使用幅相法和相关法对存在的低点位移异常进行筛选，能够剔除掉低点位移线两侧地磁畸变程度较小的异常，提高地磁低点位移法的可靠性。

2）幅相法

幅相法原名地磁"红绿灯"法（丁鉴海，1977，1994；丁鉴海等，1981；冯志生等，1996，1998b，2006），常与低点位移法结合使用，其基本思路是：震前震中附近地磁垂直分量日变化形态会出现畸变异常，由于经度相近台站的正常地磁垂直分量日变化比较接近，因此，同经度二个台站日变化同步差值可以消除正常日变化，从而获得震前的地磁垂直分量畸变异常。在我国由于地磁垂直分量日变化幅度由南到北逐渐变小，因此二个台站纬度相差一般也不应太大，一般地，经纬度都不应大于 10°，且经度应尽可能接近。

3）日变化相关法

二个台站地磁垂直分量日变化曲线 $X$ 和 $Y$ 的相关系数 $R$：

$$R = \frac{\sum (X - \bar{X})(Y - \bar{Y})}{\sqrt{\sum (X - \bar{X})^2 \cdot \sum (Y - \bar{Y})^2}} \qquad (3.2-1)$$

式中，　　　　　$\bar{X} = \frac{1}{N} \sum_{i=1}^{N} X_i$ 　　　$\bar{Y} = \frac{1}{N} \sum_{i=1}^{N} Y_i$ 　　　$-1 \leqslant R \leqslant 1$

相距不远二个台站地磁垂直分量日变化曲线 $X$ 和 $Y$ 具有很好的相似性，其日变化序列相关系数 $R$ 应该接近 1，若 $R$ 下降，说明二个台站之一的地磁垂直分量日变化曲线出现了畸变，畸变程度越大，相关系数 $R$ 月低，如果二个台站的变化完全反相位，则 $R=-1$。

**2. 国内外进展**

地磁低点位移法自 1966 年邢台地震试验场初步创立以来，已得到长足的研究（丁鉴海，2009；陈绍明，1987），对异常的形成及预报地震的机理也有了初步认识（冯志生等，2009）。丁鉴海（2009）研究了 1966~2008 年逾 40 年间低点位移异常和地震相关性发现，低点位移法预报强震，尤其是 6 级以上地震效果较好。

丁鉴海（1994）的功率谱分析结果表明，与低点位移异常有关的主要为 1~3h 磁扰周期成分，其探测深度为地壳至上地幔。当某天变化磁场周期成分满足探测孕震体深度时，感应场叠加在日变化中，将可能出现低点位移现象；临震前由于震源断层面应力高度集中，导电性增强，磁扰引起的地下感应电流加强，降低岩石强度，加速震源区的不稳定性，可能对地震有调制和触发作用（丁鉴海，1994）。冯志生等（2009）研究发现，引起低点位移异常的是低点位移线两侧台站出现的反相位变化，推测外空变化磁场感应电流因某种原因聚集在低点位移线下方，进而产生反相位畸变变化。

幅相法原名地磁"红绿灯"法，经多年预报实践证明，有一定映震效果。这种方法实质上反映的是震中区周围日变化的幅度和相位等的异常变化（丁鉴海等，1994），通过幅相法计算，可以提取两台之间地磁垂直分量在所计算时段内的畸变幅度信息。因地磁 $Z$ 分量日变化曲线的幅度和相位存在以年为周期的季节性变化和以 11 年为周期的太阳周变化，故幅相法在使用过程中为消除长周期变化，需经常调整标准值 $L$。为减小异常判别受人为因素的影响，冯志生等（1996）使用线性去倾及二次去倾消除年变，使标准值 $L$ 多年保持为固定值。此种方法提高了实际应用的可操作性和异常的可信度。

日变化相关法最初使用的是日变化整点值数据（林美等，1982），冯志生等（1998b）研究了江苏地区地磁垂直分量日变化整点值的相关性与江苏及周边地区地震的关系，给出了江苏地区异常判据指标。冯志生等（2005）应用 FHD 质子矢量磁力仪分钟采样观测资料，首次采用延时技术消除了台站经度不一致造成的日变化相位差异对相关运算的影响，并针对地磁数字化资料开发了有关程序，张秀霞等（2008）、邱桂兰等（2014）等学者采用地磁数字化观测资料相继在江苏、四川等地区开展了日变化空间相关研究，在资料运用、技术方法、震例总结、指标建立等方面都取得了一定的成果，并积累了一批可贵的震例。

**3. 异常机理**

地磁低点位移线常常与地质构造块体的边缘重合，因此推测地磁低点位移异常可能与地质构造块体的某种短期微动态活动有关，包括与地质构造块体的整体运动有关（丁鉴海，1994；陈绍明等，1997），但微动态是如何发生的、其动力学和运动学特征与地磁低点位移的关系等等都没有进一步研究。

冯志生等（2009）研究发现，地磁低点位移异常的关键特征是位移线一侧的 V 字形底部与另一侧 W 形底部倒 V 字形为反相位，进而基于地磁学中的地磁变化异常研究方法分析认为，反相位变化期间有感应电流集中分布于分界线下方，这是该工作的重要进展，是第一次在"低点位移线"与"感应电流集中分布"之间建立关系，从电磁理论上解释了地磁低点位移异常产生的机理。但是，该工作没有定量分析感应电流的分布特征及其与地震关系，也没有解释感应电流集中分布的原因，以及引发地震机理等等，图 3.2-1 给出了该机理的定性解释。

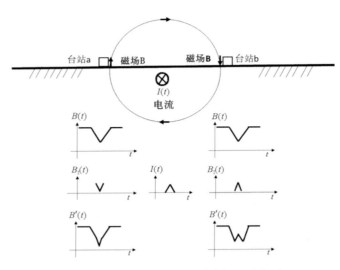

图 3.2-1 地磁低点位移异常机理示意图

在图 3.2-1 中，$B(t)$ 为台站 a 与台站 b 正常的地磁垂直分量日变化曲线，为便于讨论我们将其简化为 V 字形。$I(t)$ 为集中分布于台站 a 和台站 b 之间的感应电流（假定位于台站 a 和台站 b 的中间位置），由于水平分量没有类似反相位变化，表明该地电流埋深远小于台站间距，应位于地壳内，为方便讨论将其简化为 V 字形变化；由于感应电流埋深远小于台站间距，因此，台站 a 和台站 b 只有集中分布感应电流 $I(t)$ 的垂直分量磁场，其变化为 $B_I(t)$，我们注意到台站 a 和台站 b 的 $B_I(t)$ 是反相位的。当 $I(t)$ 最低点与 $B(t)$ 最低点基本同步，即感应电流集中分布现象发生在地方时正午前后，且其持续时间小于日变化持续时间，产生的垂直分量磁场 $B_I(t)$ 幅度也小于地磁场正常日变化 $B(t)$ 的幅度，则台站 a 的叠加结果 $B'(t)$ 为被拉长的 V 字形变化，台站 b 的为 W 形变化，台站 b 的低点时间发生位移，台站 b 的日变形态就是地磁低点位移异常中经常出现的 W 形日变化。

**4. 计算步骤**

1）低点位移法

采用北京时地磁垂直分量分钟采样资料计算日变化极小时间（低点时间），将低点时间绘制在地图上。如果存在两个或以上区域，在各自区域内低点时间基本一致，而各区域之间低点时间存在 2h 以上差距，形成明显的低点时间分界线，则当日出现低点位移异常，低点时间分界线被成为"低点位移线"。

注意事项：虽然地磁观测有绝对观测与相对观测之分，如磁通门观测的是地磁垂直分量相对变化曲线，FHD 质子矢量磁力仪观测的是地磁垂直分量绝对变化曲线，但低点时间计算无关乎绝对观测或相对观测，低点时间仅仅反应了当日日变化最低值出现的时间。对于噪声较高的 FHD 质子矢量磁力仪等仪器资料，建议计算低点时间前采用富士拟合等低通滤波技术对观测资料进行滤波处理，以滤除周期低于 5 分钟以下的噪声。

2）幅相法

（1）选取低点位移线两侧多组"台站对"，"台站对"的二个台站应跨越位移线，一般纬度差在 2°~10°之间，经度差在 5°以内。

（2）对低点位移异常日各"台站对"的地磁垂直分量日变化分钟采样序列进行 48 阶富士拟合，再计算同步差值，得到瞬时差值曲线。

（3）计算每条瞬时差值曲线与均值线围成的面积 $S_i$（均值线上、下面积之和，单位：nT·min），再计算所有"台站对"的瞬时差值面积均值 $S_x$。

（4）按照步骤（2）和（3）计算各组"台站对"异常日前 45 天内每日的瞬时差值面积均值 $S_a(n)$（$n$=1，2，3，…，45）。

（5）计算数列 $S_a(n)$ 均值 $A$ 和标准差 $D$，瞬时差值面积均值残差 $C=S_x-A-D$。

3）相关法

按幅相法中的"台站对"选取规则选取多组"台站对"，或直接选用幅相法所选取"台站对"，计算各"台站对"的低点位移异常日地磁 $Z$ 分量日变化分钟采样序列经 48 阶富氏拟合后的相关系数，再计算所有"台站对"相关系数的均值 $R_a$。

## 3.2.2　指标体系

**1. 异常判据**

以下判据（1）+（2）或者（1）+（3）成立，异常有效。

（1）全国存在两个或以上区域，各自区域内低点时间基本一致，各区域之间低点时间差大于 2 小时，形成明显的低点时间分界线，"台站对"相关系数均值 $R_a<0.89$，瞬时差值面积均值残差 $C>-400$。

（2）幅相法。

瞬时差值面积均值 $S_x \geq 2585$。

瞬时差值面积均值残差 $C \geq 67$。

（3）相关法。

相关系数均值 $R_a \leq 0.73$。

**2. 预测规则（1）**

发震时间：异常日后 2 个月（60 天）内。

发震地点：异常线两侧 300km 范围内。

发震强度：中国大陆地区 5 级以上地震。

**3. 预测规则（2）**

发震时间：异常日后半年（180 天）内。

发震地点：异常线两侧 300km 范围内。

发震强度：中国大陆地区 6 级以上地震（西部）。

**4. 取消规则**

时间超出预测期后取消。

**5. 预测效能**

表 3.2 - 1　大陆地区低点位移异常预测效能统计结果

| 震级范围 | 异常总数 | 应报地震 | 有震异常 | 异常报对率 | 报对地震 | 地震漏报率 |
|---|---|---|---|---|---|---|
| ≥5 | 32 | 153 | 19 | 59% | 29 | 81% |

**6. 异常信度**

有明确预测区域的为 A 类异常。

## 3.2.3　指标依据

**1. 资料概况**

研究区域：研究范围为整个中国大陆地区，不包括我国台湾地区、南海诸岛和海域，也不包括邻国。

研究时间：2008 年 1 月 1 日至 2018 年 7 月 31 日。

台站选择：目前我国大陆地区用于低点位移分析的台站数一般为 106 个左右，台站分布情况见图 3.2 - 2。

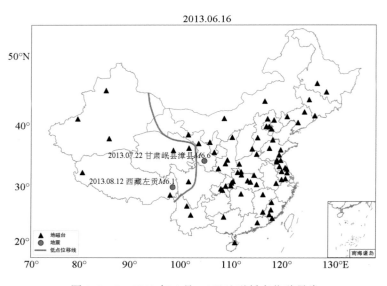

图 3.2 - 2　2013 年 6 月 16 日地磁低点位移异常

地震选取：2008~2018 年中国大陆地区发生的 5 级以上地震。

资料简介：我国目前台站的磁通门磁力仪、FHD 质子矢量磁力仪、dIdD 悬挂式磁力仪

（Suspended dIdD）等仪器的地磁垂直分量日变化分钟采样序列，对于台站有多台仪器一般取正常观测仪器数据。

**2. 指标建立**

1）低点位移法标准建立

（1）发震强度。

采用全国地磁垂直分量分钟采样资料，以各区域之间低点时间差大于 2h 为异常判据，统计发现 2008 年 1 月 1 日至 2018 年 7 月 31 日共有 162 个低点位移异常，其中有 62 次对应中国大陆 5 级以上地震，异常报对率为 38%。

（2）发震地点。

6 级以上地震：依据 2008 年 1 月 1 日至 2016 年 12 月 31 日计 145 次异常，统计每个异常发生后 90 天内对应的地震，满足这一时间间隔要求的地震均计入报对地震列。6.0 级以上地震和异常线的距离与报对率的关系见图 3.2－3，图中横坐标表示异常后 90 天内发生的地震与异常线之间的距离，对于一个地震对应多个异常线的情况，则只统计空间上距离地震最近的那次异常；纵坐标为地震累积报对率（地震到分界线的距离为 $S$，所有与分界线距离小于等于 $S$ 的地震数 $n$，则 $S$ 处的报对率为 $n$，因此此处的报对率为累积报对率）。可以看出，在横轴刚开始阶段，报对率随距离迅速上升，当距离超过约 300km（蓝色虚竖线）后，报对率随距离上升非常缓慢。300km 范围内的地震数占地震总数的 61%。

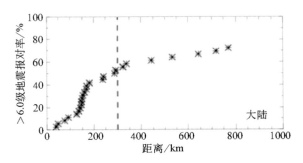

图 3.2－3　6.0 级以上地震报对率和空间距离的关系

5.0~5.9 级地震：由图 3.2－4 可以看出，在横轴刚开始阶段，报对率随距离迅速上升，当距离超过约 100km（蓝色虚竖线）后，报对率随距离上升非常缓慢，异常线两侧附近 300km 内发生地震占地震总数的 38%。

（3）发震时间。

6 级以上地震：对于上述 300km 范围内 6 级以上地震，图 3.2－5 给出了其报对率与时间间隔的关系，这里时间间隔表示地震和异常之间间隔的天数。可以看出 60 天内，报对率随时间增加而匀速上升，60 天以后，报对率随时间上升变缓。异常线附近 300km 范围内的地震有 84% 在 60 天以内发生。

5.0~5.9 级地震：对于上述 300km 范围内的 5.0~5.9 级地震，由图 3.2－6 可以看出 90 天内，报对率随时间增加速度均匀。异常线两侧附近 300km 内的地震有 81% 发生在 60 天内。

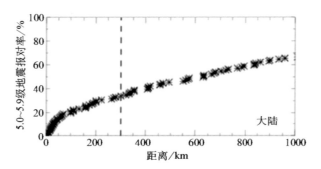

图 3.2-4　5.0~5.9 级地震报对率和空间距离的关系

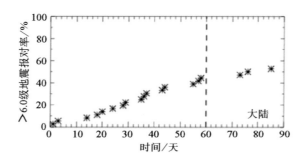

图 3.2-5　6.0 级以上地震报对率和时间间隔的关系

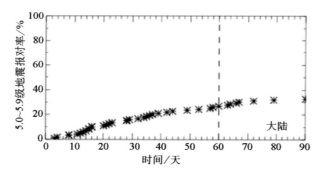

图 3.2-6　5.0~5.9 级地震报对率和时间间隔的关系

（4）问题与进展。

丁鉴海（2008）研究了 1966~2008 年逾 40 年间低点位移异常和地震相关性发现，低点位移法预报强震，特别是 6 级以上地震效果较好；地震一般发生在异常线附近，在分析的 54 次 5.8 级以上地震中，90% 的震中位于异常线两侧一倍台间距内；地震发生在异常出现后 27（41）天前后 4 天的时间段内，167 例震例中，至少有 66% 的地震发生在这一时间范围内。

2) 幅相法判定标准建立

在 2008~2018 年 7 月间出现 162 次低点位移异常中，有 3 次因异常前数据缺失无法完成计算，对剩余的 159 异常进行计算，得到每次异常的瞬时差值面积均值 $S_x$ 及其残差 $C$。

从图 3.2-7 中可以看出，当低点位移异常的 $S_x$ 值小于 2585 时，异常报对率均在 30%上下，平均异常报对率为 31%；当 $S_x$ 值大于等于 2585 时，异常报对率均不小于 40%，平均为 58%，约为前者 2 倍。

从图 3.2-7 中可以看出，当低点位移异常的 $C$ 值小于 67 时，异常报对率均小于 40%，平均报对率为 31%；当 $C$ 值大于等于 67 时，异常报对率均大于 50%，平均为 54%，虚报率为 46%。

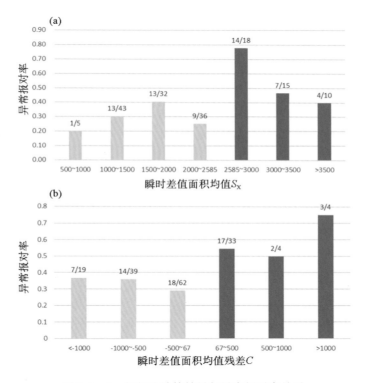

图 3.2-7　幅相法计算结果与异常报对率关系
（a）瞬时差值面积均值 $S_x$ 与异常报对率关系；（b）瞬时差值面积均值残差 $C$ 与异常报对率关系

为进一步减小异常虚报率，选取同时满足 $S_x \geqslant 2585$ 和 $C \geqslant 67$ 的低点位移异常 23 次，其中有 16 次对应地震，7 次未对应地震，异常报对率为 70%，虚报率为 30%。

因此，将幅相法判定有效低点位移异常的标准规定为异常的 $S_x \geqslant 2585$ 且 $C \geqslant 67$。满足此标准的异常见表 3.2-2。

表 3.2 - 2　超幅相法阈值低点位移异常一览表

| 序号 | 异常日期 | 瞬时差值面积均值 $S_x$ | 瞬时差值面积均值残差 $C$ | 是否对应地震 |
|---|---|---|---|---|
| 1 | 2014.06.11 | 2758 | 314 | 是 |
| 2 | 2011.06.09 | 2632 | 165 | 是 |
| 3 | 2012.11.14 | 2684 | 36 | 是 |
| 4 | 2013.03.18 | 2926 | 67 | 是 |
| 5 | 2014.06.14 | 3338 | 168 | 是 |
| 6 | 2012.07.25 | 3157 | 224 | 虚报 |
| 7 | 2015.04.29 | 3257 | 172 | 是 |
| 8 | 2016.07.25 | 2733 | 161 | 是 |
| 9 | 2018.06.02 | 3019 | 490 | 虚报 |
| 10 | 2016.05.09 | 2774 | 477 | 虚报 |
| 11 | 2009.08.14 | 2837 | 125 | 是 |
| 12 | 2014.12.20 | 3076 | 444 | 虚报 |
| 13 | 2015.03.18 | 3774 | 1111 | 是 |
| 14 | 2015.06.09 | 5728 | 1453 | 是 |
| 15 | 2015.06.21 | 3215 | 73 | 是 |
| 16 | 2015.08.21 | 6215 | 1728 | 虚报 |
| 17 | 2016.02.12 | 3528 | 340 | 虚报 |
| 18 | 2016.10.26 | 3471 | 1145 | 是 |
| 19 | 2016.10.27 | 3542 | 585 | 是 |
| 20 | 2016.10.28 | 3123 | 100 | 是 |
| 21 | 2017.08.01 | 4975 | 824 | 是 |
| 22 | 2018.06.23 | 3089 | 97 | 是 |
| 23 | 2018.07.04 | 3001 | 154 | 虚报 |

3）相关法判定标准建立

对 2008~2018 年 7 月出现的 162 次低点位移异常进行相关法计算，得到每次低点位移异常的相关系数 $R_a$。

从图 3.2 - 8 中可以看出，当相关系数均值 $R_a$ 大于 0.73 时，126 次低点位移异常中有 43 次对应地震，异常报对率为 34%；当 $R_a$ 小于等于 0.73 时，36 次异常中有 20 次对应地震，异常报对率为 56%。

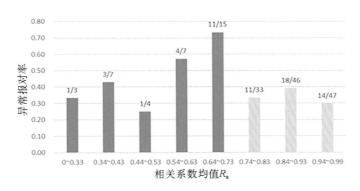

图 3.2 − 8　相关系数均值 $R_a$ 与异常报对率关系

因此，将相关法判定有效低点位移异常的标准规定为异常的相关系数 $R_a \leqslant 0.73$。满足此标准的异常见表 3.2 − 3。

表 3.2 − 3　超相关法阈值低点位移异常一览表

| 序号 | 异常日期 | 相关系数均值 $R_a$ | 是否对应地震 | 序号 | 异常日期 | 相关系数均值 $R_a$ | 是否对应地震 |
|---|---|---|---|---|---|---|---|
| 1 | 2008.01.15 | 0.57 | 是 | 19 | 2015.08.21 | 0.49 | 虚报 |
| 2 | 2008.03.01 | 0.67 | 是 | 20 | 2015.12.23 | 0.69 | 是 |
| 3 | 2008.12.30 | 0.71 | 虚报 | 21 | 2016.05.30 | 0.37 | 虚报 |
| 4 | 2009.11.27 | 0.65 | 是 | 22 | 2016.09.20 | 0.16 | 虚报 |
| 5 | 2009.12.04 | 0.51 | 虚报 | 23 | 2016.09.25 | 0.72 | 是 |
| 6 | 2010.01.28 | 0.62 | 是 | 24 | 2016.10.26 | 0.71 | 是 |
| 7 | 2010.02.15 | 0.73 | 是 | 25 | 2016.11.13 | 0.7 | 是 |
| 8 | 2010.11.28 | 0.41 | 虚报 | 26 | 2016.11.26 | 0.35 | 是 |
| 9 | 2010.12.23 | 0.63 | 虚报 | 27 | 2016.11.27 | 0.66 | 是 |
| 10 | 2010.12.24 | 0.58 | 是 | 28 | 2016.11.28 | 0.54 | 是 |
| 11 | 2010.12.30 | 0.58 | 虚报 | 29 | 2016.11.29 | 0.53 | 是 |
| 12 | 2012.01.14 | 0.62 | 是 | 30 | 2016.12.08 | 0.66 | 虚报 |
| 13 | 2012.02.21 | 0.36 | 虚报 | 31 | 2016.12.15 | 0.27 | 虚报 |
| 14 | 2012.12.23 | 0.68 | 虚报 | 32 | 2017.01.11 | 0.35 | 虚报 |
| 15 | 2012.12.30 | 0.15 | 是 | 33 | 2017.08.01 | 0.39 | 是 |
| 16 | 2013.01.01 | 0.43 | 是 | 34 | 2017.09.18 | 0.48 | 虚报 |
| 17 | 2013.01.10 | 0.64 | 是 | 35 | 2017.11.29 | 0.59 | 虚报 |
| 18 | 2014.06.06 | 0.68 | 是 | 36 | 2018.05.09 | 0.71 | 虚报 |

4）综合指标

若一次低点位移异常有效，应满足幅相法判据或相关法判据。除此之外还应满足一个必要条件：

应用幅相法与相关法的目的是剔除畸变程度较小的低点位移异常，所以低点位移异常在满足幅相法指标的同时，$R_a$ 也不能过高；同理，满足相关法指标的异常 $C$ 也不能过低。因此，还应剔除掉经幅相法或相关法计算后确认成立但 $R_a \geqslant 0.89$ 或 $C < -400$ 的异常。

5）预测 6 级地震

在 32 次满足综合指标的异常中，有 12 次异常 60 天（2 个月）内发生 6 级以上地震，异常报对率为 38%；若将发震时间延长至 120 天（4 个月），有 15 次异常发生 6 级以上地震，其中有 2 次异常对应境外地震，异常报对率为 47%；若将发震时间延长至 180 天（6 个月），有 18 次异常发生 6 级以上地震，其中有 3 次异常对应境外地震，异常报对率为 56%。

## 3.2.4　异常与震例

### 1. 异常概述

2008 年 1 月 1 日至 2018 年 7 月 31 日，中国大陆共出现 32 次满足异常判据的低点位移异常。

表 3.2 - 4　低点位移异常与对应地震

| 序号 | 异常日期 | 相关系数均值 $R_a$ | 瞬时差值面积均值 $S_x$ | 瞬时差值面积均值残差 $C$ | 对应地震 |
|---|---|---|---|---|---|
| 1 | 2008.01.15 | 0.57 | 1804 | −383 | 2008.01.16 西藏改则 6.0 |
| 2 | 2008.03.01 | 0.67 | 2003 | −3 | 2008.03.21 新疆于田 7.3<br>2008.03.30 甘肃肃南 5.0 |
| 3 | 2009.08.14 | 0.86 | 2837 | 125 | 2009.08.28 青海海西 6.4<br>2009.09.18 甘肃肃北 5.4<br>2009.10.02 甘肃肃北 5.0 |
| 4 | 2009.12.04 | 0.51 | 1664 | −128 | 虚报 |
| 5 | 2010.01.28 | 0.62 | 1476 | 103 | 2010.01.31 四川遂宁 5.0<br>2010.02.25 云南元谋 5.1<br>2010.03.24 西藏聂荣 6.2 |
| 6 | 2010.02.15 | 0.73 | 1618 | 107 | 2010.03.24 西藏聂荣 6.2<br>2010.04.14 青海玉树 7.1 |
| 7 | 2010.11.28 | 0.21 | 2168 | 127 | 虚报 |
| 8 | 2010.12.23 | 0.63 | 1455 | 156 | 虚报 |
| 9 | 2010.12.24 | 0.58 | 1491 | 111 | 2011.01.08 吉林珲春 5.6 |
| 10 | 2012.01.14 | 0.62 | 1399 | −208 | 2012.03.09 新疆洛浦 6.0 |
| 11 | 2012.12.23 | 0.68 | 2533 | 366 | 虚报 |

| 序号 | 异常日期 | 相关系数均值 $R_a$ | 瞬时差值面积均值 $S_x$ | 瞬时差值面积均值残差 $C$ | 对应地震 |
|---|---|---|---|---|---|
| 12 | 2012.12.30 | 0.15 | 1924 | −309 | 2013.02.12 青海海西 5.1<br>2013.02.25 西藏改则 5.4 |
| 13 | 2013.01.10 | 0.64 | 1928 | 292 | 2013.01.18 四川白玉 5.4<br>2013.01.23 辽宁灯塔 5.1<br>2013.01.30 青海杂多 5.1<br>2013.02.25 西藏改则 5.4 |
| 14 | 2014.12.20 | 0.87 | 3076 | 444 | 虚报 |
| 15 | 2015.03.18 | 0.86 | 3774 | 1111 | 2015.04.15 内蒙古阿拉善左旗 5.8 |
| 16 | 2015.06.09 | 0.83 | 5728 | 1453 | 2015.06.25 新疆托克逊 5.4<br>2015.07.03 新疆皮山 6.5 |
| 17 | 2015.06.21 | 0.87 | 3215 | 73 | 2015.07.03 新疆皮山 6.5 |
| 18 | 2015.08.21 | 0.49 | 6215 | 1728 | 虚报 |
| 19 | 2016.02.12 | 0.86 | 3528 | 340 | 虚报 |
| 20 | 2016.09.25 | 0.72 | 2822 | 46 | 2016.10.17 青海杂多 6.2 |
| 21 | 2016.10.26 | 0.71 | 3471 | 1145 | 2016.12.08 新疆呼图壁 6.2 |
| 22 | 2016.10.27 | 0.77 | 3542 | 585 | 2016.11.25 新疆阿克陶 6.7<br>2016.12.20 新疆且末 5.8 |
| 23 | 2016.10.28 | 0.76 | 3123 | 100 | 2016.11.25 新疆阿克陶 6.7<br>2016.12.20 新疆且末 5.8 |
| 24 | 2016.11.26 | 0.35 | 2589 | −213 | 2016.12.05 西藏安多 5.4<br>2016.12.20 新疆且末 5.8 |
| 25 | 2016.12.08 | 0.66 | 1773 | −283 | 虚报 |
| 26 | 2016.12.15 | 0.17 | 1993 | 154 | 虚报 |
| 27 | 2017.01.11 | 0.35 | 2162 | −322 | 虚报 |
| 28 | 2017.08.01 | 0.39 | 4975 | 824 | 2017.08.09 新疆精河 6.6<br>2017.09.16 新疆库车 5.7 |
| 29 | 2017.09.18 | 0.48 | 3940 | −196 | 虚报 |
| 30 | 2018.05.09 | 0.71 | 1981 | 201 | 虚报 |
| 31 | 2018.06.23 | 0.72 | 3089 | 97 | 2018.08.04 西藏日土 5.2<br>2018.08.13 云南通海 5.0 |
| 32 | 2018.07.04 | 0.87 | 3001 | 154 | 虚报 |

## 2. 有震异常

本部分给出了 32 次异常中在中国境内有满足预测规则地震的异常，共 18 次。

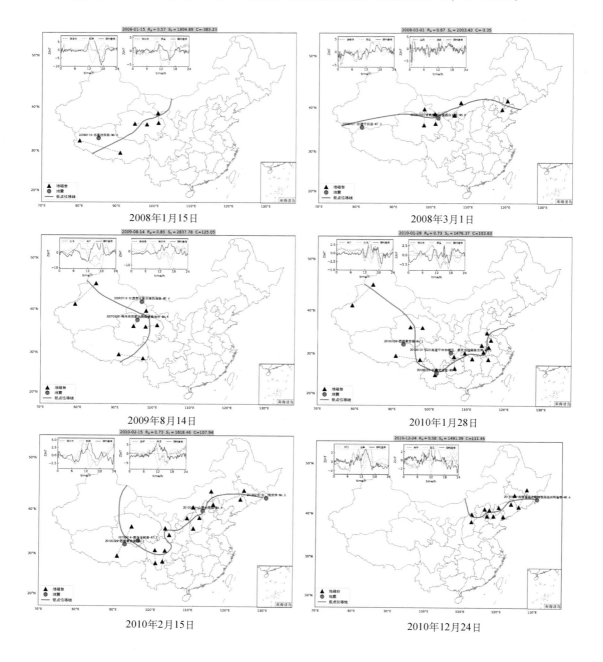

2008年1月15日　　　　2008年3月1日

2009年8月14日　　　　2010年1月28日

2010年2月15日　　　　2010年12月24日

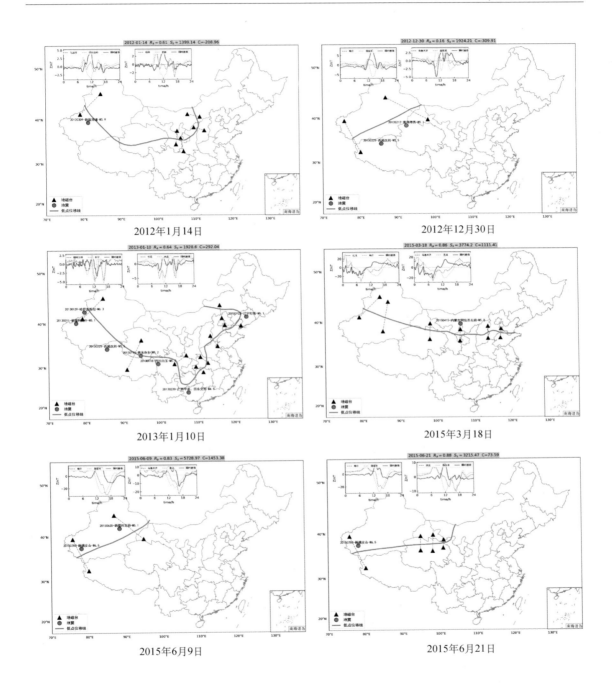

2012年1月14日　　　　　　　　　　　　　　　　　2012年12月30日

2013年1月10日　　　　　　　　　　　　　　　　　2015年3月18日

2015年6月9日　　　　　　　　　　　　　　　　　2015年6月21日

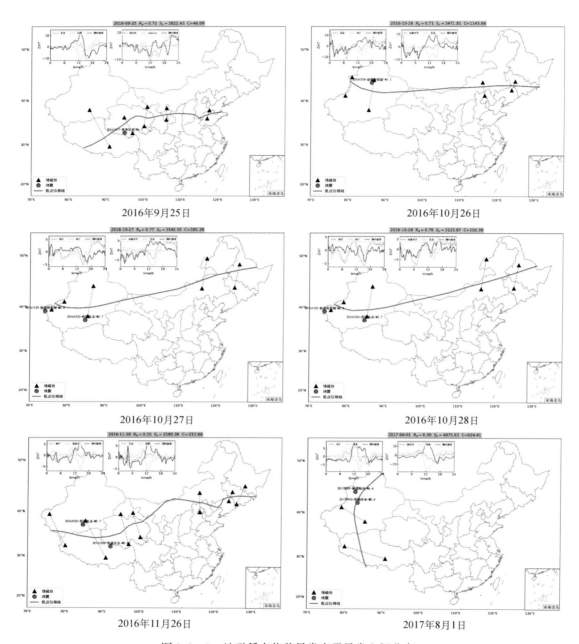

图 3.2 - 9　地磁低点位移异常有震异常空间分布

**3. 虚报异常**

本部分给出了 2 次在中国境内没有满足预测规则地震的单满足异常判据的异常。

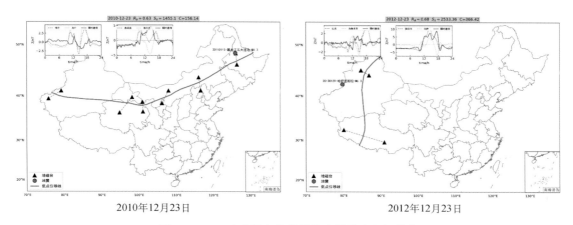

2010年12月23日　　　　　　　2012年12月23日

图 3.2 - 10　地磁低点位移异常虚报异常空间分布

**4. 疑似异常**

本部分给出的 2 次异常后发生满足预测规则的不限于中国大陆的较显著地震，但异常不满足异常判据。

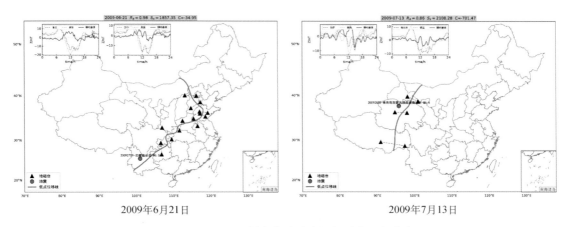

2009年6月21日　　　　　　　2009年7月13日

图 3.2 - 11　地磁低点位移异常疑似异常空间分布

## 3.2.5　讨论

在增加幅相法和相关法异常判据下，虽然低点位移法的报对率得到了提高，但同时仍存在一些问题：一是在剔除无效异常的过程中剔除了一些本来有震的异常，使得方法漏报率升高，这说明需要通过更多震例来进一步优化异常判据；二是中国大陆地磁台站密度具有西部低、东部高的特点，这使得低点位移线在中国西部受的约束较小，从而难以对震中位置给出较精确的预测。

## 3.3 地磁加卸载响应比法

### 3.3.1 方法概述

#### 1. 基本原理

地磁日变化主要取决于外空电流体系产生的变化磁场（外空变化磁场）和地下介质电导率，其中地壳介质电导率引起的磁场变化在地磁垂直分量中表现最为突出。因此，地磁垂直分量日变化幅度前后几天的差异或者来自外空变化磁场的改变，或者来自地壳介质电导率的改变，而后者则可能与地震活动有关。

地磁日变化的强弱用日变化幅度来表达，即日变化极大值与极小值差。地磁加卸载响应比的定义：

$$P(Z) = \frac{R_z(\max)}{R_z(\min)} \qquad (3.3-1)$$

式中，$R_z(\max)$ 为地磁垂直分量日变化幅度极大值，该日期为加载日；$R_z(\min)$ 为 $R_z(\max)$ 出现之后的第一个极小值，该日期为卸载日。

#### 2. 国内外进展

受力学上的加卸载响应比在地震预测方面的应用启发，曾小苹等（1996）把扰日太阳风视为加卸载量，地磁垂直分量日变化幅度 $R_z$ 作为响应量，视地磁垂直分量日变化幅度极大值 $R_z(\max)$ 为加载响应，$R_z(\max)$ 出现之后的第一个极小值 $R_z(\min)$ 为卸载响应，定义地磁加卸载响应比法 $P(Z)$，发现地磁加卸载响应比的高值与北京台550km范围内 5.5~7.8级地震有较好的对应。冯志生等（2000a）研究了江苏地磁台网1983~1997年的加卸载响应比异常及其间台网内和网缘附近4.6级以上地震之间的关系，提出了适用于江苏地磁台网的地磁加卸载响应比异常指标和预测规则，建立了国内首项关于该方法预测地震的异常指标体系。近几年来，该方法在国内不同区域均有应用实例（朱燕等，2002；李伟等，2014），但是始终停留在该方法有效性的验证上，关于该方法识别地震地磁异常机理及探究物理模型的研究较少。

冯志生等（2001）在应用地磁加卸载响应比法过程中，发现前后两天地磁垂直分量日变幅比值的高值与其台站周边地震也有很好的对应效果，并将其命名为地磁Z分量日变幅逐日比，并用该方法分析了江苏地区地磁Z分量日变幅逐日比与周边地震的关系，总结逐日比异常的时空变化特征，建立了江苏地区的逐日比异常指标体系。

2015年至今，戴苗等（2017）利用该方法研究非磁暴影响时段日变化幅度极值比异常时空分布与地震的对应关系，梳理了2008~2018年度中国大陆各个区域地磁加卸载响应比异常震例，基于震例初步建立了中国大陆南北地震带、华北地区、东北地区地震预测指标体系，对中国大陆不同区域地磁加卸载响应比判据指标和地震预测规则做了详细的论证和总结，发现地震主要发生在地磁加卸载响应比阈值线附近。

一些学者对地磁加卸载响应比法物理意义有争议，认为该比值并不是力学上的加卸载响应比。我们认为该比值的物理意义可能为二次观测日地下介质电性介质发生变化，进而导致日变化幅度变化所致，虽然机理仍有待研究，但其数学意义实为地磁垂直分量日变化幅度极大值与极小值的比，可称之为地磁垂直分量日变化幅度极值比，为尊重首先发现该方法的研究人员成果，建议仍称之为地磁加卸载响应比，这符合科学研究上的惯例。

**3. 异常机理**

冯志生等（2009）研究发现，地磁低点位移异常的关键特征是地磁低点位移线两侧存在反相位变化，基于电磁理论推测反相位变化期间有感应电流集中分布于分界线下方。本书研究发现，地磁加卸载响应比异常和地磁低点位移异常机理是一致的，是感应电流集中分布导致地磁垂直分量日变化幅度变大或变小所致，图3.3－1给出了该机理的定性解释。

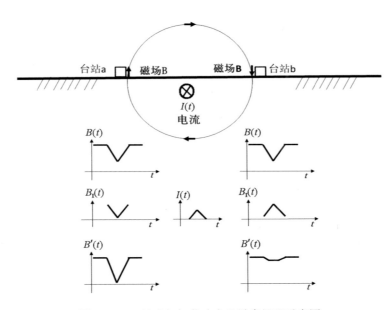

图 3.3－1　地磁加卸载响应比异常机理示意图

在图3.3－1中，$B(t)$ 为台站a与台站b正常的地磁垂直分量日变化曲线，为便于讨论我们将其简化为V字形。$I(t)$ 为集中分布于台站a和台站b之间地壳内的感应电流（假定位于台站a和台站b的中间位置），为方便讨论我们也将其简化为V字形变化；由于感应电流埋深远小于台站间距，因此，台站a和台站b只有 $I(t)$ 的垂直分量磁场，其产生的垂直分量磁场为 $B_1(t)$，我们注意到二个台站 $B_1(t)$ 为反相位。当 $I(t)$ 最低点与 $B(t)$ 最低点基本同步，即感言电流集中分布现象发生在地方时正午前后，且其持续时间与地磁日变化持续时间相当，产生的垂直分量磁场 $B_1(t)$ 幅度也与地磁场正常日变化 $B(t)$ 的幅度相当，则叠加结果是台站a的 $B'(t)$ 为被拉长的V字形变化，日变化幅度增大，台站b的日变化被部分抵消，幅度变小。由于地磁逐日比计算的是前后日期地磁垂直分量日变化幅度的比值，因此，当计算公式的分子变大（图 3.3 - 1 左侧情形）或分母变小（图 3.3 - 1 右侧情形）时，其计算结果会变大，尤其是当分母变小更容易导致其比值显著增大。

实际分析时我们设定一个阈值，当比值高于该阈值时可视其为异常，该异常究竟是由计算公式的分子增大引起还是由分母变小引起，需要具体情况具体分析。感应电流集中分布位置可能位于阈值线附近，但具体关系还有待于进一步研究。

**4. 计算步骤**

（1）对北京时地磁垂直分量日变化分钟采样数据进行 48 阶傅氏拟合滤波。

（2）计算地磁垂直分量日变化幅度和地磁加卸载响应比值。

（3）地磁加卸载响应比时间扫描，提取满足判据要求异常日台网内所有台站响应比值。一个台站有多台仪器的取相近值的均值。

（4）绘地磁加卸载响应比空间分布图。采用 surfer 中克里格方法进行网格化插值处理，然后用 GMT 或其他软件绘制地磁加卸载响应比异常空间分布图。

## 3.3.2 指标体系

**1. 异常判据**

（1）比值超阈值 3.0 为异常成立。

（2）三个或者三个以上相邻台站出现超阈值，且异常面积大于 15 万平方千米。

（3）二天内出现的异常视为一次异常（加载日期一致或卸载日期一致）。

（4）剔除加卸载日期 DST 指数小于 -30nT 的异常。

（5）预测时间与预测区域一样的逐日比异常和加卸载响应比异常视为一个异常，以逐日比异常为准。

（6）异常区域：预测区域内的阈值线段。

（7）符合以上条件，但无法按预测规则给出预测区域的变化不作为异常。

**2. 预测规则**

1）发震时间

异常出现后 9 个月内，优势发震时间 6 个月内。

2）发震地点

阈值线高曲率段二侧 300km 内（外突尖或内凹最深点为圆心半径 300km 的圆）；同一天二个异常区之间（二个异常相距不超过 400km，当二个内凹连通后会形成二个异常区域）（二个异常区之间中心点为圆心的椭圆，椭圆短轴 300km，长轴 450km）。

3）发震强度

对应 4.6 级以上地震。异常面积越大对应震级越大，具体按手册统计的异常面积-震级曲线确定。

**3. 取消规则**

超过预测期的异常取消，预测期内预测区发生预期地震，该预期区取消。

**4. 预测效能**

表 3.3 - 1　大陆地区地磁加卸载响应比异常预测效能统计结果

| 序号 | 震级范围 | 异常总数 | 应报地震 | 有震异常 | 异常报对率 | 报对地震 | 地震漏报率 |
|------|----------|----------|----------|----------|------------|----------|------------|
| 1 | ≥4.6 | 35 | 71 | 23 | 65.7% | 23 | 67.6% |

**5. 异常信度**

为 A 类异常。

## 3.3.3　指标依据

**1. 资料概况**

研究区域：综合考虑中国大陆地磁台网监测能力以及破坏性地震空间分布，我们主要对中国大陆南北地震带（94°~115°E，22°~42°N）、东北地区（115.5°~132.5°E，39°~53°N）、华北地区（108°~125°E，28°~45°N）开展了震例及指标相关研究。

研究时间：2008 年 1 月至 2018 年 7 月。

台站选择：依据研究需求，并参考中国地磁台网有关地磁观测质量评比结果，选取中国大陆质量较好的 160 余个台站地磁垂直分量分钟采样值作为研究资料。

地震选取：选取 2008 年 1 月至 2018 年 7 月南北带的 5.0 级以上地震、华北地区 4.6 级以上地震和东北地区 4.6 级以上地震，剔除余震以及震中 300km 范围内没有地磁台站的地震事件。

资料简介：我国目前台站的磁通门磁力仪、FHD 质子矢量磁力仪、dIdD 悬挂式磁力仪（Suspended dIdD）等仪器的地磁垂直分量日变化分钟采样序列。

**2. 指标依据**

1）发震时间

一般情况下，异常出现后 9 个月内发震，绝大多数在 6 个月内。震例统计结果中出现异常后发震相隔时间最短的为 2018 年 3 月 30 日甘肃肃南 5.0 级地震 47 天，最长的为 2013 年 7 月 22 日甘肃岷县漳县 6.6 级地震 208 天（7 个月）。去除单个异常对应多个地震的情形，6 个月内发震概率高达 84.2%。

2）发震地点

地震主要位于阈值线附近，进一步的研究发现，阈值线二侧尤其是高曲率段二侧 300km 内（外突尖或内凹最深点为中心的圆，半径 300km）的区域，或同一天二个异常区之间（二个异常相距不超过 400km）（二个异常区之间中心点为中心的椭圆，椭圆短轴 300km，长轴 450km）的区域发震可能性较大。

根据中国大陆各研究区域震例综合统计结果（图 3.3 - 2），32 次对应地震中有 23 次地震在加卸载响应比值 2.6~3.4 之间（阈值线 3.0 附近），占比 71.8%，其中 14 次地震震中位置在阈值线 3.0 之外，占比 43.8%，表明地震均匀分布于阈值线二侧。

此外，2008 年 1 月 1 日至 2018 年 07 月 31 日，中国大陆 35 次异常中呈现"内凹"形态 15

次，9 次"内凹"处发生满足条件的对应地震，地震对应率为 60%；"外凸"形态 15 次，7 次"外凸"处发生满足条件的对应地震，地震对应率为 46.7%；"一天出现的二个异常区"形态异常 6 次，2 次发生了满足条件的对应地震，地震对应率为 33.3%。（单次异常出现多个"内凹"、"外凸"、"一天出现的二个异常区"形态按实际数量统计）。部分典型震例见图 3.3 - 3。

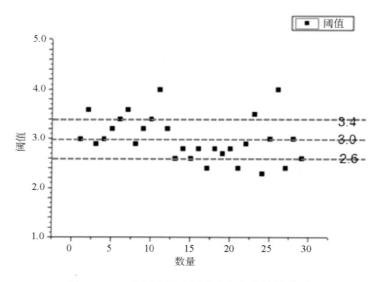

图 3.3 - 2　中国大陆地震震中和阈值线的关系

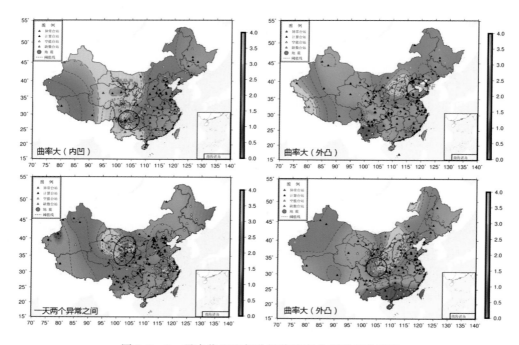

图 3.3 - 3　震中位置和部分阈值线高曲率形态关系图

3）发震强度

对 4.6 级以上地震统计表明，震级与异常面积呈正比，即异常面积越大震级越高（图 3.3-4），但与异常最大值关系不密切（图 3.3-5）。

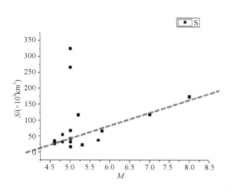
图 3.3-4　震级和异常面积的关系

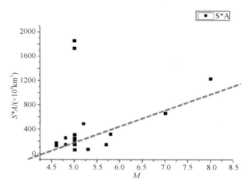
图 3.3-5　震级与"异常面积与加卸载极值乘积"关系

## 3.3.4　异常与震例

### 1. 异常概述

2008 年 1 月 1 日至 2018 年 7 月 31 日，中国大陆南北地震带、东北地区、华北地区共出现满足判据的异常 35 次，详见表 3.3-2。其中 23 次异常后 9 个月内有满足预测规则地震发生，异常报对率为 65.7%；研究时间段地磁台网监测范围内（主要指地震震中 300km 范围内有地磁台站）共发生地震 71 次（南北带 5 级以上，东北、华北 4.6 级以上），其中漏报地震 48 次，漏报率为 67.6%。详见表 3.3-3。

表 3.3-2　大陆地区地磁加卸载响应比异常预测效能统计结果

| 序号 | 震级范围 | 异常总数 | 应报地震 | 有震异常 | 异常报对率 | 报对地震 | 地震漏报率 |
| --- | --- | --- | --- | --- | --- | --- | --- |
| 1 | ≥4.6 | 35 | 71 | 23 | 65.7% | 23 | 67.6% |

表 3.3-3　中国大陆加卸载响应比异常及震例计算结果

| 序号 | 异常时段 | 对应地震* | 震中加卸载值 | 异常面积（$10^4 km^2$） | 异常封闭 | 加卸载最大值 | 是否虚报 |
| --- | --- | --- | --- | --- | --- | --- | --- |
| 1 | 2008.02.05 | 肃南 5.0<br>汶川 8.0<br>攀枝花 6.1 | 3.0<br>3.6<br>2.9 | 175 | 否 | 5 | 否 |

续表

| 序号 | 异常时段 | 对应地震* | 震中加卸载值 | 异常面积（10⁴km²） | 异常封闭 | 加卸载最大值 | 是否虚报 |
|---|---|---|---|---|---|---|---|
| 2 | 2008.02.12 | 肃南 5.0<br>汶川 8.0<br>攀枝花 6.1 | 3.0<br>3.2<br>3.4 | 294.4 | 否 | 4.2 | 否 |
| 3 | 2008.04.07 | 鄂伦春 5.2 | 3.6 | 117.4 | 否 | 4.2 | 否 |
| 4 | 2009.02.02 | 无 | — | — | — | — | 是 |
| 5 | 2009.02.13 | 汪清 5.0 | 2.9 | 32.36 | 是 | 4.6 | 否 |
| 6 | 2009.05.01 | 无 | — | — | — | — | 是 |
| 7 | 2009.05.08 | 无 | — | — | — | — | 是 |
| 8 | 2009.09.23 | 河津 4.8 | 3.2 | 55.55 | 是 | 4.7 | 否 |
| 9 | 2009.11.09 | 遂宁 5.0<br>河津 4.8<br>阳曲 4.6 | 3.4<br>4.0<br>3.2 | 326.1 | 否 | 5.7 | 否 |
| 10 | 2009.11.28 | 无 | — | — | — | — | 是 |
| 11 | 2010.01.30 | 大同 4.6<br>阳曲 4.6 | 2.6<br>2.8 | 27.3 | 是 | 6.4 | 否 |
| 12 | 2010.12.16 | 无 | — | — | — | — | 是 |
| 13 | 2011.02.21 | 炉霍 5.4 | 2.6 | 22.65 | 是 | 3.3 | 否 |
| 14 | 2012.01.10 | 唐山 4.7 | 2.8 | 33.33 | 是 | 4.5 | 否 |
| 15 | 2012.02.02 | 唐山 4.7<br>宝应 4.9 | 2.4<br>2.8 | 266.5 | 否 | 6.5 | 否 |
| 16 | 2012.12.19 | 芦山 7.0<br>岷县漳县 6.6 | 2.7<br>2.8 | 118.7 | 否 | 5.6 | 否 |
| 17 | 2012.12.26 | 芦山 7.0<br>岷县漳县 6.6 | 2.4<br>2.9 | 79.13 | 是 | 4.5 | 否 |
| 18 | 2013.12.23 | 无 | — | — | — | — | 是 |
| 19 | 2014.01.11 | 无 | — | — | — | — | 是 |
| 20 | 2014.12.06 | 无 | — | — | — | — | 是 |
| 21 | 2015.01.11 | 阿拉善 5.8 | 3.5 | 66.14 | 否 | 4.8 | 否 |
| 22 | 2015.01.24 | 文登 4.6 | 2.3 | 36.44 | 是 | 3.8 | 否 |
| 23 | 2015.04.27 | 台湾宜兰 5.7 | 3 | 38.02 | 否 | 4 | 否 |
| 24 | 2016.03.04 | 云龙 5.0 | 4 | 67.52 | 否 | 4.6 | 否 |

续表

| 序号 | 异常时段 | 对应地震* | 震中加卸载值 | 异常面积（$10^4 km^2$） | 异常封闭 | 加卸载最大值 | 是否虚报 |
|---|---|---|---|---|---|---|---|
| 25 | 2016.12.04 | 阿拉善 5.0 | 2.4 | 34.99 | 是 | 7.1 | 否 |
| 26 | 2017.01.25 | 阿拉善 5.0<br>九寨沟 7.0 | 3.0<br>2.6 | 43.45 | 是 | 5.1 | 否 |
| 27 | 2017.07.04 | 武隆 5.0 | 3.6 | 17.33 | 是 | 3.9 | 否 |
| 28 | 2017.10.22 | 无 | — | — | — | — | 是 |
| 29 | 2017.12.07 | 通海 5.0<br>墨江 5.9 | 3.0<br>2.7 | 32.92 | 是 | 3.4 | 否 |
| 30 | 2017.12.19 | 无 | — | — | — | — | 是 |
| 31 | 2017.12.25 | 通海 5.0<br>墨江 5.9 | 3.1<br>3.0 | 37.32 | 是 | 3.8 | 否 |
| 32 | 2018.01.17 | 无 | — | — | — | — | 是 |
| 33 | 2018.02.01 | 通海 5.0 | 2.8 | 16.8 | 否 | 4 | 否 |
| 34 | 2018.02.20 | 松原 5.8 | 2.6 | 28.79 | 是 | 3.4 | 否 |
| 35 | 2018.07.05 | 无 | — | — | — | — | 是 |

＊：南北带≥5级，东北华北≥4.6级。

## 2. 有震异常

本部分给出了 22 次满足异常判据、在中国境内有满足预测规则地震的异常。

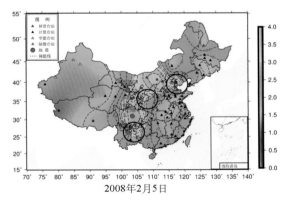

2008年2月5日

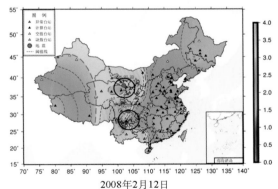

2008年2月12日

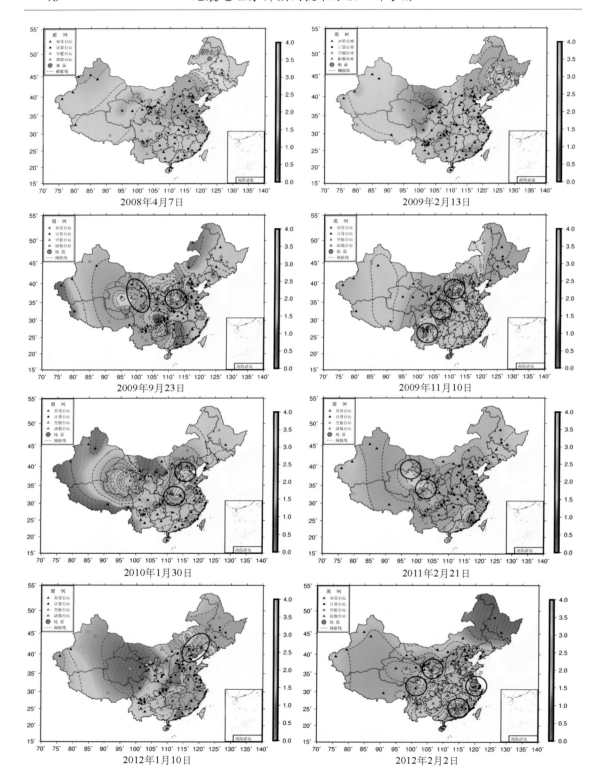

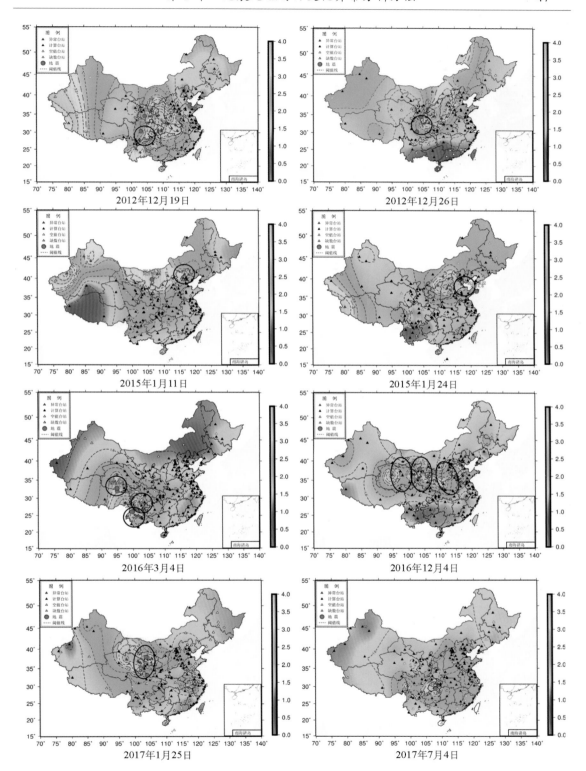

2012年12月19日　　　　　　　　2012年12月26日

2015年1月11日　　　　　　　　2015年1月24日

2016年3月4日　　　　　　　　2016年12月4日

2017年1月25日　　　　　　　　2017年7月4日

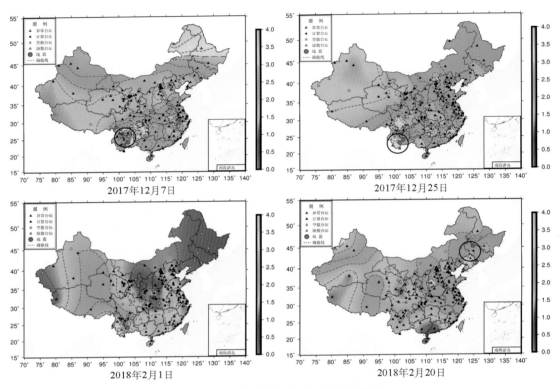

图 3.3 - 6　地磁加卸载响应比有震异常

## 3. 虚报异常

本部分给出了 2 次无震异常，地震异常满足异常标准，但没有满足预测规则的地震。

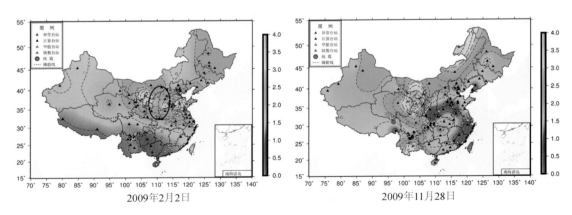

图 3.3 - 7　地磁加卸载响应比虚报异常

**4. 疑似异常**

2015 年 4 月 27 日，广东、广西部分地磁台站加卸载响应比超阈值，加卸载日时段无明显磁暴活动，异常满足判据指标要求，异常出现后半年内在中国台湾宜兰地区发生 5.7 级地震。

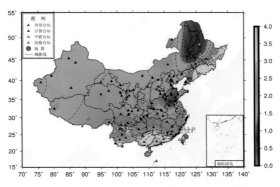

图 3.3 - 8　2015 年 4 月 27 日异常空间分布

## 3.3.5　讨论

震例研究显示，绝大多数异常出现后半年内发生破坏性地震，这给未来破坏性地震可能的发生时间指明了方向。发震震级和异常区域的面积总体呈现正相关，异常面积越大，未来发生地震的震级越大。此外，地磁加卸载响应比异常对地震发生地点具有较强的指示意义，研究区域内的地震震中主要位于异常台站分布边缘的阈值线附近，进一步的研究发现，阈值线曲率大（表现为内凹或尖状凸起处）的区域或一天出现的二个异常区的交界区域发震的可能性较大。

## 3.4　地磁垂直分量日变化幅度逐日比法

### 3.4.1　方法概述

**1. 基本原理**

地磁逐日比：

$$P(Z) = \frac{R_Z(t_1)}{R_Z(t_2)} \tag{3.4-1}$$

$$t_2 = t_1 + 1 \tag{3.4-2}$$

式中，$R_Z$ 为地磁垂直分量日变化幅度；$t$ 观测日期。异常日期以 $R_Z(t_2)$ 日期为准，即分母日期为异常日期。具体分析时设定一个阈值 $P_0$，当 $P > P_0$ 时异常成立。

**2. 国内外进展**

曾小苹等（1996）受力学上的加卸载响应比方法启发（尹祥础等，1994），提出了地磁加卸载响应比方法。自此全国各地开展了地磁加卸载响应比方法在地磁观测数据中的应用。冯志生等（2001）在应用地磁加卸载响应比法过程中，发现前后两天地磁垂直分量日变幅比值的高值与其台站周边地震也有很好的对应效果，将其命名为地磁垂直分量日变化幅度逐日比，并建立了江苏地区的逐日比异常指标体系。倪晓寅等（2017）将该方法应用于南北带地区，发现地震多发生在异常出现后半年内，震中多位于异常日阈值等值线附近。

**3. 异常机理**

冯志生等（2009）研究发现，地磁低点位移异常的关键特征是地磁低点位移线两侧存在反相位变化，基于电磁理论推测反相位变化期间有感应电流集中分布于分界线下方。本书研究发现，地磁逐日比异常和地磁低点位移异常机理是一致的，是由感应电流集中分布导致地磁垂直分量日变化幅度变大或变小所致，图3.4-1给出了该机理的定性解释。

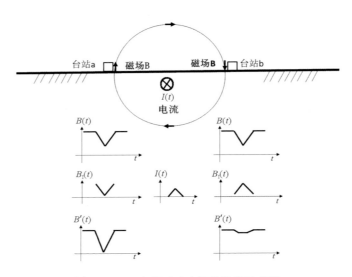

图3.4-1　地磁逐日比异常机理示意图

在图3.4-1中，$B(t)$ 为台站 a 与台站 b 正常的垂直分量日变化曲线，为便于讨论我们将其简化为 V 字形。$I(t)$ 为集中分布于台站 a 和台站 b 之间地壳内的感应电流（假定位于台站 a 和台站 b 的中间位置），为方便讨论我们也将其简化为 V 字形变化；由于感应电流埋深远小于台站间距，因此，台站 a 和台站 b 只有 $I(t)$ 的垂直分量磁场，其产生的垂直分量磁场为 $B_1(t)$，我们注意到二个台站 $B_1(t)$ 为反相位。当 $I(t)$ 最低点与 $B(t)$ 最低点基本同步，即感言电流集中分布现象发生在地方时正午前后，且其持续时间与地磁日变化持续时间相当，产生的垂直分量磁场 $B_1(t)$ 幅度也与地磁场正常日变化 $B(t)$ 的幅度相当，则叠加结果为台站 a 的 $B'(t)$ 为被拉长的 V 字形变化，日变化幅度增大，台站 b 的日变化被部分抵消，日变化幅度变小。由于地磁逐日比计算的是前后二天日期地磁垂直分量日变化幅度的比值，因此，当计算公式的分子变大（图3.4-1左侧情形）或分母变小（图3.4-1右侧情形）时，其计算结果会变大，尤其是当分母变小更容易导致其比值显著增大。

实际分析时我们设定一个阈值，当比值高于该阈值时可视其为异常，该异常究竟是由计算公式的分子增大引起还是由分母变小引起，需要具体情况具体分析。感应电流集中分布位置可能位于阈值线附近，但它们二者的具体关系还有待于进一步研究。

表 3.4-1 为逐日比异常时段（异常前一日和异常日）日变幅变化情况，可以看到，绝大部分异常日的垂直分量日变幅都存在相对偏小的情况，因此日变幅变小引起逐日比出现高值的可能性更大。

表 3.4-1　地磁逐日比异常时段日 $Z$ 日变幅变化情况

| 序号 | 异常时间 | $Z$ 日变幅异常情况 | | 是否虚报 |
| --- | --- | --- | --- | --- |
| | | 前一日 | 异常日 | |
| 1 | 2008.02.05 | | 偏小 | 否 |
| 2 | 2008.02.12 | | 偏小 | 否 |
| 3 | 2008.03.01 | 偏大 | 偏小 | 是 |
| 4 | 2008.04.07 | | 偏小 | 否 |
| 5 | 2008.11.05 | 偏大 | 偏小 | 是 |
| 6 | 2008.12.24 | 偏大 | 偏小 | 是 |
| 7 | 2009.01.18 | 偏大 | 偏小 | 否 |
| 8 | 2009.01.24 | | 偏小 | 否 |
| 9 | 2009.02.05 | 偏大 | 偏小 | 否 |
| 10 | 2009.02.13 | | 偏小 | 否 |
| 11 | 2009.06.29 | 偏大 | 偏小 | 否 |
| 12 | 2009.11.29 | | 偏小 | 否 |
| 13 | 2010.02.23 | | 偏小 | 否 |
| 14 | 2010.05.06 | | 偏小 | 否 |
| 15 | 2011.01.13 | 偏大 | | 否 |
| 16 | 2011.02.06 | 偏大 | | 否 |
| 17 | 2011.08.17 | | 偏小 | 否 |
| 18 | 2012.02.02 | | 偏小 | 否 |
| 19 | 2012.07.14 | | 偏小 | 是 |
| 20 | 2012.12.11 | | 偏小 | 否 |
| 21 | 2012.12.19 | | 偏小 | 否 |
| 22 | 2013.10.03 | | 偏小 | 否 |

续表

| 序号 | 异常时间 | Z 日变幅异常情况 | | 是否虚报 |
|---|---|---|---|---|
| | | 前一日 | 异常日 | |
| 23 | 2013. 10. 15 | | 偏小 | 是 |
| 24 | 2013. 12. 23 | | 偏小 | 是 |
| 25 | 2014. 01. 11 | | 偏小 | 否 |
| 26 | 2015. 01. 11 | 偏大 | 偏小 | 否 |
| 27 | 2015. 01. 24 | | 偏小 | 否 |
| 28 | 2015. 12. 25 | | 偏小 | 否 |
| 29 | 2016. 02. 03 | | 偏小 | 否 |
| 30 | 2016. 03. 04 | | 偏小 | 否 |
| 31 | 2016. 05. 13 | | 偏小 | 否 |
| 32 | 2016. 12. 04 | | 偏小 | 否 |
| 33 | 2016. 12. 15 | | 偏小 | 否 |
| 34 | 2017. 01. 07 | | 偏小 | 是 |
| 35 | 2017. 08. 08 | | 偏小 | 否 |
| 36 | 2017. 11. 23 | | 偏小 | 否 |
| 37 | 2017. 12. 14 | | 偏小 | 否 |
| 38 | 2017. 12. 25 | | 偏小 | 是 |
| 39 | 2018. 02. 20 | | 偏小 | 否 |

我们对所有逐日比异常时段的地磁场垂直分量日变化曲线进行了对比分析，发现这些逐日比异常日的阈值线两侧的台站存在垂直分量反相位变化。以 2008 年 2 月 5 日异常为例，异常日 10~15 时（北京时）异常台站昭觉台与阈值线另一侧的非异常台站通海台出现了明显的垂直分量反向变化（图 3.4－2 虚线框所选时段）。当反相位现象出现在异常日的日变化极值时间附近时，会造成一部分台站垂直分量日变幅变大，另一部分台站垂直分量日变幅变小，在异常日阈值线两侧地磁台站的垂直分量反相位现象就是这样产生的。这种反相位现象的存在可能是常态的。但通过计算发现，反相位现象产生的异常信号强度较小，一般在 2~6nT 左右。因此，只有当垂直分量日变幅足够小时，反相位异常信号在垂直分量日变幅中比重增加，我们才能通过逐日比异常提取到这种反相位现象。这种反相位现象与低点位移类似（冯志生等，2009），二者的产生的原因可能相同。

**4. 计算步骤**

（1）对北京时地磁垂直分量日变化分钟采样数据进行 48 阶傅氏拟合滤波后计算日变化幅度，得到各台站日变化幅度逐日变化序列。

（2）根据日变化幅度逐日变化序列计算各台站的日变化幅度逐日比。

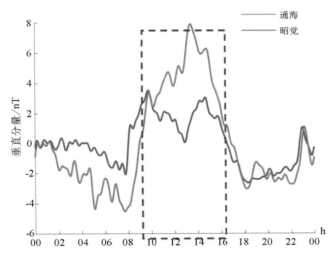

图 3.4 - 2　2008 年 2 月 5 日昭觉台和通海台垂直分量反向变化

（3）出现满足异常判据的逐日比异常后，提取所有台站逐日比值，采用 surfer 进行克里金网格化插值处理，插值时根据所需绘图区域输入经纬度范围（本手册中经纬度范围为：经度 70°~140°E，纬度 15°~55°N），其他参数使用默认值，然后用 GMT 或其他软件绘制地磁逐日比异常空间分布图。

## 3.4.2　指标体系

### 1. 异常判据

（1）比值超阈值为异常，阈值：南北带 3.0，东北 2.9，华北 2.9，华南 2.8。

（2）二个或者二个以上相邻台站出现超阈值，且异常面积大于 11 万平方千米。

（3）剔除分子日期 Dst 指数小于 -70nT 的异常。

（4）预测时间与预测区域一样的逐日比异常和加卸载响应比异常视为一个异常，以逐日比异常为准。

（5）异常区域：预测区域内的阈值线段。

（6）符合以上条件，但无法按预测规则给出预测区域的变化不作为异常。

### 2. 预测规则

1）发震时间

异常出现后 9 个月内，优势发震时间 6 个月内。

2）发震地点

阈值线高曲率段二侧 300km 内（外突尖或内凹最深点为圆心半径 300km 的圆）；同一天二个异常区之间（二个异常相距不超过 400km，当二个内凹连通后会形成二个异常区域）（二个异常区之间中心点为圆心的椭圆，椭圆短轴 300km，长轴 450km）。

3）发震强度

南北带 5.0 级以上、东北 4.5 级以上、华北 4.2 级以上、华南 4.0 级以上。异常面积越大，震级越大。

**3. 取消规则**

异常超过预测期取消，预测期内预测区发生预期地震，该预期区取消。

**4. 预测效能**

表 3.4－2　大陆地区逐日比异常预测效能统计结果

| 序号 | 地区 | 震级范围 | 异常总数 | 应报地震 | 有震异常 | 异常报对率 | 报对地震 | 地震漏报率 |
|------|------|---------|---------|---------|---------|-----------|---------|-----------|
| 1 | 南北带 | ≥5.0 | 14 | 46 | 12 | 86% | 15 | 67% |
| 2 | 华北 | ≥4.2 | 15 | 32 | 10 | 67% | 9 | 72% |
| 3 | 东北 | ≥4.5 | 8 | 15 | 7 | 86% | 10 | 33% |
| 4 | 华南 | ≥4.0 | 5 | 26 | 4 | 80% | 5 | 81% |

**5. 异常信度**

为 A 类异常。

## 3.4.3　指标依据

**1. 资料概况**

研究区域：综合考虑中国大陆地磁台网监测能力以及破坏性地震空间分布，我们主要对中国大陆南北地震带（94°~115°E，22°~42°N）、东北地区（115.5°~132.5°E，39°~53°N）、华北地区（108°~125°E，28°~45°N）、华南地区（104°~121°E，16°~30°N）开展了震例及指标相关研究。

研究时间：2008 年 1 月至 2018 年 7 月。

台站选择：依据研究需求，并参考中国地磁台网有关地磁观测质量评比结果，选取中国大陆质量较好的 161 个地磁台站垂直分量作为研究资料。

地震选取：选取 2008 年 1 月至 2018 年 7 月南北带的 5.0 级以上地震、华北地区 4.2 级以上地震、东北地区 4.5 级以上地震和华南地区 4.0 级以上地震，剔除余震以及震中 300km 范围内没有地磁台站的地震事件。

资料简介：我国目前台站的磁通门磁力仪、FHD 质子矢量磁力仪、dIdD 悬挂式磁力仪（Suspended dIdD）等仪器的地磁垂直分量日变化分钟采样序列，对于台站有多台仪器一般取正常观测仪器数据。

**2. 指标依据**

1）阈值统计结果

考虑到地磁异常具有时间上的同步性和空间分布广的特点，因此必须存在至少 2 个台站出现逐日比同步升高的现象时才能作为异常。使用不同阈值（如2.8、2.9、3.0、3.1等）进行异常统计，计算各个阈值的异常虚报率，将异常虚报率最低的阈值作为异常判定阈值。各地区不同阈值的异常虚报率见表3.4－3。

表3.4－3　大陆地区地磁逐日比异常和 Dst 指数（北京时）

| 地区 | 阈值 | 虚报率 |
|---|---|---|
| 南北带 | 3.1 | 14% |
| | 3.0 | 14% |
| | 2.9 | 18% |
| | 2.8 | 27% |
| 华北 | 3.1 | 40% |
| | 3.0 | 33% |
| | 2.9 | 47% |
| 东北 | 3.1 | 17% |
| | 3.0 | 14% |
| | 2.9 | 14% |
| | 2.8 | 20% |
| 华南 | 2.6 | 64% |
| | 2.7 | 50% |
| | 2.8 | 20% |
| | 2.9 | 33% |

2）Dst 指数

查询地磁场活动 Dst 指数，统计所有异常的 Dst 指数和地震对应情况，发现异常前一日 Dst 指数小于－70nT 且小于异常日 Dst 指数的异常均为虚报。

表3.4－4　大陆地区日变幅逐日比异常和 Dst 指数（北京时）

| 异常时间 | Dst 指数（nT） | | 报对/虚报 | 异常时间 | Dst 指数（nT） | | 报对/虚报 |
|---|---|---|---|---|---|---|---|
| | 前一日 | 异常日 | | | 前一日 | 异常日 | |
| 2008.02.05 | －36 | －27 | 报对 | 2010.08.06 | －74 | －44 | 虚报 |
| 2008.02.12 | －36 | －26 | 报对 | 2012.03.10 | －131 | －117 | 虚报 |
| 2008.03.01 | －52 | －47 | 虚报 | 2013.10.03 | －67 | －50 | 报对 |

续表

| 异常时间 | Dst 指数（nT） | | 报对/虚报 | 异常时间 | Dst 指数（nT） | | 报对/虚报 |
|---|---|---|---|---|---|---|---|
| | 前一日 | 异常日 | | | 前一日 | 异常日 | |
| 2008. 04. 07 | -33 | -22 | 报对 | 2015. 01. 11 | -30 | -30 | 报对 |
| 2008. 11. 05 | -11 | -4 | 虚报 | 2015. 12. 23 | -73 | -31 | 虚报 |
| 2009. 01. 18 | -17 | -11 | 虚报 | 2015. 12. 25 | -22 | -10 | 虚报 |
| 2009. 01. 24 | -3 | -4 | 报对 | 2016. 01. 02 | -110 | -42 | 虚报 |
| 2009. 02. 05 | -34 | -42 | 报对 | 2016. 03. 04 | -4 | -8 | 报对 |
| 2009. 02. 13 | -11 | -13 | 报对 | 2017. 08. 08 | -12 | -9 | 报对 |
| 2009. 06. 29 | -5 | -28 | 报对 | 2017. 09. 10 | -109 | -40 | 虚报 |
| 2009. 11. 29 | -4 | -10 | 报对 | 2017. 11. 23 | -28 | -24 | 报对 |
| 2010. 02. 23 | -10 | -19 | 报对 | 2017. 12. 07 | -34 | -23 | 虚报 |
| 2010. 07. 12 | -9 | -5 | 虚报 | 2017. 12. 14 | -29 | -10 | 报对 |
| 2011. 02. 06 | -63 | -37 | 报对 | 2017. 12. 25 | -17 | -15 | 虚报 |
| 2011. 08. 17 | -21 | -22 | 虚报 | 2018. 02. 20 | -26 | -28 | 报对 |
| 2012. 02. 02 | -11 | -2 | 报对 | | | | |

3）面积与震级关系

统计南北带和华北地区异常日逐日比阈值等值线包围区域的面积和异常虚报的关系，发现当异常面积小于10.5万平方千米的异常虚报率较高。

**表3.4－5　大陆地区地磁逐日比异常面积和虚报情况**

| 南北带 | | | 华北 | | |
|---|---|---|---|---|---|
| 异常日期 | 异常面积（$10^4km^2$） | 是否虚报 | 异常时间 | 异常面积（$10^4km^2$） | 是否虚报 |
| 2010. 07. 12 | 4. 6 | 是 | 2014. 10. 19 | 9. 2 | 是 |
| 2017. 01. 25 | 5. 3 | | 2008. 05. 22 | 9. 3 | 是 |
| 2017. 02. 10 | 5. 6 | 是 | 2010. 04. 12 | 9. 3 | |
| 2016. 12. 28 | 5. 8 | | 2014. 08. 05 | 9. 3 | 是 |
| 2017. 02. 13 | 7 | 是 | 2009. 02. 02 | 9. 9 | 是 |
| 2017. 02. 07 | 8. 5 | | 2016. 02. 03 | 10. 5 | 是 |
| 2017. 12. 07 | 9. 2 | 是 | 2016. 12. 15 | 10. 6 | |

续表

| 南北带 | | | 华北 | | |
|---|---|---|---|---|---|
| 异常日期 | 异常面积<br>($10^4 \mathrm{km}^2$) | 是否虚报 | 异常时间 | 异常面积<br>($10^4 \mathrm{km}^2$) | 是否虚报 |
| 2012.12.19 | 11.5 | | 2017.11.23 | 12.3 | 是 |
| 2017.12.14 | 13.9 | 是 | 2013.12.23 | 15.8 | 是 |
| 2008.11.05 | 16.4 | | 2017.01.07 | 16.9 | |
| 2017.12.25 | 19.5 | 是 | 2016.05.13 | 17.2 | |
| 2010.02.23 | 38.3 | | 2016.12.04 | 19.5 | |
| 2008.02.12 | 43 | | 2014.01.11 | 20.4 | |
| 2012.12.11 | 48.7 | | 2015.12.25 | 22.6 | |
| 2008.02.05 | 55.3 | | 2012.07.14 | 24.7 | 是 |
| 2009.01.24 | 65 | | 2008.12.24 | 27.4 | 是 |
| 2009.06.29 | 66.3 | | 2013.10.15 | 32.3 | 是 |
| 2016.03.04 | 72.3 | | 2015.01.24 | 46.3 | |
| 2009.02.05 | 87.6 | | 2010.05.06 | 63.7 | |
| 2012.02.02 | 88.8 | | 2011.01.13 | 99.3 | |

　　震例中地震震级和异常面积存在并不严格的正比关系（图 3.4 - 3）。根据统计，震例中 6 级以上地震共有 4 次，震前的异常面积最小为 43 万平方千米，而异常面积大于 43 万平方千米的异常共有 8 次；异常面积小于 43 万平方千米的异常对应的地震最大震级为 5.5 级。

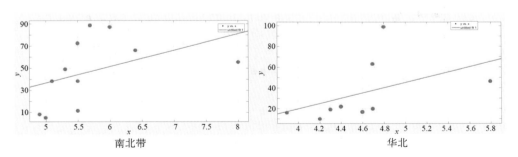

图 3.4 - 3　逐日比异常面积和震级关系

4）发震时间

　　统计有震异常中异常出现到地震发生的时间间隔，发现地震都发生在异常出现后 9 个月内（图 3.4 - 4），而异常出现后 3 个月内发震的占比 68.6%，前 6 个月发震的占比为 88.2%。

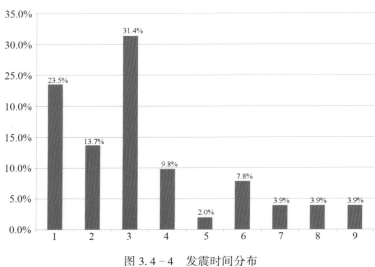

图 3.4 - 4　发震时间分布

5）地震位置与阈值线位置关系

根据统计，震例中震中位置距离阈值线超过 300km 的地震仅有 1 次（图 3.4 - 5），主要是由于台站分布稀疏，插值形成的阈值等值线走向不够精确引起的。

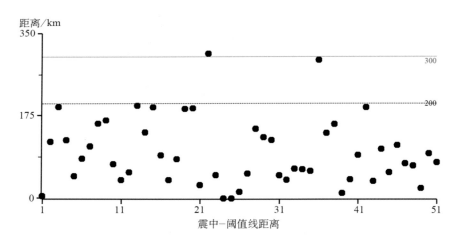

图 3.4 - 5　震中-阈值线距离分布

6）震中位置与阈值线曲率关系

分析单个震例中震中所处位置的空间特征，发现地震多发生在异常日阈值线曲率较高的位置（图 3.4 - 6、图 3.4 - 7、图 3.4 - 8），如阈值线内凹的位置、纺锤形异常区域的尖端，或者同一天异常的 2 个异常区域（2 个异常区域距离不超过 400km）之间。经过统计，所有异常中 13 个内凹位置附近有发生了 10 次地震，15 个纺锤形尖端位置发生了 9 次地震，4 次双区域异常中有 3 次在 2 个异常区域间发生了地震。

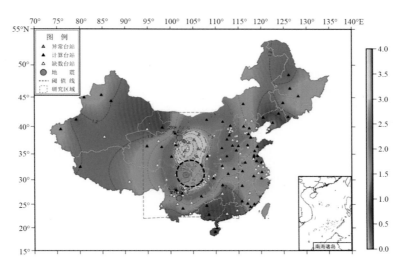

图 3.4－6　阈值线内凹处发生地震

灰色圈：以内凹中心为圆心半径 300km 的圆

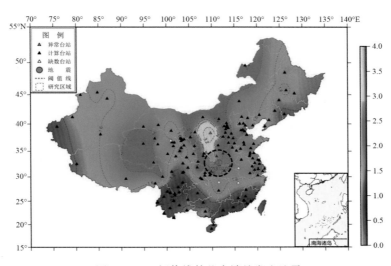

图 3.4－7　阈值线外凸尖端处发生地震

灰色圈：以外凸尖端为圆心半径 300km 的圆

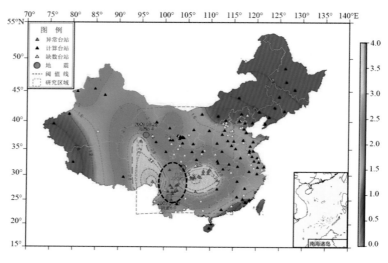

图 3.4-8　二个异常区域之间发生地震

灰色圈：二个异常区之间中心点为中心的椭圆，椭圆短轴 300km，长轴 450km

## 3.4.4　异常与震例

**1. 异常概述**

统计 2008 年 1 月至 2018 年 7 月南北带、东北和华北地区所有满足异常判据的异常映震情况和异常参数，南北带异常对应率为 93%；华北地区异常对应率为 67%；东北地区异常对应率为 75%；华南地区异常对应率为 80%。表 3.4-6 为所有有震异常参数表。

表 3.4-6　有震异常参数

| 序号 | 异常日期 | 震级 | 震中<br>参考地名 | 发震日期 | 震中阈值<br>线距离<br>（km） | 震中<br>等值线值 | 异常提前<br>时间<br>（天） | 异常面积<br>（$10^4 km^2$） |
|---|---|---|---|---|---|---|---|---|
| 1 | 2008.02.05 | 5.0<br>8.0<br>6.1 | 甘肃肃南<br>四川汶川<br>四川攀枝花 | 2008.03.30<br>2008.05.12<br>2008.08.30 | 4<br>119<br>193 | 2.8<br>2.8<br>1.8 | 54<br>90<br>207 | 55.3 |
| 2 | 2008.02.12 | 5.0<br>8.0 | 甘肃肃南<br>四川汶川 | 2008.03.30<br>2008.05.12 | 122<br>46 | 2.8<br>2.8 | 47<br>83 | 43 |
| 3 | 2008.04.07 | 5.2<br>4.7 | 内蒙古阿荣旗<br>黑龙江龙海 | 2008.06.10<br>2008.07.07 | 83<br>109 | 3.0<br>3.1 | 64 | 无法计算 |
| 4 | 2009.01.18 | 4.3 | 山西原平 | 2009.03.28 | 157 | 2.5 | 59 | 无法计算 |

续表

| 序号 | 异常日期 | 震级 | 震中参考地名 | 发震日期 | 震中阈值线距离（km） | 震中等值线值 | 异常提前时间（天） | 异常面积（$10^4 km^2$） |
|---|---|---|---|---|---|---|---|---|
| 5 | 2009.01.24 | 6.4 | 青海海西 | 2009.08.28 | 164 | 2.8 | 216 | 65 |
| 6 | 2009.02.05 | 6.0 | 云南姚安 | 2009.07.09 | 72 | 2.8 | 154 | 87.6 |
| 7 | 2009.02.13 | 5.1 | 吉林珲春 | 2009.04.18 | 38 | 3.0 | 64 | 48.5 |
| | | 4.5 | 黑龙江安达 | 2009.05.10 | 54 | 3.2 | 86 | |
| | | 4.5 | 吉林白山 | 2009.08.05 | 196 | 3.3 | 173 | |
| 8 | 2009.06.29 | 5.6 | 四川绵竹 | 2009.06.30 | 138 | 2.8 | 1 | 西部 66.3 东部 38.5 |
| | | 6.0 | 云南姚安 | 2009.07.09 | 192 | 2.6 | 10 | |
| | | 6.4 | 青海海西 | 2009.08.28 | 90 | 2.6 | 60 | |
| 9 | 2009.11.29 | 5.1 | 云南元谋 | 2010.02.25 | 38 | 2.8 | 88 | 16.6 |
| 10 | 2010.02.23 | | | | 82 | 3.2 | 2 | 38.3 |
| 11 | 2010.05.06 | 4.6 | 山西阳曲 | 2010.06.05 | 188 | 3.8 | 30 | 63.7 |
| | | 4.7 | 河南太康 | 2010.10.24 | 190 | 2.6 | 171 | |
| 12 | 2011.01.13 | 4.7 | 安徽安庆 | 2011.01.19 | 27 | 2.8 | 6 | 99.3 |
| | | 4.2 | 山西忻州 | 2011.03.07 | 308 | 3.0 | 63 | |
| | | 4.3 | 河南太康 | 2011.03.08 | 49 | 3.6 | 64 | |
| 13 | 2011.08.17 | 6.5 | 俄罗斯 | 2011.10.14 | 无法计算 | 4.2 | 68 | 无法计算 |
| 14 | 2012.02.02 | 5.7 | 云南宁蒗 | 2012.06.24 | 14 | 2.9 | 145 | 88.8 |
| 15 | 2012.12.11 | 5.1 | 青海杂多 | 2013.01.30 | 52 | 3.2 | 50 | 西 48.7 东 9.9 |
| | | 5.1 | 青海海西 | 2013.02.12 | 146 | 3.4 | 63 | |
| | | 5.0 | 青海海西 | 2013.06.05 | 129 | 3.8 | 176 | |
| 16 | 2012.12.19 | 5.5 | 云南洱源 | 2013.03.03 | 123 | 2.4 | 74 | 11.5 |
| 17 | 2013.02.09 | 4.5 | 广西百色 | 2013.02.20 | 48 | 2.6 | 11 | 无法计算 |
| 18 | 2013.10.03 | 5.6 | 吉林前郭 | 2013.10.31 | 39 | 3.0 | 28 | 29.2 |
| | | 5.8 | 吉林前郭 | 2013.11.23 | 62 | 3.0 | 51 | |
| 19 | 2014.01.11 | 4.3 | 安徽霍山 | 2014.04.20 | 61 | 2.7 | 99 | 20.4 |
| 20 | 2014.12.22 | 5.5 | 贵州剑河 | 2015.03.30 | 58 | 2.9 | 98 | 35.8 |
| 21 | 2015.01.11 | 5.8 | 内蒙古阿拉善左旗 | 2015.04.15 | 293 | 3.5 | 94 | 无法计算 |

续表

| 序号 | 异常日期 | 震级 | 震中参考地名 | 发震日期 | 震中阈值线距离（km） | 震中等值线值 | 异常提前时间（天） | 异常面积（$10^4 km^2$） |
|---|---|---|---|---|---|---|---|---|
| 22 | 2015.01.24 | 5.8 | 内蒙古阿拉善左旗 | 2015.04.15 | 138 | 3.5 | 78 | 46.3 |
| 23 | 2015.04.27 | 4.1 | 贵州镇宁 | 2015.11.19 | 157 | 2.6 | 206 | 无法计算 |
| 24 | 2015.12.25 | 4.4 | 山西盐湖 | 2016.03.12 | 11 | 2.8 | 101 | 22.6 |
| 25 | 2016.03.04 | 5.5<br>5.0 | 西藏丁青<br>云南云龙 | 2016.05.11<br>2016.05.18 | 40<br>92 | 3.1<br>3.1 | 68<br>75 | 72.3 |
| 26 | 2016.05.13 | 4.5 | 辽宁朝阳 | 2016.05.22 | 192 | 2.3 | 9 | 17.2 |
| 27 | 2016.12.04 | 4.3 | 山西清徐 | 2016.12.18 | 37 | 2.7 | 14 | 19.5 |
| 28 | 2016.12.05 | | | | 104 | 2.4 | 3 | 10.6 |
| 29 | 2017.07.21 | 4.0<br>4.1 | 广西靖西<br>广西靖西 | 2017.08.15<br>2017.10.03 | 74<br>70 | 2.8<br>2.8 | 25<br>74 | 47.2 |
| 30 | 2017.08.08 | 4.5 | 吉林松原 | 2017.08.15 | 22 | 2.8 | 7 | 22.7 |
| 31 | 2017.11.23 | 4.3 | 河南南阳 | 2018.02.09 | 95 | 2.7 | 78 | 12.3 |
| 32 | 2017.12.14 | | | | 76 | 2.6 | 57 | 20.2 |
| 33 | 2017.12.25 | 5.0<br>5.9 | 云南通海<br>云南墨江 | 2018.08.13<br>2018.09.08 | 56<br>113 | 2.8<br>2.6 | 231<br>257 | 19.5 |
| 34 | 2018.02.20 | 5.7 | 吉林松原 | 2018.05.28 | 206 | 2.3 | 97 | 27.1 |

**2. 有震异常**

本部分给出了 34 次满足异常判据、在中国境内有满足预测规则地震的异常（图 3.4 - 9）。图中黑色圈为预测区域（下同）。

**3. 虚报异常**

本部分给出了 2 次无震异常，地震异常满足异常标准，但没有满足预测规则的地震（图 3.4 - 10）。

**4. 疑似异常**

本部分给出了 2 次疑似异常，地震异常不满足异常标准，但有满足预测规则的地震（图 3.4 - 11）。

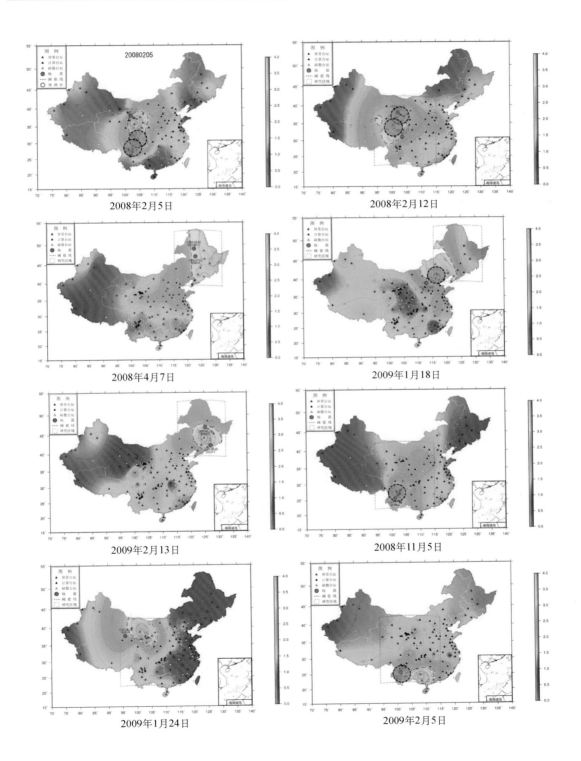

2008年2月5日　　　　　　　　　2008年2月12日

2008年4月7日　　　　　　　　　2009年1月18日

2009年2月13日　　　　　　　　　2008年11月5日

2009年1月24日　　　　　　　　　2009年2月5日

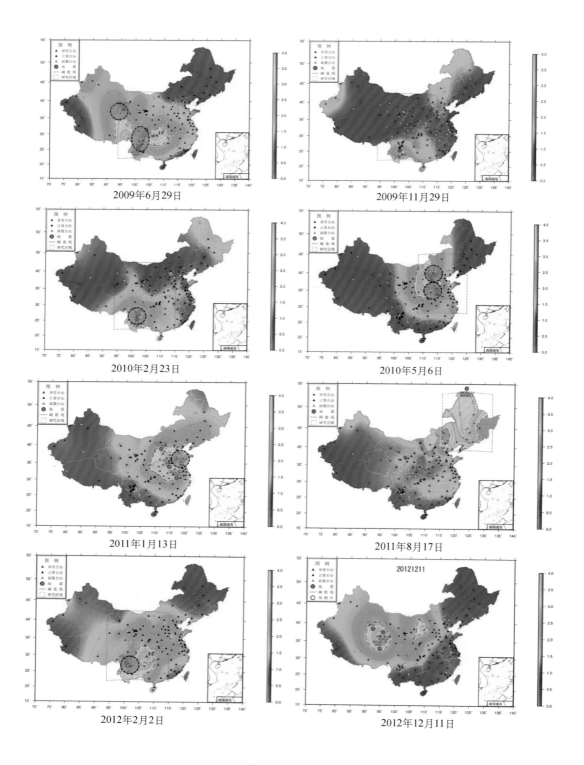

2009年6月29日　　　　　　　　　　2009年11月29日

2010年2月23日　　　　　　　　　　2010年5月6日

2011年1月13日　　　　　　　　　　2011年8月17日

2012年2月2日　　　　　　　　　　2012年12月11日

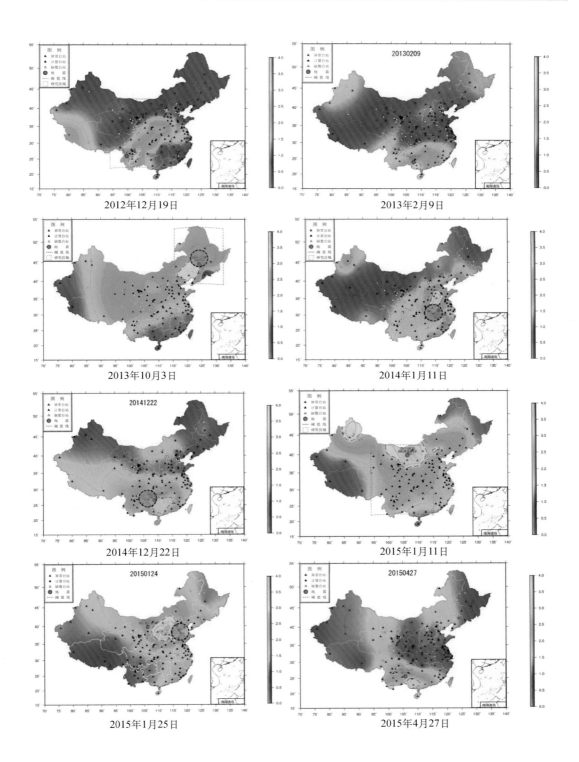

　　　　2012年12月19日　　　　　　　　　　　　　2013年2月9日

　　　　2013年10月3日　　　　　　　　　　　　　2014年1月11日

　　　　2014年12月22日　　　　　　　　　　　　2015年1月11日

　　　　2015年1月25日　　　　　　　　　　　　　2015年4月27日

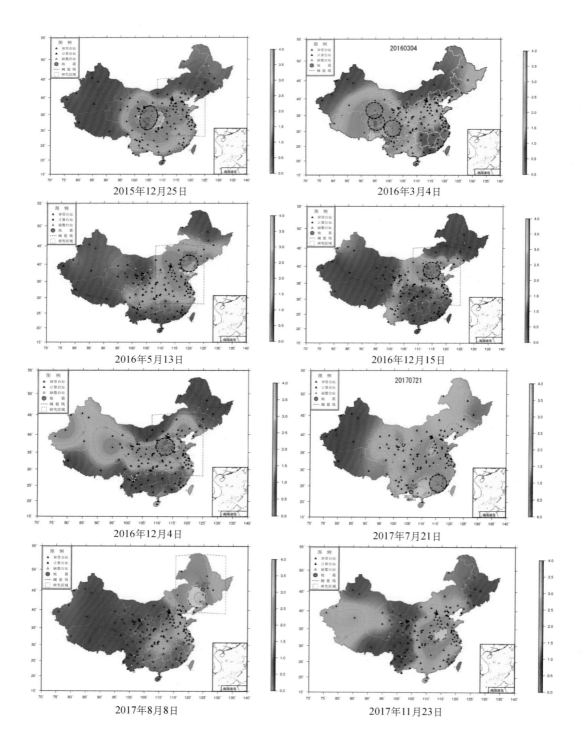

2015年12月25日　　　　2016年3月4日

2016年5月13日　　　　2016年12月15日

2016年12月4日　　　　2017年7月21日

2017年8月8日　　　　2017年11月23日

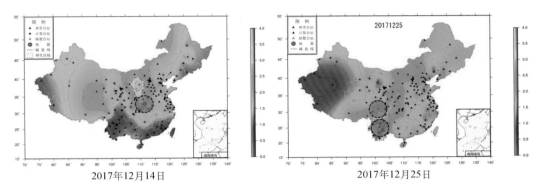

图 3.4 - 9　地磁逐日比有震异常空间分布

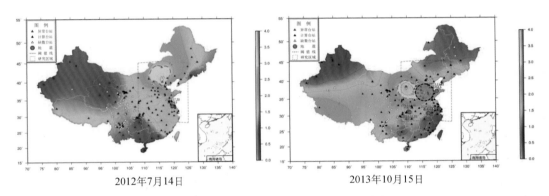

图 3.4 - 10　地磁逐日比虚报异常空间分布

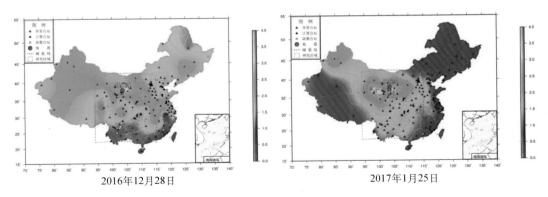

图 3.4 - 11　地磁逐日比疑似异常空间分布

### 3.4.5　讨论

从逐日比预测指标体系研究结果看，地磁垂直分量日变化幅度逐日比是一种中短期预测方法，一般异常出现后 9 个月内发震，但无法做更精确的时间判断。异常分布对未来的震中具有较强的指示意义，地震一般发生在异常日逐日比阈值线附近。逐日比异常对未来地震的强度指示意义偏小，从统计结果看，地震震级与异常区域大小存在不严格的正比关系，但没有精确的对应关系。

研究中缺少 7 级震例，且震例样本相对较少，还需后续研究进一步补充震例完善指标体系。

## 3.5　地磁日变化空间相关法

### 3.5.1　方法概述

#### 1. 基本原理

地磁日变化主要受 100km 左右高空电离层电流体系控制，该电流体系又受太阳照射控制，因此，地磁日变化是一种依赖于地方时的周期变化。我国位于中低纬度，在磁静日地磁垂直分量日变化形态类似 V 字形，该 V 字形态幅度夏季大冬季小，随纬度由南向北逐渐变小，相位上由东向西延迟 4 分钟/经度，或 1 小时/15°，因此，在一个相当大的范围内，磁静日地磁垂直分量日变化形态是基本一致的，有明显的相关性。

因此，采用二个台站地磁垂直分量日变化分钟采样序列 $X$ 和 $Y$ 的相关系数 $R$ 描述这种相关性，其计算原理如下：

定义相关系数为 $r$（衡量 $Z_y$、$Z_x$ 两个量的相关程度）为

$$r = \frac{l_{xy}}{\sqrt{l_{xx} \cdot l_{yy}}} \qquad (3.5-1)$$

式中，

$$l_{xx} = \sum_{i=1}^{n} Z_{xi}^2 - \frac{1}{n}\left(\sum_{i=1}^{n} Z_{xi}\right)^2$$

$$l_{yy} = \sum_{i=1}^{n} Z_{yi}^2 - \frac{1}{n}\left(\sum_{i=1}^{n} Z_{yi}\right)^2$$

$$l_{xy} = \sum_{i=1}^{n} Z_{xi}Z_{yi} - \frac{1}{n}\sum_{i=1}^{n} Z_{xi}Z_{yi}$$

$r$ 的取值范围是 $-1 \leqslant r \leqslant 1$，$r$ 接近 0，说明两组观测数据之间的相关程度小，$r$ 接近 1 为正相关，$r$ 接近 $-11$ 为负相关，表示两组观测数据之间的相关程度越高。

**2. 国内外进展**

林美等（1982）对 1976~1979 年云南省地磁台站的垂直分量每日整点值进行相关分析处理，结果显示：1976 年 5 月 29 日龙陵 7.4 级、1976 年 11 月 7 日宁蒗 6.7 级等地震前，震中附近台站相关系数存在明显降低异常变化，并总结了异常时的地震距离（5 级地震 100km 左右；6 级地震 100~200km 左右；7 级地震 200km 左右）。冯志生等（1998a）应用江苏地磁资料，研究了地磁 Z 分量整点值的相关性及在地震预报中的应用，给出了该方法在江苏地区的异常判据指标，即连续 3 日或者 3 日以上相关系数低于阈值，且相邻台站也有类似变化，即视为异常，同时总结出 1995 年 9 月 20 日山东苍山 5.3 级、1996 年 11 月 9 日南黄海 6.1 级等典型震例，研究还发现，每年 11 月初至次年 2 月底之前，由于地磁日变化弱，相关性低，该方法不能用于提取地震前兆异常，称之为无效时段，因此该时段相关系数不能参加判据的计算。冯志生等（2005）应用 FHD 磁力仪垂直分量分钟值观测资料，分析了地震之前的日变空间相关性异常，首次采用延时技术消除了台站经度不一致造成的日变化相位差异对相关系数的影响。张秀霞等（2008）、王亚丽等（2005）、邱桂兰等（2014）、戴勇等（2017）等采用地磁数字化观测资料相继在江苏、青海、四川、云南等地区开展了日变化空间相关研究，在资料运用、技术方法、震例总结、指标建立等方面都取得了一定的成果，并积累了一批震例。

磁暴虽然是全球性剧烈变化，但同步性很好，因此磁暴不会引起相关系数下降，但是，由于计算过程采用了"延时技术"，磁暴和钩扰变化都会引起相关系数下降，因此，在有相关系数异常时需甄别是否因磁暴或钩扰引起，分析人员使用时需注意。

当两个台站经度差相约在 10° 以内时可直接计算其相关系数，但当经度差更大时，计算前需将经度小的台站日变化曲线向后延时，以便相位的一致，此时仅能采用分钟值的日变化曲线。可用二种方法确定延时量，第一个是根据两个台站的经度差按每经度 4 分钟计算理论上的延时量；第二个是通过对比不同延时量的相关性，按相关性最佳确定延时量。两者的结果不完全相同，一般而言后一方法确定的延时量误差较大，因为两个台站的空间相关性不但与所取观测时段有关，还与所取观测时段的长短及观测环境和观测场地构造有关，一般来说延时量应与理论值较接近。延时技术会导致磁暴期间相关系数下降，使用时需注意。

**3. 异常机理**

我国位于中低纬度，在磁静日地磁垂直分量日变化形态类似 V 字形，在一个相当大的范围内，磁静日各台站地磁垂直分量日变化形态是基本一致的，各台站之间日变化有明显的相关性。当二个台站的日变化相关性下降，则表明二个台站的变化可能出现反相位变化，否则，其相关性不会下降。二个台站出现反相位变化表明它们之间有电流通过，由于水平分量没有类似反相位变化，表明该地电流埋深远小于台站间距，应该位于地壳，因此，地磁日变化相关异常和地磁低点位移异常机理是一致的，是由感应电流集中分布导致地磁垂直分量日变化出现反相位所致，图 3.5 - 1 给出了该机理的定性解释。

在图 3.5 - 1 中，$B(t)$ 为台站 a 与台站 b 正常的垂直分量日变化曲线，为便于讨论我们将其简化为 V 字形。$I(t)$ 为集中分布于台站 a 和台站 b 之间地壳内的感应电流（假定位于台站 a 和台站 b 的中间位置），为方便讨论将其简化为 V 字形变化；由于感应电流埋深远小于台站间距，因此，台站 a 和台站 b 只有 $I(t)$ 的垂直分量磁场，其产生的垂直分量磁场为

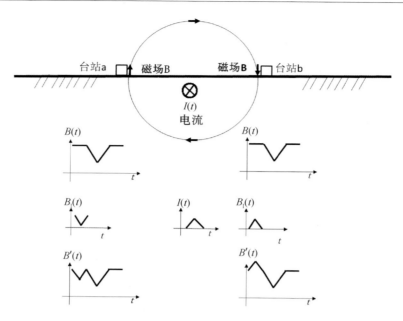

图 3.5 - 1　感应电流集中分布异常机理示意图

$B_1(t)$，我们注意到二个台站 $B_1(t)$ 为反相位。为方便讨论，假定集中分布感应电流 $I(t)$ 出现在地方时子夜初期（图中左则），则叠加结果为台站 a 台站 b 的 $B_1'(t)$ 出现同步反相位变化（图 3.5 - 1 中二个台站 $B_1'(t)$ 的左则变化）。

　　实际分析时我们设定一个阈值，当相关系数低于该阈值时其为异常，可以在多台站相关系数空间分布图上给出阈值线的空间分布，感应电流集中分布位置可能位于阈值线附近，但具体关系还有待于进一步研究。

　　实际上，导致地磁垂直日变化相关性下降的反相位变化可以发生在全天任何时间，前提是反相位变化的持续时间和幅度能打破正常日变化的相关性，我们在实际分析工作就发现少部分地磁低点位移异常日也有满足判据要求的日变化空间相关异常。

　　地壳上地幔电导率横向不均匀性异常也会引起地磁短周期出现反相位变化，如：日本中部、德国北部、我国甘肃东部、澳大利亚和加利福尼亚海岸异常等等。为方便描述，可将其称之为典型地磁变化异常，简称典型异常，而将与地震有关的反相位变化称为非典型地磁变化异常，简称非典型异常。我国地震预报中的地磁低点位移法、地磁逐日比法、地磁加卸载响应比法和地磁垂直分量日变化空间相关法等异常提取的都是非典型地磁异常。

　　典型异常特点主要有：①表现为垂直分量短周期变化变小或消失（HC 型）、或相邻台站短周期出现反相位变化（DV），异常区与正常区有分界线；②异常区域固定，异常有重现性、异常出现频次高；③多出现在短周期变化中，表明电导率异常源存在于浅层，有时会出现在 $S_q$ 和 $D_{st}$ 中，表明电导率异常源可能延伸到较大深度。典型异常的电导率异常分布研究和感应电流研究已有很多成果，其技术主要是基于 GDS 原理的转换函数法和深部电性结构反演法，基于内外场分离技术提取的内源场和电性结构模型的正演（Untiedt，1970；Nishida，1976；Rokityanski，1982；范国华等，1994；徐文耀，2009；Neska Anne，2016；王桥等，2016）。

非典型异常与典型异常的主要区别有：①异常区域大，分界线常常穿越整个中国；②异常区域不固定，前后二次异常分界线除交汇在震中附近，在其它地区不一定重合，因此异常重现性差，常为孤立事件；③出现频次低，仅仅偶尔出现；④异常持续时间一般在数小时，但一般只有一个周期事件，甚至周期不全；⑤异常可以出现在全天的任何时候；⑥反相位异常变化幅度大，常常有日变化消失的现象。

**4. 计算步骤**

（1）对北京时地磁垂直分量日变化分钟采样数据进行 48 阶傅氏拟合滤波。

（2）选择参考台。计算其他台站与参考台的地磁垂直分量日变化空间相关系数，计算时采用"延时技术"消除台站经度影响。

（3）绘制异常日全国相关系数等值线图数据预处理。①将各台站相关系数除以前一年相关系数的"均值–2 倍均方差"，以消除台站距离不同对相关系数的影响（一般情况下相关系数随二个台站距离增加而减小），此时相关系数"1"为相关系数异常阈值，即相关系数 2 倍方差下限；②计算各台站的二个参考台相关系数均值（如果有二个参考台）；③将各台站相关系数减"1"，此时相关系数"0"为相关系数异常阈值。

（4）绘地磁日变化相关系数归一化后的空间分布图，给出阈值线分布，采用克里金网格化插值处理，然后用 GMT 或其他软件绘制异常的空间分布图。

## 3.5.2　指标体系

**1. 异常判据**

（1）每年 3 月 1 日至 10 月 31 日期间，全国有 6% 以上台站与 2 个参考台之间同一天相关系数出现低于阈值变化，则这一天地磁日变化空间相关异常成立。其中，阈值为前一年 3~10 月相关系数均值减 2 倍方差，即低于 2 倍均方差异常成立。若前一年无数据，以本年 3~10 月相关系数数据计算阈值。

（2）半个月内相关异常阈值线（感应电流集中分布线）"完全重合"超过 500km 为成组异常（不计由三条及以上曲线分段重合），成组异常日期以最后一次异常为准，称为感应电流集中分布重叠段。完全重合的判据为二条阈值线走向一致且相距不超过 10km，在满足完全重合的前提下，重叠段二端相距不超过 50km 的二条阈值线都可视为重合线。

**2. 预测规则**

发震时间：异常出现之后 18 个月内发生地震。

发震地点：西部及台湾地区（E105° 以西），阈值线重合段二端半径 250km 范围，大拐弯位置长轴 500×短轴 200km 范围（垂直于重合线段走向）。

发震强度：西部：6 级以上地震；台湾地区：7.0 级左右以上地震；东部：4 级以上地震。

**3. 取消规则**

超过预测期取消，重叠段预测期内发生预期地震后取消。

**4. 预测效能**

（1）单次异常：扫描结果显示，中国大陆及邻区 2008 年 1 月 1 日至 2018 年 12 月 31 日累计出现异常 172 次，有效异常 166 次，其中 66 次异常之后 6 个月内在边界线或者其延长线附近未发生地震，上述异常为虚报异常；100 次异常之后 6 个月内在边界线及其延长线附近发生地震。

表 3.5 - 1　大陆地区地磁日变化异常预测效能统计结果

| 震级范围 | 异常总数 | 应报地震 | 有震异常 | 异常报对率 | 报对地震 | 地震漏报率 |
|---|---|---|---|---|---|---|
| 西部 6.0 级以上<br>东部 5.0 级以上 | 166 | 62 | 100 | 60.2% | 41 | 34% |

（2）成组异常：初步统计结果显示，感应电流集中分布线重叠段发震概率高于 90%。重叠段端部和大拐弯处：西部 5 级以上异常报对率高于 80%，6 级以上高于 45%。

**5. 异常信度**

A 类异常。

## 3.5.3　指标依据

**1. 资料概况**

研究区域：研究范围为中国大陆地区，中国台湾地区。

研究时间：2008 年 1 月 1 日至 2018 年 12 月 31 日。

台站选择：目前我国大陆地区可用于日变化空间相关分析的台站数一般为 151 个，台站分布情况见图 3.5 - 2，东部台站密度大于西部。选择新沂和红山台为参考台。

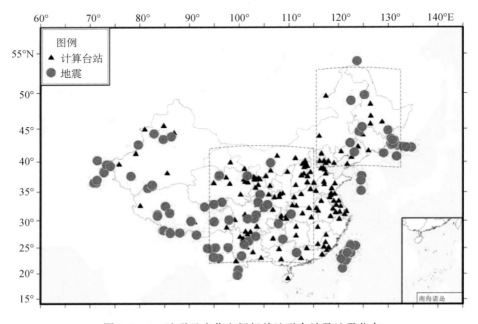

图 3.5 - 2　地磁日变化空间相关地磁台站及地震分布

地震选取：2008～2018 年 11 年中国大陆东部 5 级以上、西部 6 级以上及台湾地区 6.5 级以上地震。

资料简介：选取资料为我国目前台站的磁通门磁力仪、FHD 质子矢量磁力仪、dIdD 悬挂式磁力仪等仪器的地磁垂直分量日变化分钟采样序列。

**2. 指标依据**

1）发震强度

震例统计发现 2008 年 1 月 1 日至 2018 年 12 月 31 日共有 166 次地磁日变化空间相关异常，其中有 100 次对应中国大陆东部 5 级以上、西部 6 级以上及台湾地区 6.5 级以上地震，异常报对率为 60.2%。

2）发震地点

震例空间统计结果显示，震中距边界线及其延长线 250km 范围的比例为 82%，这说明该距离是优势发震范围

3）发震时间

中国大陆及邻区 2008 年 1 月 1 日至 2018 年 12 月 31 日累计出现异常 166 次。66 次异常之后 6 个月内在边界线或者其延长线附近未发生地震，上述异常为虚报异常；100 次异常之后 6 个月内在分界线及其延长线附近发生地震，时间统计结果显示，异常之后 5 个月内发生地震的比例为 80%，这说明该时段是优势发震时段（图 3.5－3）。

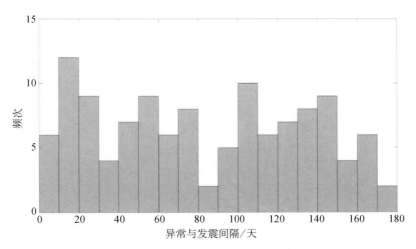

图 3.5－3　异常与发震时间间隔统计结果

## 3.5.4　异常与震例

**1. 异常概述**

2008 年 1 月 1 日至 2018 年 12 月 31 日，按照指标提取地磁日变化空间相关异常 172 次，其中有效地磁日变化空间相关异常 166 次，其他 6 次异常面积较小或者分布散乱，不作为异常，表 3.5－2 为提取的日变化空间相关异常（归一化置零相关系数）。

表 3.5 - 2 中国大陆日变化空间相关异常及震例计算结果（2008.01.01 ~ 2018.12.31）

| 序号 | 异常时段 | 时间间隔（天） | 对应地震 | 异常均值 |
|---|---|---|---|---|
| 1 | 2008.03.01 | / | 无 | -0.515 |
| 2 | 2008.03.02 | 65 | 2008.05.12 四川汶川 8.0 | -0.001 |
| | | 171 | 2008.08.25 西藏仲巴 6.8 | |
| 3 | 2008.03.15 | 87 | 2008.06.10 内蒙古阿荣旗 5.2 | 0.143 |
| 4 | 2008.05.08 | 4 | 2008.05.12 四川汶川 8.0 | 0.171 |
| | | 151 | 2008.10.06 西藏当雄 6.6 | |
| 5 | 2008.05.17 | 100 | 2008.08.25 西藏仲巴 6.8 | 0.158 |
| | | 142 | 2008.10.06 西藏当雄 6.6 | |
| 6 | 2008.05.20 | 21 | 2008.06.10 内蒙古阿荣旗 5.2 | 0.064 |
| | | 102 | 2008.08.30 四川攀枝花 6.2 | |
| 7 | 2008.09.12 | 59 | 2008.11.10 青海海西 6.3 | 0.061 |
| 8 | 2008.09.13 | 23 | 2008.10.06 西藏当雄 6.6 | 0.235 |
| 9 | 2008.09.22 | / | 无 | 0.025 |
| 10 | 2008.09.26 | / | 无 | 0.196 |
| 11 | 2009.04.17 | 133 | 2009.08.28 青海海西 6.4 | 0.001 |
| 12 | 2009.04.22 | 83 | 2009.07.14 台湾海峡 6.7 | -0.019 |
| 13 | 2009.04.25 | 80 | 2009.07.14 台湾海峡 6.7 | 0.136 |
| 14 | 2009.05.01 | 69 | 2009.07.09 云南姚安 6.0 | -0.153 |
| | | 119 | 2009.08.28 青海海西 6.4 | |
| 15 | 2009.05.07 | 113 | 2009.08.28 青海海西 6.4 | -0.065 |
| 16 | 2009.05.08 | 62 | 2009.07.09 云南姚安 6.0 | -0.021 |
| 17 | 2009.05.10 | 60 | 2009.07.09 云南姚安 6.0 | 0.039 |
| 18 | 2009.05.20 | 100 | 2009.08.28 青海海西 6.4 | 0.041 |
| 19 | 2009.06.16 | 73 | 2009.08.28 青海海西 6.4 | 0.369 |
| 20 | 2009.06.29 | 10 | 2009.07.09 云南姚安 6.0 | 0.24 |
| 21 | 2009.07.05 | 54 | 2009.08.28 青海海西 6.4 | 0.126 |
| 22 | 2009.07.13 | / | 无 | 0.044 |
| 23 | 2009.07.18 | / | 无 | 0.033 |
| 24 | 2009.09.17 | 168 | 2010.03.04 台湾高雄 6.7 | 0.118 |

| 序号 | 异常时段 | 时间间隔（天） | 对应地震 | 异常均值 |
|---|---|---|---|---|
| 25 | 2009.09.21 | 132 | 2010.01.31 四川遂宁 5.0 | 0.002 |
| 26 | 2009.09.22 | 131 | 2010.01.31 四川遂宁 5.0 | 0.269 |
| | | 163 | 2010.03.04 台湾高雄 6.7 | |
| 27 | 2009.09.23 | 130 | 2010.01.31 四川遂宁 5.0 | 0.099 |
| | | 162 | 2010.03.04 台湾高雄 6.7 | |
| 28 | 2010.05.06 | / | 无 | 0.134 |
| 29 | 2010.07.10 | / | 无 | 0.35 |
| 30 | 2010.07.22 | / | 无 | −0.068 |
| 31 | 2010.09.16 | / | 无 | −0.073 |
| 32 | 2011.04.09 | / | 无 | 0.087 |
| 33 | 2011.05.27 | 140 | 2011.10.14 俄罗斯东部 6.4 | 0.008 |
| 34 | 2011.06.24 | / | 无 | 0.207 |
| 35 | 2011.08.17 | / | 无 | 0.106 |
| 36 | 2011.09.09 | / | 无 | 0.161 |
| 37 | 2011.09.10 | / | 无 | 0.112 |
| 38 | 2011.09.12 | / | 无 | 0.112 |
| 39 | 2011.09.22 | / | 无 | 0.208 |
| 40 | 2011.09.27 | / | 无 | 0.069 |
| 41 | 2011.10.25 | / | 无 | 0.149 |
| 42 | 2012.03.18 | 56 | 2012.05.13 塔吉克斯坦 6.1 | 0.147 |
| | | 147 | 2012.08.12 新疆于田 6.3 | |
| 43 | 2012.05.04 | 100 | 2012.08.12 新疆于田 6.3 | 0.033 |
| 44 | 2012.05.09 | / | 无 | 0.17 |
| 45 | 2012.06.02 | / | 无 | 0.229 |
| 46 | 2012.07.14 | / | 无 | 0.103 |
| 47 | 2012.10.01 | 114 | 2013.01.23 辽宁灯塔 5.1 | −0.059 |
| 48 | 2013.05.09 | 74 | 2013.07.22 甘肃岷县漳县 6.6 | 0.077 |
| | | 95 | 2013.08.12 西藏左贡 6.1 | |

续表

| 序号 | 异常时段 | 时间间隔（天） | 对应地震 | 异常均值 |
|------|----------|----------------|----------|----------|
| 49 | 2013.05.30 | 53 | 2013.07.22 甘肃岷县漳县 6.6 | 0.16 |
|    |           | 74 | 2013.08.12 西藏左贡 6.1 |  |
| 50 | 2013.06.09 | 174 | 2013.10.31 台湾花莲 6.8 | 0.214 |
| 51 | 20130701 | 21 | 2013.07.22 甘肃岷县漳县 6.6 | 0.124 |
|    |          | 42 | 2013.08.12 西藏左贡 6.1 |  |
|    |          | 164 | 2013.12.16 湖北巴东 5.1 |  |
| 52 | 2013.07.03 | 19 | 2013.07.22 甘肃岷县漳县 6.6 | 0.225 |
|    |           | 40 | 2013.08.12 西藏左贡 6.1 |  |
|    |           | 166 | 2013.12.16 湖北巴东 5.1 |  |
| 53 | 2013.07.04 | 18 | 2013.07.22 甘肃岷县漳县 6.6 | 0.128 |
| 54 | 2013.07.06 | 123 | 2013.12.16 湖北巴东 5.1 | 0.205 |
| 55 | 2013.07.07 | 15 | 2013.07.22 甘肃岷县漳县 6.6 | 0.207 |
| 56 | 2013.07.26 | 17 | 2013.08.12 西藏左贡 6.1 | 0.205 |
|    |           | 143 | 2013.12.16 湖北巴东 5.1 |  |
| 57 | 2013.07.30 | 13 | 2013.08.12 西藏左贡 6.1 | 0.084 |
|    |           | 93 | 2013.10.31 吉林前郭 5.6 |  |
|    |           | 139 | 2013.12.16 湖北巴东 5.1 |  |
| 58 | 2013.08.06 | / | 无 | 0.228 |
| 59 | 2013.10.09 | 68 | 2013.12.16 湖北巴东 5.1 | 0.068 |
| 60 | 2013.10.15 | / | 无 | −0.432 |
| 61 | 2013.10.16 | 61 | 2013.12.16 湖北巴东 5.1 | 0.104 |
|    |           | 15 | 2013.10.31 吉林前郭 5.6 |  |
| 62 | 2014.04.12 | / | 无 | 0.11 |
| 63 | 2014.04.27 | 33 | 2014.05.30 云南盈江 6.1 | 0.156 |
|    |           | 163 | 2014.10.07 云南景谷 6.6 |  |
| 64 | 2014.05.13 | 81 | 2014.08.03 云南鲁甸 6.5 | 0.155 |
| 65 | 2014.06.03 | / | 无 | 0.177 |
| 66 | 2014.08.02 | / | 无 | 0.063 |
| 67 | 2014.08.05 | 64 | 2014.10.07 云南景谷 6.6 | 0.15 |
| 68 | 2014.08.08 | / | 无 | 0.046 |

| 序号 | 异常时段 | 时间间隔（天） | 对应地震 | 异常均值 |
|---|---|---|---|---|
| 69 | 2014.09.01 | / | 无 | 0.117 |
| 70 | 2014.09.04 | / | 无 | 0.158 |
| 71 | 2014.09.06 | / | 无 | 0.156 |
| 72 | 2014.09.13 | / | 无 | −0.03 |
| 73 | 2014.09.14 | 23 | 2014.10.07 云南景谷 6.6 | 0.071 |
| 74 | 2014.09.17 | / | 无 | 0.105 |
| 75 | 2014.09.27 | 11 | 2014.10.07 云南景谷 6.6 | −0.085 |
| 76 | 2014.10.02 | / | 无 | 0.083 |
| 77 | 2014.10.15 | / | 无 | 0.106 |
| 78 | 2015.03.18 | 28 | 2015.04.15 内蒙阿左旗 5.8 | 0.103 |
| 79 | 2015.04.27 | 67 | 2015.07.03 新疆皮山 6.5 | 0.121 |
| 80 | 2015.06.16 | / | 无 | −0.001 |
| 81 | 2015.06.21 | / | 无 | 0.102 |
| 82 | 2015.06.22 | / | 无 | 0.152 |
| 83 | 2015.07.26 | 134 | 2015.12.07 塔吉克斯坦 7.4 | 0.039 |
| | | 179 | 2016.01.21 青海门源 6.4 | |
| 84 | 2015.09.11 | / | 无 | 0.113 |
| 85 | 2015.09.17 | 107 | 2016.01.02 黑龙江林口 6.1 | 0.133 |
| | | 126 | 2016.01.21 青海门源 6.4 | |
| 86 | 2015.09.27 | / | | 0.123 |
| 87 | 2015.10.04 | 109 | 2016.01.21 青海门源 6.4 | 0.057 |
| | | 125 | 2016.02.06 台湾高雄 6.7 | |
| 88 | 2015.10.07 | / | 无 | 0.149 |
| 89 | 2015.10.08 | 121 | 2016.02.06 台湾高雄 6.7 | 0.119 |
| 90 | 2015.10.09 | / | 无 | −0.029 |
| 91 | 2015.10.10 | / | 无 | −0.051 |
| 92 | 2015.10.11 | 102 | 2016.01.21 青海门源 6.4 | −0.145 |
| 93 | 2015.10.14 | 99 | 2016.01.21 青海门源 6.4 | 0.017 |
| | | 180 | 2016.04.10 阿富汗 6.9 | |

| 序号 | 异常时段 | 时间间隔（天） | 对应地震 | 异常均值 |
|---|---|---|---|---|
| 94 | 2016.03.04 | 149 | 2016.07.31 广西苍悟 5.4 | 0.082 |
| | | 27 | 2016.04.10 阿富汗 6.9 | |
| 95 | 2016.03.17 | 24 | 2016.04.10 阿富汗 6.9 | 0.081 |
| 96 | 2016.03.18 | / | 无 | 0.129 |
| 97 | 2016.03.21 | 132 | 2016.07.31 广西苍悟 5.4 | −0.036 |
| 98 | 2016.04.07 | 115 | 2016.07.31 广西苍悟 5.4 | 0.18 |
| | | 5 | 2016.04.13 缅甸 7.0 | |
| | | 139 | 2016.08.24 缅甸 6.9 | |
| 99 | 2016.04.08 | / | 无 | 0.132 |
| 100 | 2016.04.19 | 103 | 2016.07.31 广西苍悟 5.4 | 0.155 |
| 101 | 2016.04.29 | / | 无 | −0.008 |
| 102 | 2016.05.01 | / | 无 | 0.121 |
| 103 | 2016.05.04 | 166 | 2016.10.17 青海杂多 6.2 | 0.122 |
| 104 | 2016.05.07 | / | 无 | 0.123 |
| 105 | 2016.05.13 | 157 | 2016.10.17 青海杂多 6.2 | 0.148 |
| 106 | 2016.05.14 | 156 | 2016.10.17 青海杂多 6.2 | 0.049 |
| 107 | 2016.05.22 | / | 无 | 0.136 |
| 108 | 2016.05.30 | 140 | 2016.10.17 青海杂多 6.2 | 0.16 |
| 109 | 2016.06.08 | 53 | 2016.07.31 广西苍悟 5.4 | 0.038 |
| | | 131 | 2016.10.17 青海杂多 6.2 | |
| 110 | 2016.06.14 | 125 | 2016.10.17 青海杂多 6.2 | 0.109 |
| | | 177 | 2016.12.08 新疆呼图壁 6.2 | |
| 111 | 2016.06.22 | / | 无 | 0.159 |
| 112 | 2016.06.30 | / | 无 | 0.157 |
| 113 | 2016.07.17 | 14 | 2016.07.31 广西苍悟 5.4 | 0.158 |
| 114 | 2016.07.22 | 87 | 2016.10.17 青海杂多 6.2 | 0.191 |
| 115 | 2016.07.29 | / | 无 | 0.177 |
| 116 | 2016.07.31 | 78 | 2016.10.17 青海杂多 6.2 | 0.116 |
| | | 130 | 2016.12.08 新疆呼图壁 6.2 | |

续表

| 序号 | 异常时段 | 时间间隔<br>（天） | 对应地震 | 异常均值 |
|---|---|---|---|---|
| 117 | 2016. 08. 22 | 56 | 2016. 10. 17 青海杂多 6. 2 | 0. 135 |
| | | 108 | 2016. 12. 08 新疆呼图壁 6. 2 | |
| 118 | 2016. 08. 27 | 51 | 2016. 10. 17 青海杂多 6. 2 | 0. 161 |
| 119 | 2016. 08. 30 | 48 | 2016. 10. 17 青海杂多 6. 2 | 0. 102 |
| 120 | 2016. 09. 02 | 45 | 2016. 10. 17 青海杂多 6. 2 | 0. 075 |
| 121 | 2016. 09. 03 | 44 | 2016. 10. 17 青海杂多 6. 2 | 0. 146 |
| 122 | 2016. 09. 11 | 36 | 2016. 10. 17 青海杂多 6. 2 | 0. 084 |
| | | 88 | 2016. 12. 08 新疆呼图壁 6. 2 | |
| 123 | 2016. 09. 15 | / | 无 | 0. 144 |
| 124 | 2016. 09. 20 | 27 | 2016. 10. 17 青海杂多 6. 2 | 0. 13 |
| | | 79 | 2016. 11. 25 新疆阿克陶 6. 8 | |
| 125 | 2016. 09. 25 | 22 | 2016. 10. 17 青海杂多 6. 2 | 0. 017 |
| 126 | 2016. 09. 27 | / | 无 | 0. 163 |
| 127 | 2016. 09. 28 | 19 | 2016. 10. 17 青海杂多 6. 2 | −0. 141 |
| | | 71 | 2016. 12. 08 新疆呼图壁 6. 2 | |
| 128 | 2016. 09. 29 | 18 | 2016. 10. 17 青海杂多 6. 2 | 0. 097 |
| 129 | 2016. 10. 01 | / | 无 | 0. 081 |
| 130 | 2016. 10. 05 | 12 | 2016. 10. 17 青海杂多 6. 2 | 0. 143 |
| 131 | 2016. 10. 07 | 10 | 2016. 10. 17 青海杂多 6. 2 | 0. 035 |
| 132 | 2016. 10. 17 | 52 | 2016. 12. 08 新疆呼图壁 6. 2 | 0. 16 |
| 133 | 2016. 10. 21 | / | 无 | 0. 132 |
| 134 | 2016. 10. 26 | / | 无 | −0. 001 |
| 135 | 2016. 10. 27 | 29 | 2016. 11. 25 新疆阿克陶 6. 8 | 0. 074 |
| | | 42 | 2016. 12. 08 新疆呼图壁 6. 2 | |
| 136 | 2016. 10. 29 | / | 无 | 0. 039 |
| 137 | 2016. 10. 31 | / | 无 | −0. 033 |
| 138 | 2017. 03. 06 | 58 | 2017. 05. 03 阿富汗 6. 3 | 0. 183 |
| 139 | 2017. 06. 21 | 155 | 2017. 11. 23 重庆武隆 5. 0 | 0. 216 |
| | | 160 | 2017. 11. 18 西藏米林 6. 9 | |
| | | 58 | 2017. 08. 08 四川九寨沟 7. 0 | |

| 序号 | 异常时段 | 时间间隔（天） | 对应地震 | 异常均值 |
|---|---|---|---|---|
| 140 | 2017.07.21 | / | 无 | −0.23 |
| 141 | 2017.08.08 | 107 | 2017.11.23 重庆武隆 5.0 | 0.134 |
| 142 | 2017.08.09 | 52 | 2017.09.30 四川青川 5.4 | 0.052 |
| | | 106 | 2017.11.23 重庆武隆 5.0 | |
| 143 | 2017.08.15 | 95 | 2017.11.18 西藏米林 6.9 | 0.227 |
| | | 100 | 2017.11.23 重庆武隆 5.0 | |
| 144 | 2017.08.18 | 43 | 2017.09.30 四川青川 5.4 | 0.177 |
| | | 92 | 2017.11.18 西藏米林 6.9 | |
| 145 | 2017.08.20 | 41 | 2017.09.30 四川青川 5.4 | 0.018 |
| | | 95 | 2017.11.23 重庆武隆 5.0 | |
| 146 | 2017.09.08 | 22 | 2017.09.30 四川青川 5.4 | −0.009 |
| | | 71 | 2017.11.18 西藏米林 6.9 | |
| | | 76 | 2017.11.23 重庆武隆 5.0 | |
| 147 | 2017.10.15 | 34 | 2017.11.18 西藏米林 6.9 | −0.031 |
| 148 | 2017.10.31 | 23 | 2017.11.23 重庆武隆 5.0 | 0.135 |
| | | 18 | 2017.11.18 西藏米林 6.9 | |
| | | 98 | 2018.02.06 台湾花莲 6.6 | |
| 149 | 2018.04.13 | 152 | 2018.09.12 陕西宁强 5.2 | 0.218 |
| 150 | 2018.04.23 | 142 | 2018.09.12 陕西宁强 5.2 | 0.276 |
| 151 | 2018.04.24 | 141 | 2018.09.12 陕西宁强 5.2 | 0.213 |
| 152 | 2018.04.26 | 139 | 2018.05.28 吉林松原 5.7 | 0.252 |
| 153 | 2018.05.09 | 126 | 2018.09.12 陕西宁强 5.2 | 0.051 |
| 154 | 2018.05.10 | 125 | 2018.09.12 陕西宁强 5.2 | 0.208 |
| 155 | 2018.07.05 | / | 无 | −0.162 |
| 156 | 2018.07.18 | 56 | 2018.09.12 陕西宁强 5.2 | −0.191 |
| 157 | 2018.07.25 | 49 | 2018.09.12 陕西宁强 5.2 | 0.156 |
| 158 | 2018.09.05 | 7 | 2018.09.12 陕西宁强 5.2 | 0.156 |
| 159 | 2018.09.06 | 6 | 2018.09.12 陕西宁强 5.2 | 0.206 |
| 160 | 2018.09.08 | 4 | 2018.09.12 陕西宁强 5.2 | 0.2 |
| 161 | 2018.09.09 | 3 | 2018.09.12 陕西宁强 5.2 | 0.256 |

| 序号 | 异常时段 | 时间间隔（天） | 对应地震 | 异常均值 |
|------|----------|----------------|----------|----------|
| 162 | 2018.09.13 | / | 无 | 0.206 |
| 163 | 2018.09.14 | / | 无 | 0.149 |
| 164 | 2018.09.22 | / | 无 | 0.154 |
| 165 | 2018.09.24 | / | 无 | 0.296 |
| 166 | 2018.09.28 | / | 无 | 0.049 |

**2. 有震异常**

2008~2018 年地磁日变化异常提取 100 次有震异常，图 3.5-4 为部分异常空间分布，图中参数：$A_v$ 为所有异常台站相关系数异常均值（不含相关系数奇异被剔除台站）；$T_s$ 为异常阈值系数，异常判定阈值为该阈值系数乘方差倍数，相关系数低于阈值的为异常，$T_s = 2$ 表示低于 2 倍方差为异常，也是图中红色等值线；$N_m$ 为归一化参数，其意义为采用上一年度 3~10 月相关系数均方差乘归一化参数对当前相关系数进行归一化（即：当前相关系数除上一年度 3~10 月相关系数均方差与归一化参数的积），$N_m = 2$ 表示将当前相关系数除上一年度 3~10 月相关系数均方差与 2 的积；$K_1$ 表示剔除归一化置零相关系数奇异值的畸异值范围，$3 \leq K_1 \leq -3$ 表示剔除了大于 3 和小于 -3 的归一化置零相关系数奇异值。

**3. 虚报异常**

2008 年 1 月 1 日至 2018 年 12 月 31 日，中国大陆存在 66 次虚报异常，异常出现之后 6 个月内，异常台站集中区边界线或者其延长线附近未有显著地震发生（图 3.5-5）。

**4. 重叠异常**

扫描发现，满足重叠异常的震例很多重叠异常成立的条件为：半个月天内异常阈值线（感应电流集中分布线）完全重合超过 500km 为成组异常（不计由三条及以上曲线分段重合），成组异常日期以最后一次异常为准，完全重合的判据为二条阈值线走向一致且相距不超过 20km，在满足完全重合的前提下，相距不超过 50km 的二条阈值线都可视为重合线。

此处给出 2009 年 1 月到 2018 年 5 月南北带的所有 20 次感应电流集中分布线重叠异常及其地震，发现仅有 2 次在预测期内未发生 6 级以上地震，分别为 2016 年 10 月 26 日与 10 月 31 日成反 C 字形环绕宁夏地区的重叠段，以及 2014 年 8 月 2 日和 6 日重叠于青海至新疆地区成北西走向的重叠段。

（1）2010 年青海玉树 7.1 级地震。

2009 年 5 月 8、10 日异常阈值线在 2010 年 4 月 17 日青海玉树 7.1 级地震以东形成北北东走向感应电流集中分布线重叠段（图 3.5-6 中绿色多边形内），二个感应电流集中分布异常相距 2 天，异常阈值线几乎完全重叠，重叠段约 500km，满足成组异常判据要求，该成组异常出现后约 11 个月 7 天发生 2010 年 4 月 17 日青海玉树 7.1 级地震。

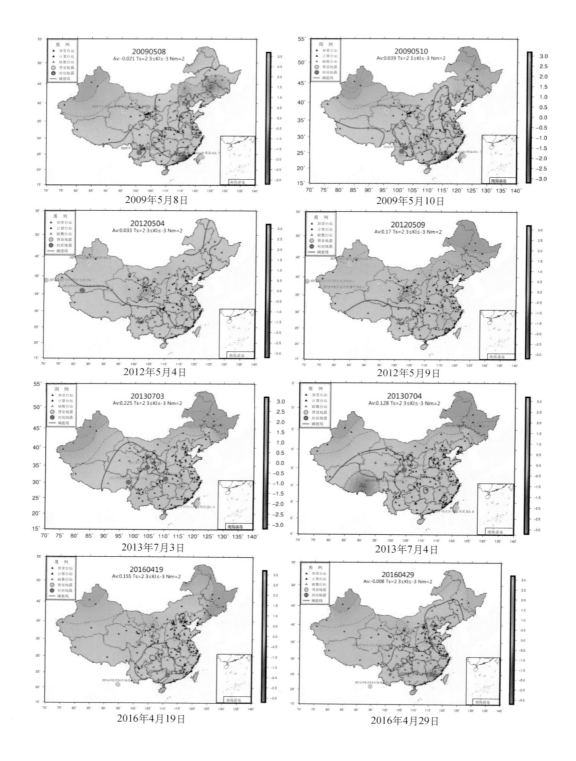

2009年5月8日　　　　　　　　　　2009年5月10日

2012年5月4日　　　　　　　　　　2012年5月9日

2013年7月3日　　　　　　　　　　2013年7月4日

2016年4月19日　　　　　　　　　　2016年4月29日

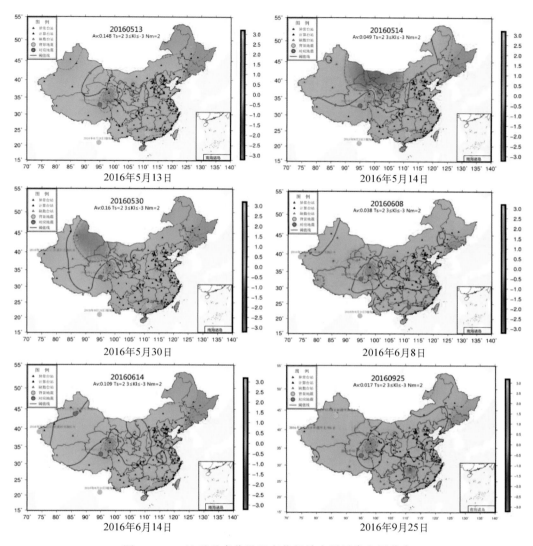

图 3.5-4　地磁垂直分量日变化相关有震异常空间分布

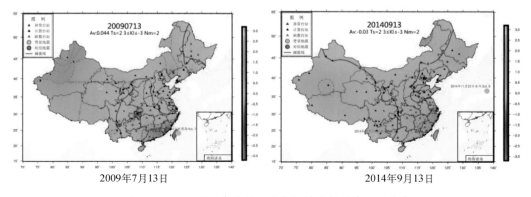

图 3.5-5　地磁垂直分量日变化相关虚报异常空间分布

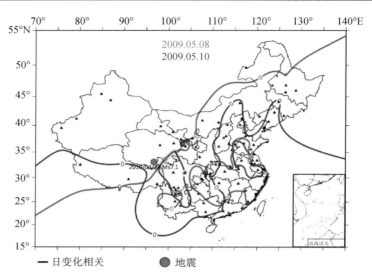

图 3.5 - 6　2010 年玉树 7.1 级地震前地磁日变化相关异常阈值线及其地震分布图

（2）2013 年四川芦山 7.0 级地震。

2012 年 5 月 4、9 日异常阈值线在 2013 年 4 月 20 日四川芦山 7 级地震以西形成东西走向感应电流集中分布线重叠段（图 3.5 - 7 中绿色多边形内），二个感应电流集中分布异常相距 5 天，异常阈值线几乎完全重叠，重叠段超过 1000km，满足成组异常判据要求，该成组异常出现后约 11 个月 20 天发生 2013 年 4 月 20 日四川芦山 7 级地震，地震距离重叠线段不到 100km，且位于重叠段端部；另外，异常出现后的 9 个月的 2013 年 2 月 4 日在重叠线的西端还发生了青海杂多 $M_L$5.1 地震。

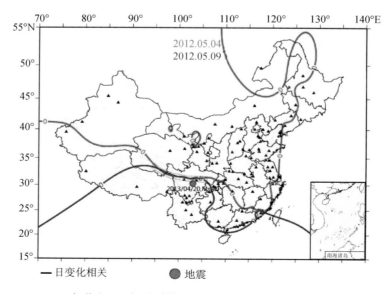

图 3.5 - 7　2013 年芦山 7.0 级地震前地磁日变化相关异常阈值线及其地震分布图

（3）2017 年四川九寨沟 7.0 级地震。

2016 年 4 月 29 日开始，在 2017 年 8 月 8 日四川九寨沟 7.0 级地震附近形成 7 次满足成组异常判据要求的感应电流集中分布线重叠段（图 3.5-8 中绿色多边形内），其中：2016 年 4 月 19 日与 29 日位于九寨沟 7.0 级地震东边成东西走向重叠段，2016 年 5 月 13 日与 14 日位于九寨沟 7.0 级地震南边成东西走向重叠段，2016 年 5 月 30 日与 6 月 8 日位于九寨沟 7.0 级地震右上角呈 L 走向重叠段，2016 年 6 月 8 日与 14 日位于九寨沟 7.0 级地震西边和南边成 L 走向重叠段，2016 年 9 月 25 日与 28 日位于九寨沟 7.0 级地震西 C 走向重叠段，2016 年 10 月 26 日与 31 日位于九寨沟 7.0 级地震西南边和西北成 L 走向。

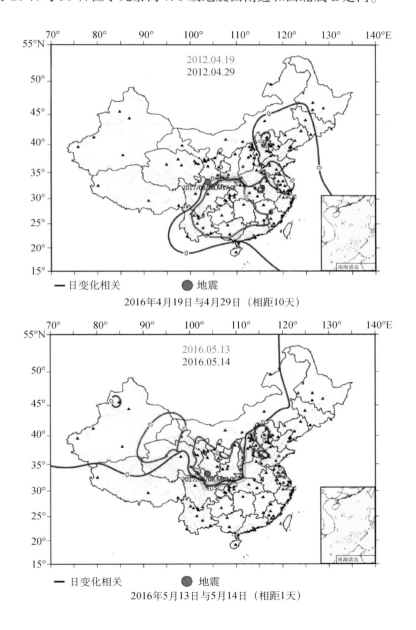

2016 年 4 月 19 日与 4 月 29 日（相距 10 天）

2016 年 5 月 13 日与 5 月 14 日（相距 1 天）

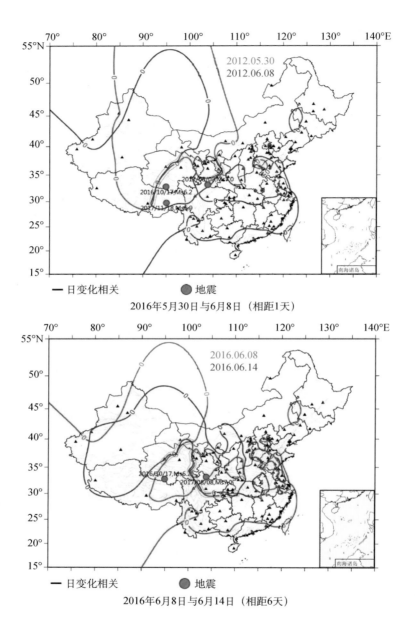

2016年5月30日与6月8日（相距1天）

2016年6月8日与6月14日（相距6天）

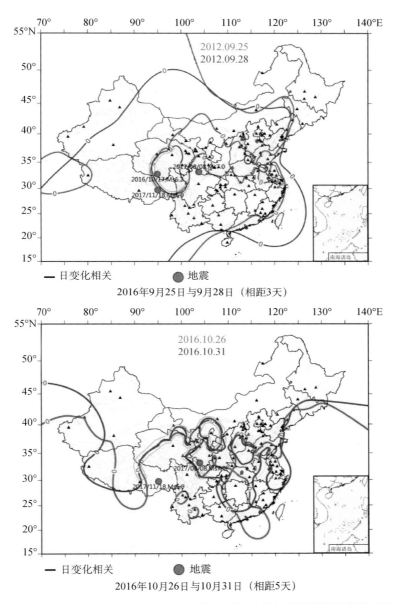

2016年9月25日与9月28日（相距3天）

2016年10月26日与10月31日（相距5天）

图 3.5-8　2017 年 8 月 8 日九寨沟 7.0 级地震前地磁日变化相关异常阈值线及其地震分布图

（4）2013 年甘肃岷县漳县 6.6 级地震和 2014 年四川康定 6.3 级地震。

2013 年 7 月 3、4 日异常阈值线在 2013 年 7 月 22 日甘肃岷县漳县 6.6 级地震南北方向感应电流集中分布线重叠段（图 3.5－9 中绿色多边形内），二个感应电流集中分布异常相距 1 天，异常阈值线几乎完全重叠，重叠段约 1000km，满足成组异常判据要求，该成组异常出现在地震发生前 18 天，地震位于重合线大拐弯部位；2014 年 11 月 22 日在重合段南端发生左右 2014 年 11 月 22 日四川康定 6.3 级地震，地震发生在异常出现后约 16 个月 18 天；另外，在异常出现后的 16 个月 10 天，在重叠线的北端还发生了 2014 年 11 月 15 日甘肃白银 $M_L$5.1 地震。

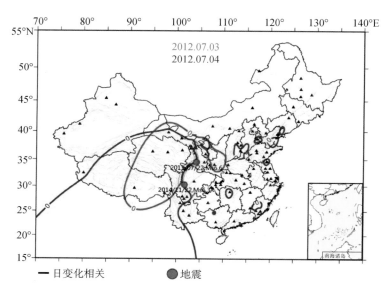

图 3.5－9　2013 年岷县漳县 6.6 级地震和 2014 年康定 6.3 地震前地磁日变化相关异常
阈值线及其地震分布图

（5）2014 年云南鲁甸 6.5 级地震和四川康定 6.3 级地震。

2013 年 7 月 27、30 日异常阈值线在 2014 年 8 月 3 日云南鲁甸 6.5 级地震北边形成 V 字形感应电流集中分布线重合段（图 3.5－10 中绿色多边形内），二个感应电流集中分布异常相距 3 天，重叠段中部略有分叉但未超过 50km，满足成组异常判据要求，该成组异常出现在地震发生前 12 个月 3 天，地震位于 V 字形重合线顶部（地震距离 V 字形顶部偏远，可能与 V 字形顶部位置计算误差大有关）；在 V 字形左边端部发生 2014 年 11 月 22 日四川康定 6.3 级地震，地震发生在异常后的 15 个月 22 天，值得注意的是该地震之前还出现 2013 年 7 月 4 日的异常，即康定 6.3 级地震发生在二次成组异常的交会处，康定 6.3 级地震距离 2013 年 7 月 4 日的异常 16 个月 22 天。另外，在 V 字形右边端部还发生了 2013 年 12 月 16 日湖北巴东 5.1 级地震，该地震发生在异常出现后的约 5 个月 10 天。

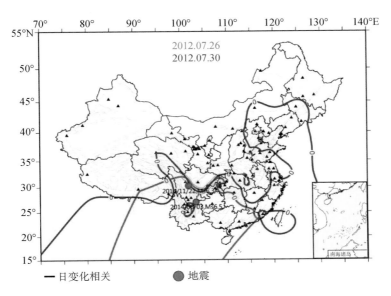

图 3.5 - 10　2014 年鲁甸 6.5 级地震和四川康定 6.3 级地震前地磁日变化相关异常
阈值线及其地震分布图

（6）2016 年青海杂多 6.2 级地震和 2017 年米林 6.9 级地震。

2016 年 5 月 30 日开始，在 2016 年 10 月 17 日青海杂多 6.2 级地震和 2017 年 11 月 18 日西藏米林 6.9 级地震西北方向形成 5 次南北走向满足成组异常判据要求的感应电流集中分布线重叠段（图 3.5 - 11 中绿色多边形内），这里给出几个例子。由图可以看出一些地震距离重叠线段偏远，这可能与该地区地磁台站稀疏有关。

（7）2016 年青海门源 6.4 级地震和 2015 年内蒙古阿拉善左旗 5.8 级地震。

2014 年 9 月 1、4 日异常阈值线在 2016 年 1 月 21 日青海门源 6.4 级地震上方边形成倒 V 字形感应电流集中分布线重叠段（图 3.5 - 12 中绿色多边形内），二个感应电流集中分布异常相距 3 天，重叠段中部略有分叉但未超过 50km，满足成组异常判据要求。该成组异常出现在地震发生前 1 年 4 个月 10 天，地震位于倒 V 字形重合线左端；在倒 V 字形右边端部附近还发生 2015 年 4 月 15 日内蒙古阿拉善左旗 5.8 级地震，地震发生在异常后的 7 个月 10 天。

（8）2016 年缅甸—印度边境地区 6.7 级地震。

2015 年 10 月 9、10 和 14 日的异常阈值线重叠于川滇藏交界地区（图 3.5 - 13 中紫色多边形内），异常后的 2 个月后在重叠线段南端的缅甸—印度边境地区发生 2016 年 1 月 3 日 6.7 级地震，异常后的 11 个月多在重叠线段中段大拐弯处发生 2016 年 9 月 23 日四川甘孜州理塘县 5.1 级地震，在北端附近发生 2016 年 10 月 17 日青海杂多 6.2 级地震。

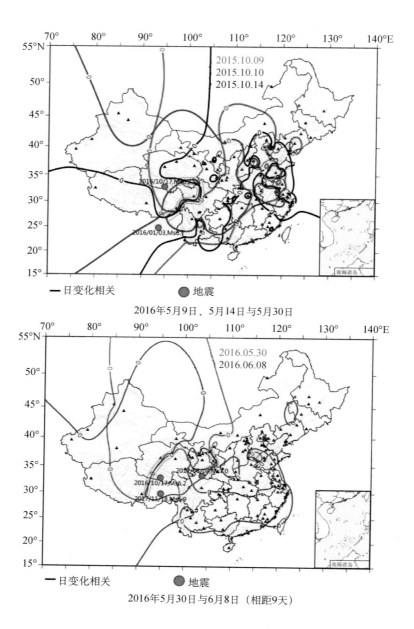

—日变化相关　　　●地震

2016年5月9日、5月14日与5月30日

—日变化相关　　　●地震

2016年5月30日与6月8日（相距9天）

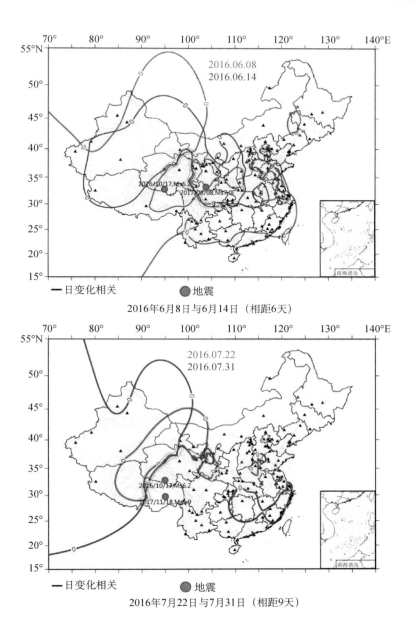

2016年6月8日与6月14日（相距6天）

2016年7月22日与7月31日（相距9天）

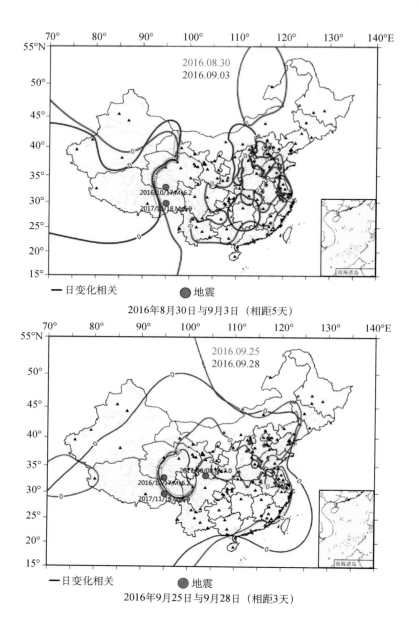

—日变化相关　　　　●地震
2016年8月30日与9月3日（相距5天）

—日变化相关　　　　●地震
2016年9月25日与9月28日（相距3天）

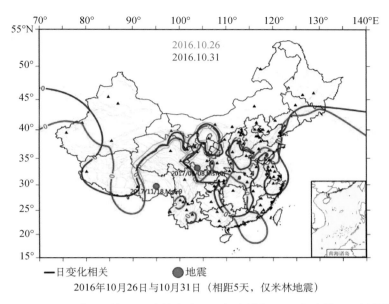

图 3.5 - 11　2016 年 10 月 17 日青海杂多 6.2 级地震和 2017 年米林 6.9 级地震前
地磁日变化相关异常阈值线及其地震分布图

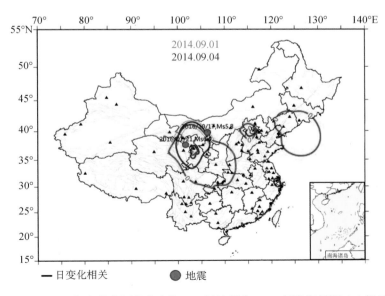

图 3.5 - 12　2015 年内蒙古阿拉善左旗 5.8 级地震和 2016 年青海门源 6.4 级地震前
地磁日变化相关异常阈值线及其地震分布图

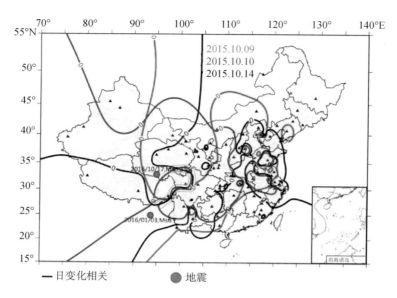

图 3.5 - 13　2016 年缅甸—印度边境地区 6.7 级地震前地磁日变化相关异常阈值线及其地震分布图

## 3.5.5　讨论

（1）地磁垂直分量日变化相关异常阈值线是一条壳内感应电流集中分布线，由于阈值线出现期间阈值线二侧地磁垂直分量有反相位变化，依据冯志生等（2009）分析，该反相位变化在地磁垂直分量日变化曲线上只有几个小时，因此，该感应电流集中分布的时间只在相关异常日持续了几个小时，据章鑫等（2019）分析，该感应电流约几千安培。

（2）感应电流集中分布重叠异常重叠次数大部分是二次（二日），相隔日期基本在几天内，最长相隔 16 天，有连续二天出现重叠的，也有不连续的。

（3）电流总是从低阻高导的地方流过，感应电流集中分布表明电流集中分布线下方地壳内出现高导带，否则感应电流不会集中于此，电流重叠段下方壳内高导带持续时间和出现频次应该与感应电流重叠持续时间和出现频次一致；但是，对于前后相邻二天出现的电流重叠，我们无法确定重叠下方夜间是否还有壳有高导带，因为夜间变化磁场弱，即使有高导带也不会出现感应电流集中分布。据此，我们可以得出结论，与日变化感应电流重叠有关的壳内高导带持续时间很短，只有 1～2 天，且在十多天内可能重复出现，有别于常见的壳内高导带，可以将这种与地震有关的、短时间的高导带称为"瞬间贯通高导带"。

（4）2009.01～2018.05 南北带共出现感应电流重叠异常 20 次，只有 2 次没有发生 6 级左右以上地震，该方法异常的地震报对率高达 90%，这在过去是不可想象的。在 3 个 1 年半内没有发生 6 级左右以上地震的重叠异常中，2014 年 8 月 2、6 日重叠异常在 2 年 4 个月内发生了 2 次 6.2 地震，分别为 2016 年 10 月 17 日杂多 6.2 级和 2016 年 12 月 8 日新疆昌吉州呼图壁县 6.2 级地震；2016 年 6 月 8 日与 14 日重叠异常可能与 2016 年 10 月 17 日杂多 6.2 地震有关，因为 2016 年下半年此地出现多次与杂多 6.2 地震有关的这种走向重叠异常。

（5）地震更容易发生在重叠段的端部或大拐弯处。2014 年四川康定 6.3 地震发生在 2 次重叠段交会区，2016 年青海杂多 6.2 级地震前的几次重叠段都重叠与格尔木地区，但该重叠区并未发生 6 级左右以上地震，而 2017 年四川九寨沟 7.0 级地震前的几次重叠又分布于震中附近。

（6）为什么这种"瞬间贯通高导带"在 1~2 年内会发生地震呢？其地震对应率为什么这么高？是否为必震异常信息？

我们发现一些重叠线与已经发现的高导带走向一致，如 2013 年 7 月 3、4 日异常阈值线的重叠段（徐常芳，2003），中国大陆壳内和上地幔高导层分布埋深与强地震的分布有密切关系，强地震主要发生在上地幔高导层的隆起区一带，壳内高导层发育地区地震活动较强烈，并主要发生在壳内高导层以上的地壳中（徐常芳，1996，2003）。据此我认为，"瞬间贯通高导带"位于壳内和上地幔高导带，当然也是地震高活跃地区，但这些高导带平时并不贯通，否则感应电流应该总是集中分布于此。

那么，该与壳内高导带有关的地震高活跃地区地震何时发生呢？我们推测认为感应电流集中分布与地震之间可能存在以下二个原因：①大电流发热对地震有助推作用，考虑到重叠的端部和大拐弯处可能是高阻地区，大电流在此发热膨胀、导致这些部位压力增大、导致地震发生，显然，电流发热不是地震发生的主因；②感应电流集中分布发现了"贯通"，而贯通及贯通原因导致地震短期发生，比如深部热流体上涌（徐常芳，1998），或者深部产生"裂纹"。

## 3.6　地磁每日一值一阶差分法

### 3.6.1　方法概述

#### 1. 基本原理

地磁场由稳定磁场和变化磁场组成，地球稳定磁场有长期变化，地磁绝对值夜间每日一值的逐日变化基本反映了地磁稳定磁场的长期变化和地磁日变化在夜间的残留，在一定的空间范围内有很好的同步性和相关性，研究发现地震地磁异常可导致两个台站之间的每日一值的相关系数下降，分析这种相关系数可以提取地震地磁异常。由于该异常的电流源主要位于地壳，其地磁异常主要存在于垂直分量和总场，因此可以采用垂直分量或总场绝对值提取这种异常，考虑到总场观测干扰和误差小，因此总场更有优势，但南方总场含有的垂直分量少，效果有时不佳。

虽然每日一值空间相关能提取震前异常，但是分析研究中发现，由于无法找到作为绝对标准的台站做为参考台，在取不同台站做为参考台时，计算结果会有所区别，导致异常分析判别误差，人为主观性多，不同分析人员的结论可能不一致。追其根源，每日一值空间相关系数的降低其实是参考台站和计算台站的同步趋势变化被打破导致的，而每日一值一阶差分也能够展示这种不同步变化，且不需参考台。因为，当区域内磁场趋势变化表现为同步为上升或下降时，各台站一阶差分也表现为正或负值，当区域内磁场趋势变化不同步时，各台站一阶差分值则会出现正、负值不同步现象，当正、负台站相对集中形成两至三个区域，每个区域正负号一致时，则可以视其为异常，并且，依据电磁学理论，正负号之间有电流通过，而正、负台站之间的分界线（一阶差分 0 值线）即为电流线。

利用地磁总场 **F** 的每日一值（世界时 16、17、18、19、20 时的整点值数据的均值）进行一级差分计算，获得前后两日之间总磁场 **F** 的差值 d**F**。

地磁每日一值一阶差分定义：

$$\mathrm{d}F = F(t_2) - F(t_1) \tag{3.6-1}$$

式中，$F(t_2)$ 为观测日期 $t_2$ 的地磁总场 **F**（世界时 16、17、18、19、20 时的整点值数据的均值）的值；$t_2 = t_1 + 1$。异常日期以 $F(t_2)$ 日期为准。

**2. 国内外进展**

地震的孕育和发生是一个复杂的过程，伴随这一过程产生的电磁现象也极其复杂。国内外学者研究发现了许多关于地震引起地下电导率变化的实验和野外观测结果（Nagata，1972；Brace，Orange，1968；Barsukov，1972），这些结果引导人们去研究地震的感应磁效应现象（中国科学院地球物理研究所第十研究室二组，1977；祁贵仲等，1981）。在相关系数提取异常方面，前人利用华北地区若干台站资料以局部地区地磁场空间相关性的分析为基础，重点讨论了"空间相关法"，并通过该方法及相关震例讨论了震磁效应的有效性，并给出了具体震例分析（中国科学院地球物理研究所第十研究室一组，1977）。林美等（1982）研究认为相关系数法实际也是日变形态的一种发展，在地磁日变曲线产生畸变时，相关系数法比直观的日变形态法更优越，这在其研究的 4 个台组四年中的资料中也得到了检验，验证了相关系数在地震预报中有一定的实际意义。此外，在异常的定量上，空间相关法被用于计算河北省及邻区地磁场总强度 21 点绝对值空间相关系数，最终给出每月一值变化曲线，并发现 1976 年唐山 7.8 级地震前出现了相关系数低值异常，该相关系数异常量超过 2.5 倍均方差（杜安娜等，1982）；1991 年大同 5.8 级地震地磁异常，发现在震震中约 220km 内的地磁垂直分量 Z，在震前 3 个月和 5 天有明显异常（曾小苹等，1992），后续其他学者在利用空间相关系数提取地震异常也进行了许多的研究和验证，针对不同地区提出了对应的指标，并累积了许多的震例（冯志生，1998；贾立峰，2017；李鸿宇，2017，2018）。在异常机理方面，杜安娜（1998）应用空间线性相关法对武定、丽江地震进行了预报分析，认为在武定、丽江地震孕育的过程中，通海、西昌、成都等地磁台附近，在地应力的作用下，岩石电导率发生变化。2013 年甘肃岷县漳县 $M_S6.6$ 地震孕震环境探讨中认为松潘—甘孜地块和陇西盆地对西秦岭造山带形成挤压、阻挡作用，其能量可能通过西秦岭造山带中上地壳区的高电阻构造传递，被临潭—宕昌断裂带附近低阻带所吸收，当这种从南向北挤压和阻挡持续作用超过该地区介质的应力临界值时，该区临潭—宕昌低阻破碎带显示出了不稳定性而发生形变，导致该区附近的高电阻特性的岩石产生破裂或层间滑动，进而发生了岷县漳县地震（赵凌强，2015）。而高电阻特性的岩石产生破裂或层间滑动必然造成岩石电导率变化，从而导致感应磁场发生变化。因此，地磁场记录到观测值除正常磁场外还包含了这一部分异常变化，这也是地磁场震前异常信号产生的根本原因。

众多研究成果证明每日一值空间相关确实能提取震前地磁异常，但缺少绝对标准的台站做为参考台，计算结果会有一定的误差。这导致在异常分析判别中对异常台站的选取有较大的困难和人为主观性，不同的分析人员的结论可能有所偏差。追溯源头，每日一值空间相关系数的降低其实是参考台站和计算台站的同步趋势变化被打破导致的，即参考台不变的情况下，计算台站数据在正常基础上有所上升或者下降。这种变化可通过一阶差分表现出来，且不用涉及到参考台的选取。张素琴利用 2010~2014 年我国地磁台网 100 多个台站的地磁总场 $F$ 子夜均值逐日差研究其空间变化趋势时就发现，当逐日差值在小区域内异于周围大趋势增减变化的 18 次变化中，共 16 次异常与其后几天到半年内该区域发生的地震有很好的对应关系（张素琴等，2015）。这也说明逐日差值法在震前地磁信号处理中有一定的效果。

**3. 异常机理**

地磁主磁场长期变化的时间特征可由长期变时间谱看出，其时间尺度为数十年甚至上万年（徐文耀，2003）。地磁总场 $F$ 的长期变化是相对较稳定且缓慢的，王振东等（2017，2019）利用 CHAOS-6 和 IGRF-12 模型对 2010~2016 年 14 个地磁台站的观测数据描述的 $F$ 都呈现逐渐增大趋势。而 $F$ 夜间每日一值的逐日变化基本可以将这个近似于线性增大的长期变化反映出来。因此，正常情况下研究区域内磁场趋势上升/下降时，各台站 $F$ 每日一值一阶差分为正/负值。只有当研究区内局部干扰源对磁场产生影响，导致区域内部分台站磁场变化不同步时，各台站一阶差分值才会出现正、负值同时出现。当正、负台站相对集中，将研究区在空间上划分为 2~3 个区域时，说明有较大电流通过该区域，导致磁场发生有规律的变化，即为 $F$ 每日一值一阶差分异常。图 3.6-1 给出了 2013 年 5 月 19 日全国各台站一阶差分值空间等值线分布图，图中红线为零值线，即一阶差分正、负值台站之间的分界线，也称异常线。由图可见，在 35°N 左右以北为正、以南为负，正、负值台站间有明显的分界线（零值线），且将空间区域划分为 2 个区域，也就是本文所研究的地磁场总强度 $F$ 每日一值一阶差分异常现象。异常发生后 64 和 211 天在一阶差分零值线附近分别发生了 2013 年 7 月 22 日岷县漳县 6.6 级和 2013 年 12 月 16 日湖北巴东 5.1 级地震。

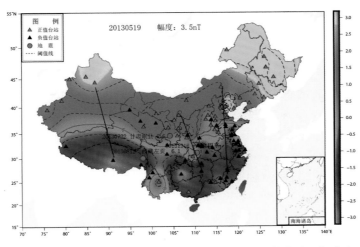

图 3.6-1　2013 年 5 月 19 日 $F$ 每日一值一阶差分等值线空间分布

一阶差分空间等值线零值线的产生是由于零值线两侧台站一阶差分不同步变化或者变化量不一致所引起的。为看清这种变化细节，我们取异常线两侧的三个台站组（图3.6-1中黑色线条所指）的一阶差分数据进行分析。图3.6-2是乌鲁木齐—拉萨、银川—邵阳、锡林浩特—泉州三个台站组2013年5月7~29日地磁总场 **F** 每日一值一阶差分的逐日变化曲线，图中可以看到：各台站一阶差分值基本在零线附近波动变化，但基本同步。异常日5月19日（图3.6-2中红色箭头所指位置）乌鲁木齐、银川和锡林浩特台同为正值（红点），它们也都位于图3.6-1正号区，而拉萨、邵阳和泉州台同为负值（蓝点），它们也都位于图3.6-1负号区。

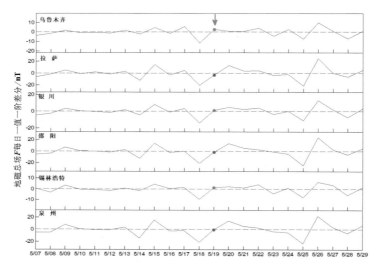

图3.6-2　乌鲁木齐、拉萨、银川、邵阳、呼和浩特和泉州六个台站2013年5月7~29日的每日一值一阶差分曲线

考虑到一阶差分变化被日变化残留大的一阶差分压缩，我们给出2012年5月17~20日拉萨（红色）、乌鲁木齐（蓝色）和泉州（红色）、锡林浩特（蓝色）两个台站对的地磁总场 **F** 日变化曲线（去除17日16~20时5个整点值的均值），如图3.6-3中所示。图中我们可以看到17和20日世界时16~20时（图中黑框内的时段）两个台站对的数据基本重叠，而18、19两日该时段数据明显重叠效果较差，这两日数据两个台站对数据的不同步变化造成了19日地磁 **F** 每日一值一阶差分值在异常线两侧一正一负的现象。但是，可以看到，仅凭图3.6-2中一阶差分曲线图是很观察出异常的，这也是我们对一阶差分再进行克里金插值绘制空间等值线的原因。

表3.6-1为所选三个台站对18~20日的一阶差分值数据，18日六个台站一阶差分值均为负值，20日均为正值，而19日位于零值线北侧为正，南侧为负，和图3.6-1中展示的结果一致。19日的差分值是利用19日的数据减去18日的数据获取的，且图3.6-3中18、19日磁场数据明显小于同时段17和20，因此综合分析认为18、19两日有电流通过零值线位置，对零值线南侧磁场的削弱效果大于零值线北侧，从而打破区域地磁 **F** 每日一值同步变化的趋势，造成一阶差分异常现象。

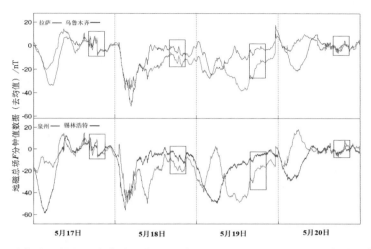

图 3.6 - 3　零值线两侧的两个台站组在 2013 年 5 月 17~20 日之间地磁总场分钟值变化曲线

表 3.6 - 1　乌鲁木齐—拉萨、银川—邵阳、锡林浩特—泉州 3 个台站对在 5 月 19 日
前后 F 每日一值一阶差分值数据　　　　　　　　　单位：nT

| 日期 | 乌鲁木齐 | 银川 | 锡林浩特 | 拉萨 | 邵阳 | 泉州 |
|---|---|---|---|---|---|---|
| 5 月 18 日 | −11.48 | −14.34 | −9.68 | −20.24 | −21.02 | −21.22 |
| 5 月 19 日 | 2.90 | 1.14 | 1.34 | −3.25 | −1.56 | −0.74 |
| 5 月 20 日 | 0.92 | 4.70 | 2.22 | 12.42 | 12.98 | 14.10 |

事实上，地磁每日一值差分异常和地磁低点位移异常机理是一致的，是由感应电流集中分布导致地磁总场出现不同步变化所致，图 3.6 - 4 给出了该机理的定性解释。

在图 3.6 - 4 中，$B(t)$ 为台站 a 与台站 b 连续二天的正常垂直分量日变化曲线，图中横坐标的黑色三角表示取该时间的值为当天的观测值，为便于讨论将其简化为 V 字形，并假定其没有趋势变化，由图可见由于没有趋势变化，二个台站第二日值减第一日值都为 0，没有符号差异。$I(t)$ 为集中分布于台站 a 和台站 b 之间地壳内的感应电流（假定位于台站 a 和台站 b 的中间位置），该电流为趋势变化，此处假定为趋势上升变化，持续时间一天以上；由于该感应电流埋深远小于台站间距，因此，台站 a 和台站 b 只有 $I(t)$ 的垂直分量磁场，其产生的垂直分量磁场为 $B_1(t)$，我们注意到二个台站 $B_1(t)$ 为反相位，台站 a 为趋势下降，台站 b 趋势上升。叠加结果为台站 a 与台站 b 的 $B_1'(t)$ 出现同步反相位变化，台站 a 的 $B_1'(t)$ 为趋势下降，台站 b 的 $B_1'(t)$ 趋势上升，其中台站 a 第二天值减第一日值转为负，而台站 b 第二天值减第一日值为正，二个台站的差值符号出现异号。

**4. 计算步骤**

（1）计算各台每天地磁 F 分量世界时 16~20 时（北京时 24、1、2、3、4 时）共 5 个整点绝对值的平均值，作为当日数据。

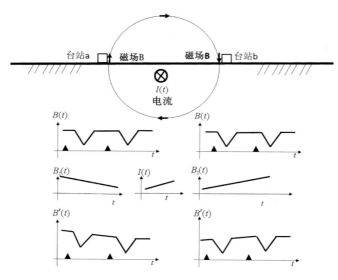

图 3.6 - 4　地磁垂直分量一阶差分异常机理示意图

（2）计算各台站 **F** 分量每日一值一阶差分数值。

（3）选取满足指标当日各台站一阶差分值，利用克里金插值法对研究区域进行网格化处理（surfer 软件可实现），然后用 GMT 或其他软件绘制地磁每日一值一阶差分空间分布图。

## 3.6.2　指标体系

### 1. 异常判据

（1）当日一阶差分正值台站和负值台站数量都超过总台站总数的 1/3。

（2）当日一阶差分正值台站均值减去负值台站均值大于 3nT。

（3）正负值台站之间有明显的分界线（0 值线），正负台站集中分布不散乱。

### 2. 预测规则

发震时间：异常发生后 6 个月内。

发震地点：正负值台站分界线（"0"值线）附近 300km 以内。

发震强度：以经度 105 为界限，大陆东部 5 级以上；大陆西部及国界周边 6.0 级以上、台湾地区 6.5 级以上。

### 3. 预报效能

表 3.6 - 2　地磁每日一值一阶差分异常预报效能统计结果

| 震级范围 | 异常总数 | 应报地震 | 有震异常 | 异常报对率 | 报对地震 | 地震漏报率 |
|---|---|---|---|---|---|---|
| 东 5 级西 6 级台湾 6.5 级 | 117 | 90 | 94 | 80% | 55 | 39% |

### 3.6.3 指标依据

**1. 资料概况**

研究区域：中国大陆区域。

研究时间：2008 年 1 月至 2018 年 12 月。

台站选择：根据各台站仪器记录数据的连续性和稳定性选取地磁台网范围内共 130 套仪器（图 3.6 - 5 所示），这些仪器均有研究所需要的地磁总场数据。其中仪器为 FHD 质子矢量磁力仪的台站共 80 个，仪器为 GSM19FD 的台站共 3 个，仪器为 GSM90F1 的台站共 22 个，仪器为 M15 的台站共 25 个。

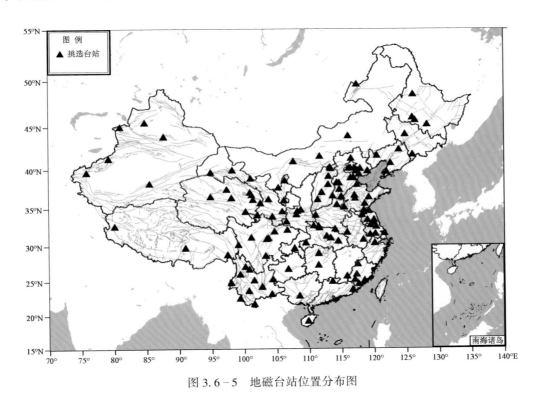

图 3.6 - 5 地磁台站位置分布图

地震选取：以 105°E 为界限，大陆东部 5 级以上；大陆西部及国界周边 6.0 级以上、台湾地区 6.5 级以上。

资料简介：目前台网内 FHD 质子矢量磁力仪、GSM90F1、GSM19FD、等仪器的总场 $F$。我们采用的数据为以上能完整记录地磁场总场 $F$ 分量仪器所获得的世界时 16~22 时整点值的均值数据。

**2. 指标依据**

1）发震地点

结合其他相似方法，统计发现以距离分界线 300km 作为发震距离较为合适的距离。

2）发震强度

统计发现，105°E 为界限，大陆东部 5 级以上、大陆西部及国界周边 6.0 级以上和台湾地区 6.5 级以上地震对应较好。

3）发震时间

根据异常时间和震例统计，其中异常后最短发震时间为 0 天，最长为 240 天，故本方法以 8 个月作为统计期，有震异常为 97 次，异常对应率为 84%。但考虑到时间跨度太长会导致预报期过长，因此统计有震异常发现其中 6 个月以内发震次数为 80 次，占有震异常总数的 85%，占总异常的 70%，因此认为 6 个月为优势发震时期。

## 3.6.4　异常与震例

### 1. 异常概述

2008 年 1 月 1 日至 2018 年 12 月 31 日，每日一值一阶差分满足判据的异常共有 115 组，其中有 97 次异常之后 8 个月内有满足预测规则地震发生，异常报对率为 84%；研究时段内以 105°E 为界限，大陆东部 5 级以上，大陆西部及国界周边 6.0 级以上、台湾地区 6.5 级以上地震共有 89 次，报对 55 次，报对率为 62%，漏报地震为 39 次，漏报率为 44%，大陆区域满足筛选条件地震共 51 次，漏报地震 12 次，漏报率为 24%。详见表 3.6 - 3，表中前后两日相连且异常分界线位置和走向相近的异常计为一次异常，位置和走向差别较大的算作两次异常。

表 3.6 - 3　每日一值一阶差分异常与地震对应信息表

| 序号 | 异常日期 | 异常幅度（nT） | 间隔天数 | 对应地震 | 备注 |
|---|---|---|---|---|---|
| 1 | 2008.02.02 | 4.9 | 100 | 2008.05.12 四川汶川 8.0 | |
| 2 | 2008.02.18 | 4.8 | 84 | 2008.05.12 四川汶川 8.0 | |
| | | | 189 | 2008.08.25 西藏仲巴 6.8 | |
| | | | 231 | 2008.10.06 西藏当雄 6.6 | |
| 3 | 2008.04.04 | 4.9 | 38 | 2008.05.12 四川汶川 8.0 | |
| | | | 184 | 2008.10.05 新疆乌恰 6.8 | |
| | | | 220 | 2008.11.10 青海海西 6.3 | |
| 4 | 2008.04.09 | 3.9 | 33 | 2008.05.12 四川汶川 8.0 | 汶川地震两侧异常分布明显，但北侧 0 值线紊乱 |
| 5 | 2008.05.19 | 4.1 | 98 | 2008.08.25 西藏仲巴 6.8 | |
| 6 | 2008.08.21 | 3.5 | 9 | 2008.08.30 四川攀枝花 6.1 | |

| 序号 | 异常日期 | 异常幅度（nT） | 间隔天数 | 对应地震 | 备注 |
|------|----------|----------------|----------|----------|------|
| 7 | 2008.09.15 | 6.7 | 215 | 2009.04.18 吉林珲春 5.1 | |
| 8 | 2008.10.23 | 5.0 | 18 | 2008.11.10 青海海西 6.3 | |
| 9 | 2009.01.20 | 3.4 | 220 | 2009.08.28 青海海西 6.4 | |
| | | | 175 | 2009.07.14 台湾海峡 6.7 | |
| 10 | 2009.03.28 | 5.1 | 153 | 2009.08.28 青海海西 6.4 | |
| 11 | 2009.06.03 | 3.6 | 86 | 2009.08.28 青海海西 6.4 | |
| 12 | 2009.06.22 | 5.0 | 67 | 2009.08.28 青海海西 6.4 | |
| 13 | 2009.06.28 | 4.5 | 61 | 2009.08.28 青海海西 6.4 | |
| | | | 16 | 2009.07.14 台湾海峡 6.7 | |
| 14 | 2009.07.03 | 3.2 | 212 | 2010.01.31 四川遂宁 5.0 | |
| 15 | 2009.07.05 | 3.0 | 54 | 2009.08.28 青海海西 6.4 | |
| | | | 9 | 2009.07.14 台湾海峡 6.7 | |
| 16 | 2009.07.13 | 5.1 | 202 | 2010.01.31 四川遂宁 5.0 | |
| 17 | 2009.07.24 | 5.2 | 35 | 2009.08.28 青海海西 6.4 | |
| 18 | 2009.07.28 | 4.1 | 187 | 2010.01.31 四川遂宁 5.0 | |
| 19 | 2009.08.02 | 5.2 | 26 | 2009.08.28 青海海西 6.4 | |
| | | | 182 | 2010.01.31 四川遂宁 5.0 | |
| 20 | 2009.08.22 | 3.3 | 6 | 2009.08.28 青海海西 6.4 | |
| | | | 162 | 2010.01.31 四川遂宁 5.0 | |
| | | | 231 | 2010.04.14 青海玉树 7.1 | |
| 21 | 2010.03.31 | 4.7 | 26 | 2010.04.26 日本海域 6.7 | |
| 22 | 2010.04.08 | 5.5 | 2 | 2010.04.14 青海玉树 7.1 | |
| 23 | 2010.06.09 | 4.9 | — | 虚报 | |
| 24 | 2010.06.30 | 4.1 | 192 | 2011.01.08 吉林珲春 5.6 | |
| 25 | 2010.07.04 | 3.8 | 215 | 2011.02.04 缅甸—印度 6.1 | |
| 26 | 2010.12.14 | 5.6 | 116 | 虚报 | |
| 27 | 2011.03.11 | 12.4 | 60 | 2011.05.10 吉林珲春 6.1 | 南部 0 值线距离 2011 年 3 月 24 日缅甸 7.2 级地震较近，因周边台站较小可作为参考 |

| 序号 | 异常日期 | 异常幅度（nT） | 间隔天数 | 对应地震 | 备注 |
|---|---|---|---|---|---|
| 28 | 2011.06.03 | 6.3 | 47 | 2011.07.20 吉尔吉斯斯坦 6.3 | |
| 29 | 2011.06.18 | 3.0 | 32 | 2011.07.20 吉尔吉斯斯坦 6.3 | |
| 30 | 2011.07.11<br>2011.07.12 | 4.7<br>5.1 | 9 | 2011.07.20 吉尔吉斯斯坦 6.3 | 2011 年 6 月 18 和 7 月 11 日与 12 日分界线位置和走向相近 |
| 30 | 2011.08.15 | 3.8 | — | 虚报 | |
| 32 | 2011.09.07 | 4.4 | — | 虚报 | |
| 33 | 2011.10.05 | 4.5 | — | 虚报 | |
| 34 | 2011.10.10 | 4.1 | — | 虚报 | |
| 35 | 2011.12.09 | 3.0 | — | 虚报 | |
| 36 | 2011.12.19 | 3.4 | 146 | 2012.05.13 吉尔吉斯斯坦 6.1 | |
| 37 | 2011.02.09 | 4.1 | — | 虚报 | |
| 38 | 2012.02.13 | 4.2 | 181 | 2012.08.12 新疆于田 6.2 | |
| 39 | 2012.02.27 | 6.0 | 124 | 2012.06.30 新疆新源 6.6 | |
| | | | 167 | 2012.08.12 新疆于田 6.2 | |
| 40 | 2012.05.13 | 3.1 | 91 | 2012.08.12 新疆于田 6.2 | |
| 41 | 2012.05.22 | 7.3 | 82 | 2012.08.12 新疆于田 6.2 | 213/513/522 分界线位置和走向相近 |
| 42 | 2012.06.28 | 3.1 | 209 | 2013.01.23 辽宁灯塔 5.1 | |
| | | | 215 | 2013.01.29 吉尔吉斯斯坦 6.3 | |
| 43 | 2012.08.16 | 4.9 | 166 | 2013.01.29 吉尔吉斯斯坦 6.3 | |
| 44 | 2012.09.01 | 3.3 | 232 | 2013.04.21 黄海 5.0 | |
| 45 | 2012.11.16 | 3.3 | — | 虚报 | 分界线约南北走势，东侧发生一系列地震，最近约 500km 左右 |
| 46 | 2013.01.27 | 9.5 | 84 | 2013.04.21 黄海 5.0 | |
| 47 | 2013.03.02 | 7.9 | 51 | 2013.04.22 内蒙科尔沁 5.3 | 南部 2013 年 9 月 20 日缅甸 6 级地震在 0 值线附近，但因台站较少仅作为参考 |

续表

| 序号 | 异常日期 | 异常幅度（nT） | 间隔天数 | 对应地震 | 备注 |
|---|---|---|---|---|---|
| 48 | 2013.03.20 | 3.6 | 145 | 2013.08.12 西藏左贡 6.1 | 岷县漳县地震略远 |
| | | | 30 | 2013.04.20 四川芦山 7.0 | |
| | | | 124 | 2013.07.22 甘肃岷县漳县 6.6 | |
| 49 | 2013.05.17 | 6.8 | 213 | 2013.12.16 湖北巴东 5.1 | |
| | | | 167 | 2013.10.31 吉林前郭 5.5 | |
| | | | 1 | 2013.05.18 黄海 5.0 | |
| 50 | 2013.05.19 | 3.5 | 64 | 2013.07.22 甘肃岷县漳县 6.6 | |
| | | | 211 | 2013.12.16 湖北巴东 5.1 | |
| 51 | 2013.05.24 | 3.8 | 59 | 2013.07.22 甘肃岷县漳县 6.6 | |
| 52 | 2013.06.20 | 3.9 | 53 | 2013.08.12 西藏左贡 6.1 | 2013 年 12 月 16 日湖北巴东 5.1 亦距离异常线较近 |
| | | | 32 | 2013.07.22 甘肃岷县漳县 6.6 | |
| | | | 92 | 2013.09.20 缅甸 6.0 | |
| | | | 133 | 2013.10.31 吉林前郭 5.5 | |
| 53 | 2013.07.11 | 4.1 | 11 | 2013.07.22 甘肃岷县漳县 6.6 | |
| | | | 158 | 2013.12.16 湖北巴东 5.1 | |
| 54 | 2013.09.10 | 3.2 | 51 | 2013.10.31 吉林前郭 5.5 | 东北台站较少，南北带 0 值线明显，但南北带无地震对应 |
| 55 | 2014.07.16 | 4.4 | 18 | 2014.08.03 云南鲁甸 6.5 | |
| | 2014.07.17 | 5.1 | 83 | 2014.10.07 云南景谷 6.6 | |
| 56 | 2014.08.04 | 5.2 | 238 | 2015.03.30 贵州剑河 5.5 | 2014 年 10 月 7 日云南景谷 6.6 距离 0 值线约 400km，距离日常日 60 天 |
| 57 | 2014.10.10 | 4.4 | 43 | 2014.11.22 本州岛 6.8 | |
| | | | 187 | 2015.04.15 内蒙阿左旗 5.8 | |
| 58 | 2014.12.31 | 5.1 | 115 | 2015.04.25 尼泊尔 8.2 | |
| 59 | 2015.01.06 | 4.2 | 99 | 2015.04.15 内蒙阿左旗 5.8 | |
| | | | 83 | 2015.03.30 贵州剑河 5.5 | |
| 60 | 2015.01.09 | 3.2 | 96 | 2015.04.15 内蒙阿左旗 5.8 | |
| | | | 106 | 2015.04.25 尼泊尔 8.2 | |

| 序号 | 异常日期 | 异常幅度（nT） | 间隔天数 | 对应地震 | 备注 |
|---|---|---|---|---|---|
| 61 | 2015. 02. 09 | 3. 3 | 65 | 2015. 04. 15 内蒙阿左旗 5. 8 | |
| 62 | 2015. 03. 12 | 5. 5 | 34 | 2015. 04. 15 内蒙阿左旗 5. 8 | |
| 63 | 2015. 05. 26 | 3. 6 | 240 | 2016. 01. 21 青海门源 6. 4 | |
| 64 | 2015. 06. 18 | 3. 4 | 15 | 2015. 07. 03 新疆皮山 6. 5 | |
| | | | 127 | 2015. 12. 07 塔吉克斯坦 7. 4 | |
| | | | 217 | 2016. 01. 21 青海门源 6. 4 | |
| 65 | 2015. 08. 06 | 5. 3 | 123 | 2015. 12. 07 塔吉克斯坦 7. 4 | |
| | | | 168 | 2016. 01. 21 青海门源 6. 4 | |
| 66 | 2015. 08. 09 | 4. 1 | 165 | 2016. 01. 21 青海门源 6. 4 | |
| 67 | 2015. 08. 29 | 11. 4 | 145 | 2016. 01. 21 青海门源 6. 4 | |
| 68 | 2015. 12. 24 | 7. 7 | 9 | 2016. 01. 02 黑龙江林口 6. 1 | |
| | | | 28 | 2016. 01. 21 青海门源 6. 4 | |
| | | | 108 | 2016. 04. 10 阿富汗 6. 9 | |
| 69 | 2016. 01. 01 | 4. 5 | 1 | 2016. 01. 02 黑龙江林口 6. 1 | |
| | | | 20 | 2016. 01. 21 青海门源 6. 4 | |
| 70 | 2016. 01. 23 | 4. 0 | — | 虚报 | |
| 71 | 2016. 04. 03 | 6. 9 | 94 | 2016. 07. 31 广西苍梧 5. 4 | |
| 72 | 2016. 04. 05 | 3. 2 | 44 | 2016. 11. 25 新疆阿克陶 6. 7 | |
| 73 | 2016. 04. 17 | 5. 5 | — | 虚报 | |
| 74 | 2016. 05. 01 | 4. 9 | 45 | 2016. 10. 17 青海杂多 6. 2 | |
| 75 | 2016. 05. 07 | 6. 4 | 204 | 2016. 12. 08 新疆呼图壁 6. 2 | 7、8 两日 0 值线走向平直，且仅在呼图壁有交点 |
| | 2016. 05. 08 | 12. 2 | | | |
| 76 | 2016. 06. 02 | 4. 8 | 137 | 2016. 10. 17 青海杂多 6. 2 | 异常线两侧台站极少 |
| 77 | 2016. 06. 05 | 8. 3 | 46 | 2016. 10. 17 青海杂多 6. 2 | |
| 78 | 2016. 07. 07 | 3. 0 | 205 | 2016. 11. 25 新疆阿克陶 6. 7 | 地震距离 0 值线略远约 400km 但因西部台站稀疏，且分界线两侧台站异号现象明显，列为异常 |
| | | | 31 | 2016. 12. 08 新疆呼图壁 6. 2 | |

| 序号 | 异常日期 | 异常幅度 (nT) | 间隔天数 | 对应地震 | 备注 |
|---|---|---|---|---|---|
| 79 | 2016.07.11 | 4.6 | 190 | 2016.07.31 广西苍梧 5.4 | |
| 80 | 2016.07.15 | 3.3 | 231 | 2016.10.17 青海杂多 6.2 | |
| 81 | 2016.09.03 | 3.7 | 140 | 2016.10.17 青海杂多 6.2 | |
| 82 | 2016.09.06 | 4.1 | — | 虚报 | |
| 83 | 2016.09.09 | 7.4 | 107 | 2016.11.25 新疆阿克陶 6.7 | |
| | | | 236 | 2017.05.03 阿富汗 6.3 | |
| 84 | 2016.10.04 | 3.1 | — | 虚报 | |
| 85 | 2016.10.10<br>2016.10.11 | 5.4<br>5.1 | 6 | 2016.10.17 青海杂多 6.2 | 10、11 两日 0 值线均为南北走向，11 日向高纬度地区偏移 |
| | | | 45 | 2016.11.25 新疆阿克陶 6.7 | |
| | | | 204 | 2017.05.03 阿富汗 6.3 | |
| 86 | 2016.10.17 | 4.3 | — | 虚报 | 2016 年 11 月 25 日新疆阿克陶 6.7 级，2017 年 5 月 3 日阿富汗 6.3 级距离稍远，西部台站稀疏 |
| 87 | 2016.10.25 | 11.5 | 31 | 2016.11.25 新疆阿克陶 6.7 | 10 月 17 日和 25 日 0 值线位置走向等基本相似 |
| | | | 109 | 2017.05.03 阿富汗 6.3 | |
| 88 | 2016.11.03 | 5.2 | 22 | 2016.11.25 新疆阿克陶 6.7 | |
| | | | 181 | 2017.05.03 阿富汗 6.3 | |
| 89 | 2016.11.21 | 3.0 | — | 虚报 | |
| 90 | 2016.12.09 | 6.1 | — | 虚报 | |
| 91 | 2016.12.20 | 3.0 | 231 | 2017.08.08 四川九寨沟 7.0 | |
| 92 | 2016.12.24<br>2016.12.25 | 5.0<br>3.3 | 227 | 2017.08.08 四川九寨沟 7.0 | |
| 93 | 2017.01.11 | 5.1 | — | 虚报 | |
| 94 | 2017.01.12 | 4.3 | 208 | 2017.08.08 四川九寨沟 7.0 | 位置和走向同 11 日完全不同，作 2 个异常 |
| 95 | 2017.02.05 | 4.1 | 184 | 2017.08.08 四川九寨沟 7.0 | |
| | | | 168 | 2017.07.23 吉林松原 5.0 | |
| | | | 237 | 2017.09.30 四川青川 5.4 | |

续表

| 序号 | 异常日期 | 异常幅度（nT） | 间隔天数 | 对应地震 | 备注 |
|---|---|---|---|---|---|
| 96 | 2017.02.10 | 3.4 | — | 虚报 | |
| 97 | 2017.03.08 | 4.5 | 153 | 2017.08.08 四川九寨沟 7.0 | |
| | | | 206 | 2017.09.30 四川青川 5.4 | |
| 98 | 2017.04.20 | 4.6 | 217 | 2017.11.23 重庆武隆 5 | |
| 99 | 2017.04.21 | 5.5 | 109 | 2017.08.08 四川九寨沟 7.0 | |
| | | | 162 | 2017.09.30 四川青川 5.4 | |
| 100 | 2017.07.03 | 3.4 | 36 | 2017.08.08 四川九寨沟 7.0 | |
| | | | 37 | 2017.08.09 新疆精河 6.6 | |
| 101 | 2017.07.05 | 3.1 | 34 | 2017.08.08 四川九寨沟 7.0 | |
| 102 | 2017.08.04 | 8.8 | 4 | 2017.08.08 四川九寨沟 7.0 | |
| | | | 57 | 2017.09.30 四川青川 5.4 | |
| | | | 111 | 2017.11.23 重庆武隆 5 | |
| 103 | 2017.08.07 | 4.5 | 2 | 2017.08.09 新疆精河 6.6 | |
| 104 | 2017.08.16 | 4.3 | — | 虚报 | |
| 105 | 2017.10.12 | 6.9 | 228 | 2018.05.28 吉林松原 5.7 | |
| 106 | 2017.12.05 | 5.7 | 125 | 2018.04.09 本州岛 6.0 | 兴都库什地震距离 0 值线较远，但因西部台站稀疏，考虑在内 |
| | | | 155 | 2018.05.09 兴都库什 6.6 | |
| 107 | 2018.03.16 | 5.3 | 73 | 2018.05.28 吉林松原 5.7 | |
| | | | 180 | 2018.09.12 陕西宁强 5.3 | |
| 108 | 2018.04.21 | 9 | 37 | 2018.05.28 吉林松原 5.7 | |
| | | | 144 | 2018.09.12 陕西宁强 5.3 | |
| 109 | 2018.05.06 | 6.9 | 22 | 2018.05.28 吉林松原 5.7 | |
| 110 | 2018.05.31 | 3.2 | 153 | 2018.10.31 四川西昌 5.1 | |
| | | | 199 | 2018.12.16 四川兴文 5.7 | |
| 111 | 2018.07.05 | 5.9 | 69 | 2018.09.12 陕西宁强 5.3 | |
| 112 | 2018.07.14 | 3.2 | 60 | 2018.09.12 陕西宁强 5.3 | |
| 113 | 2018.07.24 | 3.1 | 50 | 2018.09.12 陕西宁强 5.3 | |
| 114 | 2018.08.18 | 3.1 | 25 | 2018.09.12 陕西宁强 5.3 | |

续表

| 序号 | 异常日期 | 异常幅度（nT） | 间隔天数 | 对应地震 | 备注 |
|------|----------|----------------|----------|----------|------|
| 115 | 2018.09.24 | 3.0 | 37 | 2018.10.31 四川西昌 5.1 | |
| | | | 212 | 2019.04.24 西藏墨脱 6.3 | |

**2. 有震异常**

此处所列异常为满足判据异常当日空间等值线图，图中日期异常日期，红色实线为当日一阶差分正负台站分界线，即 0 值线，幅度为异常当日正值台站均值减负值台站均值，图中标出了异常日之后 8 个月内所有满足预测规则的地震。

（1）2008 年 5 月 12 日汶川 8 级地震异常。

2008 年 2 月 2 日、2 月 18 日、4 月 4 日、4 月 9 日均出现每日一值一阶差分异常，且异常线均分布在 2008 年 5 月 12 日汶川 8 级地震附近（图 3.6 - 6）。

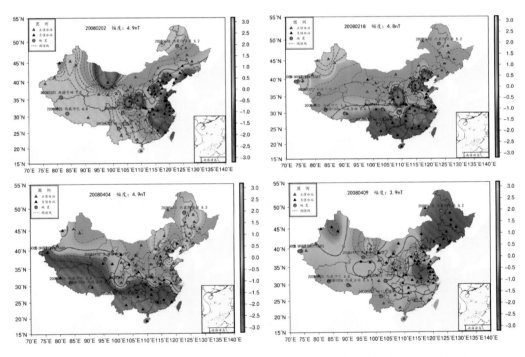

图 3.6 - 6　2008 年 5 月 12 日汶川 8 级地震前 $F$ 每日一值一阶差分等值线空间分布

（2）2013 年 7 月 22 日岷县漳县 6.6 级地震异常。

2013 年 5 月 19 日、5 月 24 日、6 月 20 日、7 月 11 日均出现每日一值一阶差分异常，且异常线均分布在 2013 年 7 月 22 日岷县漳县 6.6 级地震附近（图 3.6 - 7）。

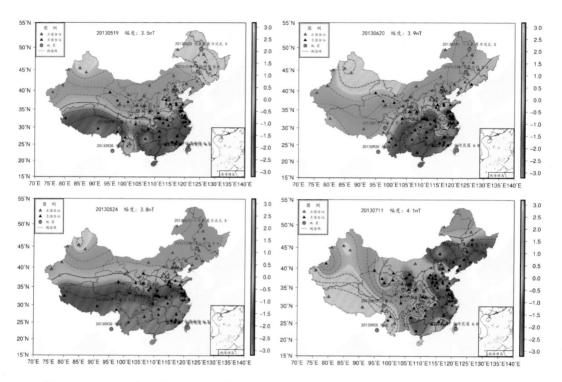

图 3.6－7　2013 年 7 月 22 日岷县漳县 6.6 级地震前 *F* 每日一值一阶差分等值线空间分布

**3. 虚报异常**

　　满足异常指标要求，异常之后 8 个月内无对应地震发生的异常共 21 次，虚报率为 18%，这里给出了 2 个异常，详细信息见表 3.6－3。

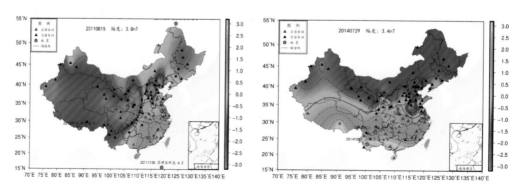

图 3.6－8　地磁 *F* 每日一值一阶差分等值线虚报异常空间分布

**4. 疑似异常**

只统计满足正、负值台站各占计算台站 1/3，且正、负值台站之间有明显的分界线，但幅度不满足大于 3nT，异常之后 8 个月内 0 值线 300km 左右有地震发生的异常，共 21 组。

表 3.6－4　每日一值一阶差分疑似异常信息表

| 序号 | 异常日期 | 异常幅度（nT） | 间隔天数 | 对应地震 |
|---|---|---|---|---|
| 1 | 2009.09.09 | 1.8 | 144 | 2010.01.31 四川遂宁 5.0 |
| 2 | 2009.10.02 | 1.4 | 121 | 2010.01.31 四川遂宁 5.0 |
| | | | 190 | 2010.04.10 青海玉树 7.0 |
| 3 | 2009.11.28 | 2.2 | 133 | 2010.04.10 青海玉树 7.0 |
| | | | 116 | 2010.03.24 西藏聂荣 5.7 |
| 4 | 2010.01.16 | 2.4 | 84 | 2010.04.10 青海玉树 7.0 |
| | | | 67 | 2010.03.24 西藏聂荣 5.7 |
| | | | 15 | 2010.01.31 四川遂宁 5.0 |
| 5 | 2011.06.15 | 2.8 | 35 | 2011.07.20 吉尔吉斯斯坦 6.3 |
| 6 | 2012.06.22 | 1.4 | 2 | 2012.06.24 云南宁蒗 5.7 |
| | | | 77 | 2012.09.07 云南彝良 5.7 |
| 7 | 2012.10.03 | 1.9 | 118 | 2013.01.29 哈萨克斯坦 6.3 |
| 8 | 2013.03.31 | 2.4 | 113 | 2013.07.22 甘肃岷县漳县 6.6 |
| | | | 173 | 2013.09.20 甘肃肃南 5.1 |
| 9 | 2013.05.04 | 2.3 | 79 | 2013.07.22 甘肃岷县漳县 6.6 |
| | | | 139 | 2013.09.20 甘肃肃南 5.1 |
| 10 | 2013.07.24 | 2.5 | 99 | 2013.10.31 台湾花莲 6.8 |
| | | | 145 | 2013.12.16 湖北巴东 5.1 |
| 11 | 2013.08.05 | 2.7 | 46 | 2013.09.20 甘肃肃南 5.1 |
| | | | 133 | 2013.12.16 湖北巴东 5.1 |
| 12 | 2013.08.07 | 1.9 | 5 | 2013.08.12 西藏左贡 6.1 |
| | | | 44 | 2013.09.20 甘肃肃南 5.1 |
| | | | 131 | 2013.12.16 湖北巴东 5.1 |
| 13 | 2014.11.07 | 1.9 | 68 | 2015.01.14 四川金口河 5.0 |
| | | | 143 | 2015.03.30 贵州剑河 5.5 |
| 14 | 2015.05.05 | 1.4 | 202 | 2015.11.23 青海祁连 5.2 |

| 序号 | 异常日期 | 异常幅度<br>（nT） | 间隔天数 | 对应地震 |
|---|---|---|---|---|
| 15 | 2016.01.18 | 1.6 | 3 | 2016.01.21 青海门源 6.4 |
| 16 | 2016.08.19 | 1.8 | 111 | 2016.12.08 新疆呼图壁 6.2 |
| 17 | 2016.10.05 | 1.7 | 51 | 2016.11.25 新疆阿克陶 6.7 |
| | | | 210 | 2017.05.03 阿富汗 6.3 |
| 18 | 2016.12.11 | 2.3 | 174 | 2017.06.03 内蒙阿左旗 5.0 |
| | | | 240 | 2017.08.08 四川九寨沟 7.0 |
| 19 | 2017.03.14 | 2.3 | 50 | 2017.05.03 阿富汗 6.3 |
| | | | 81 | 2017.06.03 内蒙阿左旗 5.0 |
| | | | 147 | 2017.08.08 四川九寨沟 7.0 |
| | | | 200 | 2017.09.30 四川青川 5.4 |
| 20 | 2018.03.18 | 2.6 | 227 | 2018.10.31 四川西昌 5.1 |
| 21 | 2018.05.15 | 2.1 | 169 | 2018.10.31 四川西昌 5.1 |
| | | | 215 | 2018.12.16 四川兴文 5.7 |

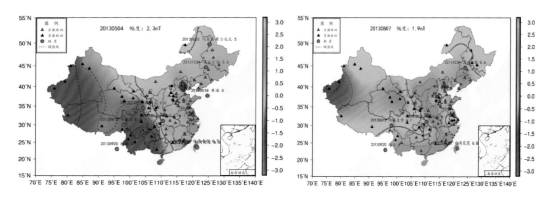

图 3.6 - 9　地磁 $F$ 每日一值一阶差分等值线疑似异常空间分布

## 3.6.5　讨论

地磁场总强度 $F$ 每日一值一阶差分异常现象并不是频发现象，仅占研究总天数的 3%；异常现象发生之后零值线附近确实有满足判据标准的地震发生，报对率为 82%；陆地漏报率远远小于全区漏报率，主要是因为所选地磁台站均在陆地，对陆地指示意义更明确。因此分析认为震前的地震地磁异常信号确实能通过 $F$ 每日一值一阶差分法表现出来。

地磁场总强度 $F$ 每日一值一阶差分是一种中短期预测方法，以 8 个月为异常有效期的发震结果统计发现，异常出现后 6 个月内发震居多，占总报对地震的 73%，但无法做更精确的时间判断。地点上，零值线虽然对未来的震中具有较强的指示意义，地震一般发生在零值线附近 300km 左右，但由于零值线较长，因此需要结合其他前兆手段，才可详细分析地震具体发生在零值线的哪个位置。震级上，由于磁场本身就是存在较小波动，小震产生的磁异常现象在这种波动下会被淹没，难以辨别。因此，此方法所指示地震的震级相对较高，且地震震级与零值线走向和长短没有明显的对应关系。

　　磁场在不同区域的不同步变化或变化量不一致的现象在震前确实存在，说明同一天在外空磁场差别不大的情况下，不同区域磁场的不同步变化极有可能是受到地下磁场局部变化所导致。由于地下电性结构的变化导致产生的感应磁场有所变化，从而叠加在地磁场上，导致 $F$ 每日一值一阶差分出现异常。也可能是异常当日零值线附近有感应电流通过，该电流产生的磁场对零值线两侧磁场产生的影响不一致，从而导致了零值线两侧异常现象出现，而电流的出现亦是地下电性结构变化所致。因此该异常现象亦是震前地下电性结构不同步变化的一种反应。

　　由于地磁场受空间天气的干扰，如磁暴会导致地磁场发生剧烈的扰动现象。虽然磁暴对地磁场的扰动现象在地磁水平分量上表现更为明显，但地磁场每一个分量之间都有着必然的联系。因此，我们还对异常前后两日 Dst 磁暴指数（地磁赤道附近均匀经度间隔的五个地磁台站每小时水平强度变化的平均值）进行了统计分析。结果表明，$F$ 每日一值一阶差分异常现象和磁暴并没有直接的联系，对研究结果无影响，因篇幅较长，文中没有再进行详细列举。

## 3.7　结束语

　　由前面的介绍我们可以发现，地磁低点位移法、地磁逐日比法、地磁加卸载响应比法、地磁垂直分量日变化空间相关法和地磁每日一值差分法都是分析提取的地磁垂直分量日变化出现的反相位变化，其分界线都是反应的集中分布的感应电流，这些方法提取的反相位变化的差异仅仅是其出现的时间、持续时间的长短及变化幅度的大小。如地磁低点位移法、地磁加卸载响应比法和地磁逐日比法的反相位变化都是出现在地方时正午，但地磁低点位移法的反相位持续时间短、幅度小。另外，日变化空间相关法的反相位变化幅度要比地磁低点位移法的大，因为一般情况下前者的相关系数比后者低，说明前者的畸变异常幅度大。关于这一点，我们可以从本手册发现，几个方法的异常日期可能出现在同一天。

　　既然几个方法提取的都是同一类型异常，理论上我们可以直接将一次地震前的各方法异常简单叠加获取地震发生地点信息，但是实际分析研究发现简单叠加不能解决此问题，究其原因可能是各方法获取的分界线与真实的集中分布的感应电流位置之间的误差不一致造成的，即每个方法的分界线与真实电流位置的误差各不相同，这些工作还有待遇今后进一步开展研究。

## 参考文献

陈绍明，1987，地磁日变低点位移分界线的网络分布及其与地震关系的探讨，地震，（5）：35~41，45

陈绍明、解用明、赵英萍等，1997，利用地磁日变低点位移确立地震短临预报指标的方法，地震，（1）：14~24

戴苗、冯志生、刘坚、李德前、魏贵春、申学林，2017，南北地震带地磁加卸载响应比应用研究 [J]，地质科技情报，36（04）：222~227+249

戴勇、冯志生、杨彦明等，2017，2014 年云南盈江 6.1 和鲁甸 6.5 级地震前地磁垂直分量日变化空间相关异常特征 [J]，地震，37（3）：138~147

丁鉴海，1977，地磁预报地震的理论探讨与实践，自然科学争鸣，（5）

丁鉴海，1994，地震地磁学，北京：地震出版社

丁鉴海，2008，地磁日变地震预报方法及其震例研究，北京：地震出版社

丁鉴海、黄雪香，1981，变化磁场及其跨越式预报方法，西北地震学报，（4）：28~33

杜安娜，1998，地磁场总强度空间线性相关在预报武定、丽江强震中的应用及机理 [J]，华南地震，18（3）：308~312

杜安娜、宋若薇，1982，总磁场强度的空间线性相关性及其在地震预报中的应用 [J]，国家地震局分析预报中心编，地震预报专辑（1），北京：地震出版社，169

杜安娜、宋若薇，1982，总磁场强度的空间相关性及唐山地震的异常 [J]，地震科学研究，（3）：50~52

范国华、姚同起、顾左文等，1994，琼州海峡地区地磁变化特征及其分析 [J]，地震学报，（2）：220~226

冯志生、姜慧兰、蒋延林，1996，地磁幅相法中的年变消除及在常熟 $M_S$5.1 地震前兆分析中的应用，地震学刊，（1）：56~60

冯志生、蒋延林，1998a，地磁 Z 分量整点值空间相关法在江苏地区地震预报中的初步应用 [J]，地震学刊，（3）：13~18

冯志生、李琪、李鸿宇等，2009，地磁低点位移线两侧异常变化的反相位现象及其解释，中国地震，25（2）：206~213

冯志生、林云芳、王建宇等，2000a，江苏地磁加卸载响应比的异常标志体系 [J]，地震，21（02）：61~68

冯志生、梅卫萍、张苏平等，2005，FHD 磁力仪 Z 分量分钟值日变化空间相关性的初步应用 [J]，华南地震，25（3）：1~7

冯志生、王建宇，2000b，江苏地区地磁 Z21 测值空间相关异常及其标志体系 [J]，地震地磁观测与研究，21（1）：44~49

冯志生、王建宇、蒋延林等，1998b，地磁 Z 分量幅相法临震标志体系，地震，（2）：102~106

冯志生、王建宇、蒋延林等，2001，地磁垂直分量日变幅逐日比及其与地震关系的探讨，华南地震，21（2）：20~27

冯志生、张苏平、梅卫萍等，2006，基于数字地磁资料的滤波幅相法初步应用研究 [J]，地震，（1）：93~98

贾立峰、乔子云、张国苓等，2017，2013 年辽宁灯塔 M5.1 地震地磁异常变化特征 [J]，地震研究，40（3）：437~443

李鸿宇、袁桂平、王俊菲等，2017，2013 年 7 月 22 日甘肃岷县漳县 6.6 级地震地磁总场 F 空间相关异常分析 [J]，地震工程学报，39（3）：552~556

李鸿宇、朱培育、王维等，2018，2013 年前郭 5.8 级震群的地磁多方法异常分析 [J]，地震研究，41

　（1）：111~117

李伟、龚耀、赵文舟等，2014，地磁加卸载响应比方法在上海及其邻区地震研究中的应用 [J]，地震，34
　（01）：125~133

林美、沈斌，1982，地磁场垂直分量相关分析与地震的对应关系 [J]，地震研究，5（2）：212~219

倪晓寅、胡淑芳、陈莹，2017，地磁垂直分量日变幅逐日比在南北带的运用，大地测量与地球动力学，37
　（增刊Ⅳ）：43~48

祁贵仲、侯作中、范国华等，1981，地震的感应磁效应（二）[J]，地球物理学报，24（3）：296~309

邱桂兰、何跃、王登伟等，2014，地磁 Z 分量分钟值空间相关法在四川地区地震预报中的应用，高原地震，
　（1）：4~10

王桥、黄清华，2016，华北地磁感应矢量时空特征分析 [J]，地球物理学报，59（1）：215~228

王亚丽、李鸿宇、唐廷梅，2005，海西地震前的地磁 Z 分量日变化空间相关异常特征，中国地球物理
　2010——中国地球物理学会第二十六届年会、中国地震学会第十三次学术大会论文集，372

王振东、顾左文、陈斌等，2017，CHAOS-6 模型描述的中国地区地磁长期变化及误差分析 [J]，地震研
　究，40（3）：404~410

王振东、王粲、袁洁浩等，2019，中国及邻近地区地磁长期变化分析 [J]，地震研究，42（1）：103~111

徐常芳，1996，中国大陆地壳上地幔电性结构及地震分布规律（I），地震学报，18（2）：254~261

徐常芳，1998，深部流体在地震孕育和发生过程中的作用，地震，18（增刊）：89~97

徐常芳，2003，中国大陆壳内与上地幔高导层成因及唐山地震机理研究，地学前缘（中国地质大学，北
　京），第 10 卷特刊

徐文耀，2003，地磁学 [M]，北京：地震出版社

徐文耀，2009，地球电磁现象物理学，合肥：中国科学技术大学出版社

尹祥础、陈学忠、宋治平等，1994，加卸载响应比——一种新的地震预报方法，地球物理学报，37（6）：
　767~775

曾小苹、林云芳、续春荣等，1992，1991 年 3 月 26 日大同 5.8 级地震的磁效应初探 [J]，地震地磁观测与
　研究，13（2）：44~52

曾小苹、续春荣、赵明等，1996，地球磁场对太阳风的加卸载响应与地震，地震地磁观测与研究，17
　（1）：49~53

张素琴、胡秀娟、何宇飞等，2015，F 子夜均值逐日差空间异常变化与地震的关系研究 [J]，地震研究，
　38（1）：98~104

张秀霞、孙春仙、陈健等，2008，数字化地磁数据的空间相关分析，地震地磁观测与研究，（6）：139~143

章鑫、冯志生、袁桂平，2019，基于地磁垂直分量反相位现象的地下畸变电流正演计算 [J]，大地测量与
　地球动力学，（6）

赵凌强、詹艳、赵国泽等，2015，基于深部电性结构特征的 2013 年甘肃岷县漳县 $M_S$6.6 地震孕震环境探讨
　[J]，地震地质，37（2）：541~554

中国科学院地球物理研究所第十研究室二组，1977，地震的感应磁效应（一）——三维电磁感应的数值理
　论 [J]，地球物理学报，20（1）：70~80

中国科学院地球物理研究所第十研究室一组，1977，地磁场的空间相关性及其在地震预报中的应用 [J]，
　地球物理学报，20（3）：169~184

朱燕、史勇军、巴克、高祥真、黄建明，2002，新疆地区地磁加卸载响应比方法应用研究 [J]，中国地震，
　18（04）：93~100

朱兆才，1989，空间相关性分析在地磁观测研究中的应用 [J]，地震地磁观测与研究，（5）：44~49

Barsukov O M，1972，Variations of electric resistivity of mountain rocks connected with tectonic causes，Tectonophysics, 14 (3-4): 273-277

Brace W F, Orange A S, 1968, Electrical resistivity changes in saturated rocks during fracture and frictional sliding, Journal of Geophysical Research, 73 (4): 1433-1445

Nagata T, 1972, Application of tectonomagnetism to earthquake phenomena [J], Tectonophysics, 14 (3-4): 263-271

Neska Anne, 2016, Conductivity Anomalies in Central Europe, Surveys in Geophysics [J], 37 (1): 5-26

Nishida Y, 1976, Conductivity anomalies in the southern half of Hokkaido [J], J. Geomag. Geoelectr., Japan, 28: 375-394

Rokityanski I I, 1982, Geoelectromagnetic Investigation of the Earth's Crust and Mantle [M], Berlin. Spnnger-Vedag

Untiedt J, 1970, Conductivity anomalies in central and southern Europe [J], J. Geomag. Geoelectr., 22: 131-149

# 第4章　地震地磁场扰动异常分析方法

## 4.1　概述

对于与地震有关的周期短于几百秒的地电场和地磁场信号，国际上一般称之为电磁波、地震电磁波、电磁信号（Signal）或地震电磁信号、地震电磁辐射，有时也称之为电磁扰动、地震电磁扰动，研究时一般再具体指定波段，如 ULF、VLF、ELF 等。如果仅涉及到电场或磁场，则称之为电场或磁场、电信号或磁信号、电扰动或磁扰动、地电场扰动或地磁场扰动，如希腊 VAN 小组将其观测获得的电场称之为地震电信号（Seismic Electric Signal，缩写 SES）。

但是，通常认为震前产生的电磁信号来源于震源区及其附近区域，信号源距离观测点位只有几十至几百千米，根据电磁场传播理论，周期介于几百秒到几百赫兹的电磁信号波长在 10 万千米到 10km 左右，因此，其观测点位于近场区。在近场区，电场更具有静电场特性，磁场更具有稳恒磁场特性，电场和磁场方向不垂直于信号传播方向，电磁信号并非以电磁波的形式向外辐射，须三个正交分量才能完整描述其变化。为了区别于平面电磁波，通常将其称之为电磁扰动或地震电磁扰动（关华平等，1998）。对于频率高于几百赫兹的地震电磁信号，由于波长较短，其观测点位于辐射区，电磁信号在辐射区以电磁波的形式向外辐射，电场和磁场方向垂直于传播方向，有两组垂直于传播方向的正交分量即可完整描述其变化特征。因此，对于频率高于几百赫兹的地震电磁信号仍称为地震电磁波（姚休义等，2018）。

岩石破裂实验和天然地震前的观测均证实了地震电磁辐射的存在。然而，当前对震磁现象的认识和理解依然十分有限，对震磁现象物理机制方面的研究尚处于探索阶段。不同的学者提出了不同的产生机制，例如感应磁效应、压磁效应、动电效应、热磁效应及微破裂等来解释孕震过程中地震电磁扰动信号的产生（詹志佳等，2000；郝锦绮等，2002；Surkov et al.，2003；杨涛等，2004；黄清华，2004）。通过多年的实验模拟、理论研究和观测积累，动电效应和微破裂机制被认为是上述各种机制中最可能的产生机制（Molchanov and Hayakawa，1995；Merzer and Klemperer，1997；Hunt，2005；Simpson and Taflove，2005；Hu and Gao，2011；Jouniaux and Ishido，2012；Ren et al.，2015）。

目前，用于地震地磁场扰动分析的观测资料有磁通门秒采样资料及感应式磁力仪观测，在地震系统相关频段的感应式磁力仪又被称为地震磁扰动观测仪，如果同时观测相关频段电场资料，又被称为地震电磁扰动观测仪。我国地震系统开展感应式磁力仪观测的时间较短，本章主要讨论利用现有磁通门秒采样资料的异常分析方法。

之前国内一些地震电磁波观测仪观测磁场的仪器事实上是感应式磁力仪，但其一般或者观测分量不齐全，或者没有传输函数，或者高频采样数据被浓缩为分钟采样数据，无法基于电磁理论开展电磁异常信号的产生与传播的定量研究，即使到今天仍有类似仪器在系统内运行。

地震地磁场扰动异常分析方法中，地磁垂直强度极化法和地磁水平分量椭圆极化法有物理基础，并且地磁垂直强度极化法目前已有一定的震例积累，二个极化法有发展前途。

# 4.2 地磁垂直强度极化法

## 4.2.1 方法概述

### 1. 基本原理

地磁垂直强度极化法：

$$Y_{ZH} = \left| \frac{Z(\omega)}{H(\omega)} \right| \tag{4.2-1}$$

$$H(\omega) = \sqrt{H_x^2(\omega) + H_y^2(\omega)} \tag{4.2-2}$$

式中，$Z(\omega)$ 为地磁垂直分量的谱幅度值；$H(\omega)$ 为地磁水平分量全矢量的谱幅度值；$H_x(\omega)$ 为地磁水平分量南北向谱值；$H_y(\omega)$ 为地磁水平分量东西向谱值；$\omega$ 为圆频率。

若需要考虑仪器频率响应，则

$$Z'(\omega) = G_Z(\omega) \cdot Z(\omega) \tag{4.2-3}$$

$$H_x'(\omega) = G_{H_x}(\omega) \cdot H_x(\omega) \tag{4.2-4}$$

$$H_y'(\omega) = G_{H_y}(\omega) \cdot H_y(\omega) \tag{4.2-5}$$

式中，$Z'(\omega)$ 为仪器观测的地磁垂直分量的谱幅度值；$H_x'(\omega)$ 为仪器观测的地磁水平分量南北向谱值；$H_y'(\omega)$ 为仪器观测的地磁水平分量东西向谱；$G(\omega)$ 为仪器频响曲线。

对于磁通门磁力仪，在其观测频段内 $G$ 可以视为 1，但感应式磁力仪观测值需要采用仪器的 $G$ 在频率域进行校正的，且感应式磁力仪 $G(\omega)$ 由磁传感器与记录器的组成，实际使用时取二者的积。另外，需注意 $G$ 的长期稳定性问题。

### 2. 国内外进展

对于频段 $10^2 \mathrm{s}$—$10^2 \mathrm{Hz}$ 磁信号，Molchanov et al.（1995）数值模拟结果表明，在地表观测到的一次源来自地壳内磁信号的垂直分量幅度大于或接近于水平分量幅度，即来自地壳内的磁场垂直分量幅度与水平分量幅度的比值大于或接近于 1。基于电磁感应理论，在地表观测到的一次源来自电离层外空磁信号的垂直分量幅度小于水平分量幅度，即来自电离层的外空磁场垂直分量幅度与水平分量幅度的比值小于 1；Hayakawa et al.（1996）由此发展出了地磁垂直分量与水平分量幅度比值分析方法，该方法可以区分一次源来自电离层外空磁场信号与地壳处的磁场信号，Hayakawa et al.（1996）利用震中距 65km 的日本关岛地磁台磁通门磁力仪观测资料，分析了 1993 年 8 月 8 日关岛 8.0 级地震前后极化值 $Y_{ZH}$ 的变化特征，发现震前 2 个月 0.01~0.05Hz 频段的 $Y_{ZH}$ 逐渐增大，发震时达到最大，震后逐渐恢复。此后的众多震例研究发现了的地震前数天至三个月内会现出高极化值异常特征（Hayakawa et al.，2000；Ismaguilov et al.，2001；Molchanov et al.，2003；Hattori，2004；Prattes et al.，2008）。然而，由趋肤效应可知，对于不同震源深度及不同发震构造的地震而言，震磁扰动频率范围会有所差别，并非所有的震前异常频段都集中在 0.01Hz。因此 Hobara et al.（2004）将极化结果进行了更为精细的频率分段，并分别于 0.02~0.022Hz 和 0.05~0.1Hz 频段提取到了更显著的 1997 年日本关岛 8.0 级地震和 2000 年伊豆震群前极化值异常信号。同时基于波动理论，建立了简单三维异常体模型，通过数值模拟得到与异常极化值相吻合的地震磁扰动信号。

冯志生等（2010）的研究表明，地磁垂直强度极化具有年变化特征，在提取极化高值异常前应予消除，并发现消除年变化后的喀什台极化值高值与其后 2 个月内台站周边地震有很好的对应关系，且大部分地震都发生在 1 个月内。分析还发现极化值异常持续时间一般为 3~5 天，与外空磁场剧烈活动 $K$ 指数没有关系，事实上，当 $K$ 指数为高值时极化值为低值，符合垂直强度极化的预期，即来自电离层的外空磁场一次源的垂直分量幅度与水平分量幅度的比值小。

尽管地磁垂直强度极化法取得了很多成功的震例，但国内外对该方法提取震磁异常信息的可靠性仍存有争议（Masci，2011）。争议点之一在于，由于受到台站观测资料质量和台站布设间距的限制，震前异常通常仅存在于震中距最近的单一台站，在无法排除数据干扰的情况下，异常的可靠性也常被质疑。鉴于此，李琪等（2015）基于在我国滇西北地区建立的小口径台阵观测资料，利用极化法在多个台站均提取到了震前极化异常。震前半个月各台站 $Y_{ZH}$ 均出现了异常高值波动，震前一周恢复正常，且异常幅度随震中距增加逐渐减小，符合地震电磁扰动信号的衰减特征（Huang et al.，1998），极大增加了异常的可信度。争议点之二为，即使选取子夜时间段数据进行研究，也无法排除磁层电流体系的影响，极化值升高很有可能与外源场变化有关。Masci（2011）利用 $K_p$ 指数对极化值进行回归分析，认为极化值与拟合值的差才能真正代表去除外源场影响的极化值变化，并对 Hayakawa et al.（1996，2000）、Gladychev et al.（2001）、Molchanov et al.（2003）、Prattes et al.（2008）等人的研究成果提出了质疑。鉴于此，Currie et al.（2014）系统分析了各频段极化值与 $K_p$ 指数、$AE$ 指数及 SYM-H 指数的相关性。结果表明，各频段极化值与上述各种地磁活动性指数之间的相关系数均低于 0.3，即两者并不相关。我国学者冯志生（2010）、李琪（2015）等也在研究中指出，地磁垂直强度极化值高值与地磁活动性指数并没有较好的相关性，因此 Masci 利用 $K_p$ 指数对极化值进行拟合的做法似乎不太合适，外源场对极化值的影响还需进一步的探索。

### 3. 异常机理

基于地磁学研究结果，一次源来自电离层的磁场信号垂直分量幅度小于水平分量幅度，其比值小于 1，且一般低于 0.5；数值模拟结果表明（Molchanov et al.，1995），一次源来自地壳内频率 1Hz 附近的磁信号垂直分量幅度大于水平分量幅度，其比值大于 1。

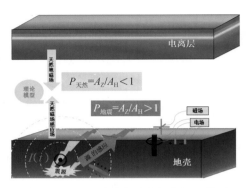

图 4.2–1　地磁垂直强度极化机理模型

因此，该方法可以区分一次源来自电离层或地壳的磁场信号，由于其幅度比反应了磁场强度或能量在垂直方向的分配比例，我们将其简称为地磁垂直强度极化法。由于来自孕震区的电磁辐射为来自地壳的一次源电磁信号，因此该方法可以提取震前孕震区的电磁辐射信号。

### 4. 计算步骤

（1）将磁通门三分量 $Z$、$H_x$ 和 $H_y$ 每天的秒资料分为 96 段，每段 15 分钟。

（2）去倾、加哈明窗、计算傅氏谱。

（3）计算垂直矢量和水平全矢量谱幅度。

（4）计算每天 5~100s 内各频点的极化值的均值，获得 5~100s 极化值的逐日变化序列。

（5）对极化值逐日变化序列富士拟合（数据一般不短于半年），获得周期大于半年的富士拟合变化曲线、残差及其均方差，该富士拟合变化曲线为极化值的年变化曲线。

（6）以傅氏拟合变化曲线+二倍残差均方差阈值为，剔除 5~100s 频段内各频点极化值低于阈值的极化值，获得高于阈值的极化值日均值。

（7）对高于阈值的极化值日均值逐日变化序列进行傅氏拟合，获得周期大于半年的傅氏拟合变化曲线及其残差，该残差为剔除年变化的极化值。

（8）对残差曲线进行 5 日滑动滤除短期噪声，高于 2 倍均方差则视为异常（序列持续时间一般为一年）。

（9）归一化处理：用 5 日滑动残差曲线减均值，并除以 2 倍方差，此时，2 倍均方差上限为"+1"。

（10）置零处理：对归一化的残差曲线减 1，此时高于"0"高值异常即为高于 2 倍方差的高值异常，称其为归一置零极化值。

（11）以异常台站最多的一天作为异常日，绘制异常日所有台站的归一置零极化值空间等值线图。

（12）若符合成组异常条件，则对一组内的多次异常进行叠加后再绘制异常空间等值线图。

注：（9）和（10）为绘制等值线准备工作。

## 4.2.2　指标体系

### 1. 判据指标

归一置零极化值大于"0"（实际为高于 2 倍均方差），并同时满足以下条件时则视为 1 次异常：

（1）异常持续 3 天以上。

（2）全国 1/5 以上台站出现同步高值异常（几十千米范围内的台阵只计一个台）。

（3）归一置零极化值高于 0.2 的面积大于 $6 \times 10^4 \text{km}^2$。

（4）个月以内同区域连续出现 2 次以上异常且过程中未发生 6 级以上强震则视为同一组异常。

（5）强震后 40 天内出现且该强震震中或附近有异常的异常为震后效应。

### 2. 预测规则

发震时间：单次异常结束后 1 年以内，或 1 组异常的第一次异常结束后 1 年以内，优势发震时间为 6 个月内。

发震地点：归一置零极化值高于 0.2 的区域内。

发震强度：全国台站异常台站占比 20%～60% 一般对应 6～6.9 级震级，异常台占比超过 60% 对应 7 级以上强震。

### 3. 取消规则

（1）超过预测期取消。

（2）预测期内发生预期地震后对应异常区取消。

### 4. 预测效能

表 4.2 - 1　中国地区垂直极化异常预报效能统计结果

| 震级范围 | 异常总数 | 地震总数 | 对应地震异常总数 | 异常报对率 | 报对地震总数 | 地震漏报率 |
|---|---|---|---|---|---|---|
| ≥6.0 | 20 | 14 | 12 | 65% | 13 | 14% |

注：此处异常总数指有效异常区个数

### 5. 异常信度

A 类异常。

## 4.2.3　指标依据

### 1. 资料概况

研究区域：整个中国大陆地区。

　　研究时间：2015 年 1 月至 2018 年 12 月。该方法需要利用地磁秒采样观测资料进行计算，考虑到中国地磁台网秒采样观测在 2014 年以前台站分布较为稀疏，我们只分析 2015 年以后的资料。

　　台站选择：依据研究需求，并参考中国地磁台网有关地磁观测质量评比结果，选取中国大陆质量较好的 71 个地磁（磁通门）观测台站秒采样资料进行研究，台站个数有可能随时间产生波动。

　　地震选取：选取 2015 年 1 月至 2018 年 12 月中国大陆西部（东经 105°以西）6 级以上、周边 7 级以上强震。

　　异常信息见表 4.2 - 2。

表 4.2 - 2　中国大陆 2015 ~ 2018 年地磁垂直强度极化异常

| 序号 | 异常出现时间 | 异常持续时间（天） | 异常台站最多日（异常日） | 异常台站数 | 总台数 | 异常台占比 | 最大异常幅度 |
|---|---|---|---|---|---|---|---|
| 1 | 2015.01.16 | 6 | 2015.01.18 | 38 | 53 | 71.70% | 0.73 |
| 2 | 2015.02.09 | 9 | 2015.02.13 | 22 | 54 | 40.74% | 0.52 |
| 3 | 2015.07.17 | 5 | 2015.07.18 | 20 | 52 | 38.46% | 0.44 |
| 4 | 2015.09.26 | 5 | 2015.09.29 | 14 | 58 | 24.14% | 0.94 |
| 5 | 2015.11.18 | 11 | 2015.11.23 | 39 | 58 | 67.24% | 0.80 |
| 6 | 2016.01.27 | 8 | 2016.01.30 | 34 | 66 | 51.52% | 0.76 |
| 7 | 2016.08.14 | 9 | 2016.08.17 | 29 | 64 | 45.31% | 1.25 |
| 8 | 2016.09.11 | 9 | 2016.09.15 | 33 | 63 | 52.38% | 0.86 |
| 9 | 2016.12.01 | 6 | 2016.12.02 | 27 | 62 | 43.55% | 0.78 |
| 10 | 2017.01.13 | 5 | 2017.01.13 | 13 | 63 | 20.63% | 0.41 |
| 11 | 2017.02.13 | 5 | 2017.02.14 | 14 | 62 | 22.58% | 0.49 |
| 12 | 2017.03.11 | 9 | 2017.03.18 | 29 | 64 | 45.31% | 0.59 |
| 13 | 2017.08.24 | 6 | 2017.08.28 | 31 | 65 | 47.69% | 0.88 |
| 14 | 2017.10.29 | 6 | 2017.10.31 | 19 | 64 | 29.69% | 0.65 |
| 15 | 2018.04.16 | 3 | 2018.04.17 | 20 | 69 | 28.99% | 0.62 |
| 16 | 2018.06.10 | 6 | 2018.06.12 | 29 | 66 | 43.94% | 0.54 |

**2. 指标依据**

1）判据指标

　　通过对全国 2015 ~ 2018 年磁通门秒采样资料的地磁垂直强度极化计算分析发现：①每年平均出现 4 次左右全国台站异常台占比大于 20% 的异常，异常台占比大于 20% 和异常台站相对集中分布的异常对应 6 级以上地震概率高；②异常台占比小于 20%、持续时间仅有 1~2 天和异常台站相对分散的异常对应地震概率低。因此我们舍弃了异常台占比小于 20%，且持续时间仅有 1~2 天的异常。

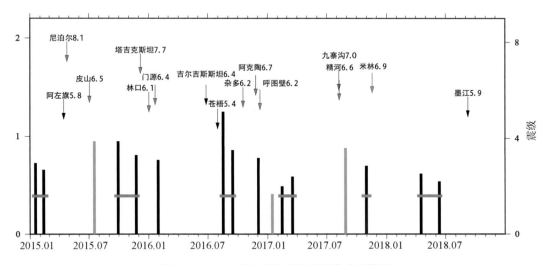

图 4.2 - 2　地磁垂直强度极化异常成组特征
黑色竖线为有效异常；灰色竖线为震后效应

对东部 4.5 级以上西部 5 级以上地震梳理发现，很难总结其异常特征；结合以往研究经验，异常面积越大震级越高，因此将震级调高到 6 级以上。

如果短期内出现多次异常，后续常发生 6 级以上地震（包括边界附近的 7 级以上）；结合以往研究经验，将时间间隔小于 2 个月以内异常、且期间未发生目标强震的多次异常认为是 1 组异常。

研究发现，强震发生后数十天内，震中附近区域也有可能再出现异常，依以往震例此类异常称为震后效应，震后效应不纳入其后异常分析。因此对于强震发生后 40 天内出现的异常，若震中位于归一置零极化值高于 0.2 的异常区及其附近区域，则认定为震后效应。

2）发震时间

根据以往震例研究结果，地磁垂直强度极化异常是短临异常，目标地震应发生在异常出现后几天至数十天之内，但我们的研究发现，异常之后数月异常区都有地震发生（表 4.2 - 2），表明该异常不一定是短临异常，统计发现将垂直强度极化异常的发震时间判定标准定为 6 个月较合理。

3）震中位置

根据表 4.2 - 3，震中异常值在 -0.82 至 0.72 之间。6 级以上地震震中异常值大于 0 的占 92%，仅阿克陶地震震中位于负值区。在震中异常值大于 0 的 13 个震例中，大于 0.2 的占 54%，0.1~0.2 的占 30.7%。为了得到最高的预报效能，将高于 0.2 的异常区及其附近地区确定为可能发震地区。

表 4.2-3　地磁垂直强度极化异常与后续强地震相关信息表

| 序号 | 异常日期 | 异常台占比 | 异常编号 | 震级 | 震中参考地名 | 发震时间 | 震中异常值 | 异常提前时间（天） | 是否报对 |
|---|---|---|---|---|---|---|---|---|---|
| 1 | 2015.01.18 | 71.70% | 1 | 5.8 | 内蒙阿左旗 | 2015.04.15 | 0.30 | 87/61 | 是 |
| | | | | 8.1 | 尼泊尔 | 2015.04.25 | 0.28 | 97/71 | 是 |
| 2 | 2015.02.13 | 40.74% | | 6.5 | 新疆皮山 | 2015.07.03 | 0.52 | 166/140 | 是 |
| 3 | 2015.07.18 | 38.46% | 2 | 6.5 | 新疆皮山 | 2015.07.03 | 0.18 | -15 | 震后效应 |
| 4 | 2015.09.29 | 24.14% | 3 | 7.4 | 塔吉克斯坦 | 2015.12.07 | 0.52 | 69/14 | 是 |
| 5 | 2015.11.23 | 67.24% | | 6.4 | 青海门源 | 2016.01.21 | 0.14 | 114/59 | 是 |
| 6 | 2016.01.30 | 51.52% | 4 | 6.7 | 吉尔吉斯坦 | 2016.06.26 | 0.72 | 148 | 是 |
| | | | | 5.4 | 广西苍梧 | 2016.07.31 | 0.18 | 183 | 是 |
| 7 | 2016.08.17 | 45.31% | 5 | 6.2 | 青海杂多 | 2016.10.17 | 0.12 | 61/30 | 是 |
| | | | | 6.7 | 新疆阿克陶 | 2016.11.25 | -0.82 | 100/71 | 否 |
| 8 | 2016.09.15 | 52.38% | | 6.2 | 新疆呼图壁 | 2016.12.08 | 0.41 | 113/84 | 是 |
| 9 | 2016.12.02 | 43.55% | 6 | 6.2 | 新疆呼图壁 | 2016.12.08 | 0.25 | 7 | 是 |
| 10 | 2017.01.13 | 20.63% | 7 | 6.2 | 新疆呼图壁 | 2016.12.08 | 0.19 | -37 | 震后效应 |
| 11 | 2017.02.14 | 22.58% | 8 | 7.0 | 四川九寨沟 | 2017.08.08 | 0.06 | 175/143 | 是 |
| 12 | 2017.03.18 | 45.31% | | 6.6 | 新疆精河 | 2017.08.09 | 0.39 | 176/144 | 是 |
| 13 | 2017.08.28 | 47.69% | 9 | 6.6 | 新疆精河 | 2017.08.09 | 0.4 | -19 | 震后效应 |
| 14 | 2017.10.31 | 29.69% | 10 | 6.9 | 西藏米林 | 2017.11.18 | 0 | 18 | 否 |
| 15 | 2018.04.17 | 28.99% | 11 | 5.9 | 云南墨江 | 2018.09.08 | -0.1 | 144/88 | 是 |
| 16 | 2018.06.12 | 43.94% | | | | | | | |

　　根据表 4.2-4，对应地震的异常面积最小为 63860km$^2$（地震所在异常区的面积），因此舍弃面积小于 6 万平方千米的异常区。

　　4）地震强度

　　依据表 4.2-3 并只考虑半年内的地震，我们绘制了图 4.2-3，其中一次地震前有多次异常的，以异常台站占比高的异常为准，一次异常后有多次地震的以震级高的为准，由图 4.2-3 我们分析发现，尽管异常判据规定只需全国 20% 台站出现异常即可判定异常成立，但由图 4.2-4 发现 6 级以上地震前会出现异常台站占比 40% 以上的异常，即：全国台站异常台站占比 40%~60% 一般对应 6~6.9 级震级，异常台占比超过 60% 对应 7 级以上强震。

　　依据表 4.2-4 并只考虑半年内的地震，我们绘制了图 4.2-4 和图 4.2-5，由图 4.2-4 和图 4.2-5 我们分析发现，不论是单次异常面积还是异常总面积均与震级有近似正比关系，异常面积越大，对应震级可能越大，与全国异常台站占比有类似关系。

表 4.2－4　异常区面积统计表

| 序号 | 异常区编号 | 日期 | 震后异常（提前天数） | 对应半年内地震 | 对应一年内地震 | 异常区面积① (10⁴km²) | 异常区总面积② (10⁴km²) |
|---|---|---|---|---|---|---|---|
| 1 | 1－1 | | 无 | 无 | 2016.01.21 门源 6.4 | 31.5 | 313 |
| 2 | 1－2 | 2015.01.18 | 无 | 无 | 无 | 14.5 | |
| 3 | 1－3 | 2015.02.13 | 无 | 2015.04.15 阿左旗 5.8 | 无 | 15.6 | |
| 4 | 1－4 | | 无 | 2015.07.03 皮山 6.5 2015.04.25 尼泊尔 8.1 | 无 | 251.6 | |
| 5 | 2－1 | 2015.07.18 | 2015.07.03 皮山 6.5（15） | 2015.12.07 塔吉克斯坦 7.4 | 无 | 13 | 13.8 |
| 6 | 2－2 | | 无 | 无 | 无 | 7.6 | |
| 7 | 3－1 | 2015.09.29 | 无 | 2016.01.21 门源 6.4 | 无 | 20 | 144 |
| 8 | 3－2 | 2015.11.23 | 无 | 2015.12.07 塔吉克斯坦 7.4 | 无 | 123.7 | |
| 9 | 4－1 | | 无 | 2016.07.31 广西苍梧 5.4 | 无 | 67.2 | 84.7 |
| 10 | 4－2 | 2016.01.30 | 2015.12.07 塔吉克斯坦 7.4（54） | 2016.06.26 吉尔吉斯斯坦 6.7 | 2016.11.25 阿克陶 6.7 | 17.5 | |
| 11 | 5－1 | 2016.08.17 | 无 | 2016.12.08 呼图壁 6.2 | 2017.08.09 精河 6.6 | 24.1 | 82.2 |
| 12 | 5－2 | 2016.09.15 | 无 | 2016.10.17 杂多 6.2 | 无 | 58 | |
| 13 | 6－1 | | 2016.10.17 杂多 6.3（44） | 无 | 2017.11.18 米林 6.9 | 53.4 | 80.8 |
| 14 | 6－2 | 2016.12.02 | 无 | 2016.12.08 呼图壁 6.2 | 2017.08.09 精河 6.6 | 18.2 | |
| 15 | 6－3 | | 无 | 无 | 无 | 9.2 | |
| 16 | 7－1 | 2017.01.13 | 2016.12.08 呼图壁 6.2（34） | 无 | 2017.08.09 精河 6.6 | 47.2 | 47.15 |

续表

| 序号 | 异常区 编号 | 异常区 日期 | 震后异常（提前天数） | 对应半年内地震 | 对应一年内地震 | 异常区面积①（10⁴km²） | 异常区总面积②（10⁴km²） |
|---|---|---|---|---|---|---|---|
| 17 | 8-1 | 2017.02.14 | 无 | 2017.08.09 精河 6.6 | 无 | 41.6 | |
| 18 | 8-2 | 2017.03.18 | 无 | 2017.08.08 九寨沟 7.0 | 无 | 30.5 | 84.4 |
| 19 | 8-3 | | 无 | 无 | 无 | 12.3 | |
| 20 | 9-1 | 2017.08.28 | 2017.08.09 精河 6.6 (20) | 无 | 无 | 39.5 | 39.5 |
| 21 | 10-1 | 2017.10.31 | 无 | 无 | 无 | 8.5 | |
| 22 | 10-2 | | 2017.08.08 九寨沟 7.0 (83) | 无 | 无 | 7.6 | 16.1 |
| 23 | 11-1 | 2018.04.17 | 无 | 无 | 2019.04.24 墨脱 6.3 | 26 | |
| 24 | 11-2 | 2018.06.12 | 无 | 2018.09.08 墨江 5.9 | 无 | 6.3 | 32.4 |

注：①地震所在异常区的面积。
　　②一次异常的多个异常区面积之和。

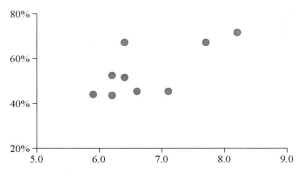

图 4.2-3　全国台站异常台占比与最大震级的统计关系

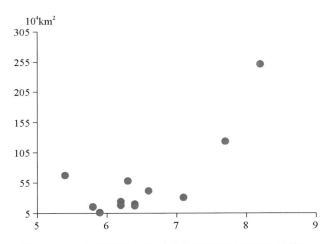

图 4.2-4　地震所在异常区异常面积与对应震级的关系

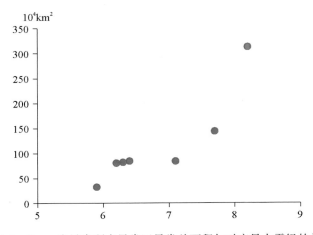

图 4.2-5　一次异常所有异常区异常总面积与对应最大震级的关系

## 4.2.4　异常与震例

### 1. 异常概述

2015 年 1 月 1 日至 2018 年 12 月 31 日，中国大陆共出现地磁垂直强度极化异常 16 次，基于组合规则叠加后在 110°E 以西地区共有 24 个异常区，现分别阐述这些异常与地震的关系。由于东部地区无 6 级以上强震发生，因此此处仅讨论该方法在 110°E 以西区域的应用情况。

### 2. 有震异常

（1）2015 年 1、2 月异常。

2015 年 1 月中旬和 2 月上旬，全国范围内连续出现 2 次大范围异常。2015 年 1 月异常高值区域主要位于青藏高原和东北地区；2015 年 2 月异常高值区域主要位于新疆和西藏地区。2 次异常的间隔时间在 2 个月以内，且高值区（图中红色区域）有较大范围的重叠，因此判定为 1 组异常。2 次异常叠加后，在 110°E 以西高于 0.2 的异常区共有 4 个，在第一次异常结束后 3 个月在 1-3 号异常区内发生了阿左旗 5.8 级地震；10 天后 2015 年 4 月 25 日发生了尼泊尔 8.1 级地震，震中位于中国与尼泊尔交界地区，我国境内临近震中的地区为大面积高值异常区，其预测区域范围见图 4.2-6（1-4 预测区）；第一次异常结束后 5 个半月发生了新疆皮山 6.5 级地震，震中同样位于 1-4 预测区内。

1-1 和 1-2 号异常区在后续半年内均无强震发生，但约不到一年后的 2016 年 1 月 21 日门源 6.4 级地震位于 1-1 号异常区内，发震时间距离第一次异常出现一年。2015 年 3 月 1 日在 1-2 号区以西的云南临沧市沧源县发生 5.5 级地震。

（2）2015 年 7 月异常。

2015 年 7 月 18 日，在皮山 6.5 级地震发生后 15 天出现了 1 次异常（2-1 号），此次异常区域面积较小，且主要位于皮山 6.5 级地震震中附近，符合震后效应异常特征，因此初步判定为皮山地震震后效应异常，但分析发现它可能还与其后的 2015 年 12 月 7 日发生了塔吉克斯坦 7.4 级地震有关，该地震距离该异常约 5 个月 20 天。2-2 号应该与其后 2016 年 1 月 21 日青海门源 6.4 级地震有关。

（3）2015 年 9、11 月异常。

2015 年 9 月底以及 11 月底出现 2 次全国性异常。9 月底高值异常区在新疆地区和川陕甘交界地区；11 月底高值异常区分布十分广泛，除西藏、云南至四川，华南地区以及内蒙部分地区以外，中国大陆其他地区均为高值异常区。以上 2 次异常区域重叠面积大，判定为 1 组异常，叠加后的异常主要位于新疆地区和甘青川交界地区。第一次异常出现后第 2 个月在 3-2 号异常区发生 2015 年 12 月 7 日塔吉克斯坦 7.4 级地震，第 3 个月在 3-1 号异常区发生 2016 年 1 月 21 日青海门源 6.4 级地震。

（4）2016 年 1 月异常。

2016 年 1 月 30 日，在门源地震发生后数天出现 1 次异常，共有 2 个异常区，分别位于新疆西部以及广西、贵州地区，此次异常没有成组现象。2016 年 6 月 26 日，在距中国边境 18km 的吉尔吉斯斯坦境内发生 6.7 级地震，震中位于 4-2 号异常区。此次地震震级虽达不

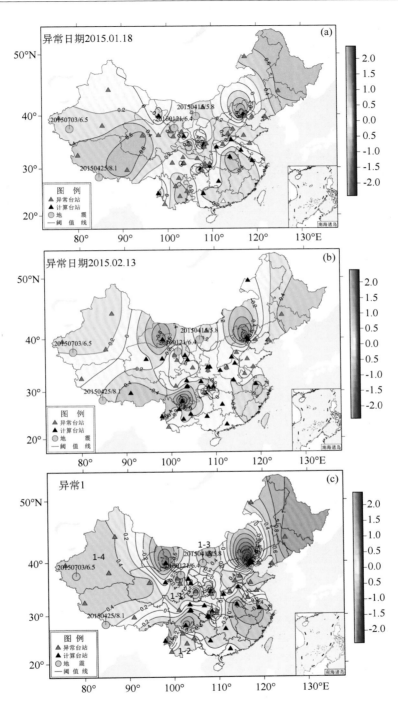

图 4.2-6　2015 年 1 月和 2 月 2 次地磁垂直强度极化异常及其叠加图
(a) 2015 年 1 月 18 日地磁垂直强度极化异常空间分布图；
(b) 2015 年 2 月 13 日地磁垂直强度极化异常空间分布图；
(c) 2015 年 1 月和 2 月 2 次地磁垂直强度极化异常叠加空间分布图

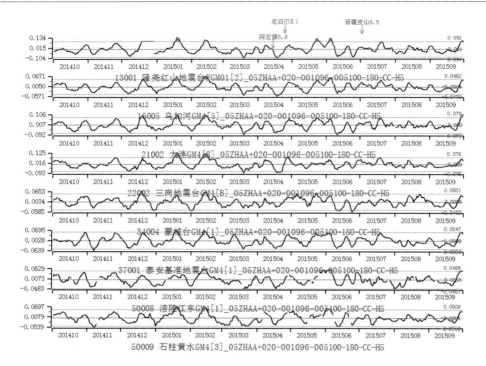

图 4.2-7　2015 年 1 月主要异常台站时序曲线

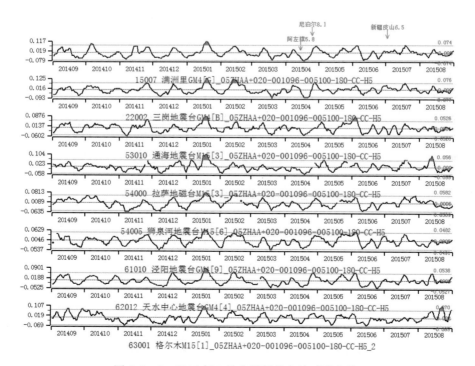

图 4.2-8　2015 年 2 月主要异常台站时序曲线

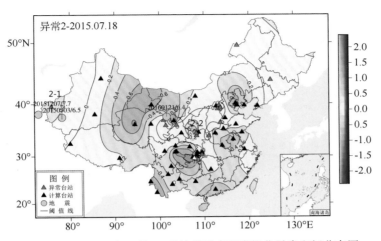

图 4.2 - 9　2015 年 7 月 18 日地磁垂直强度极化异常空间分布图

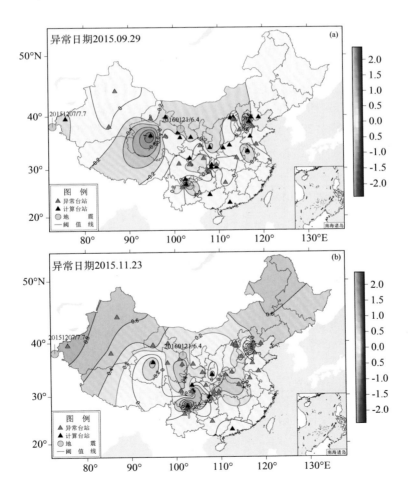

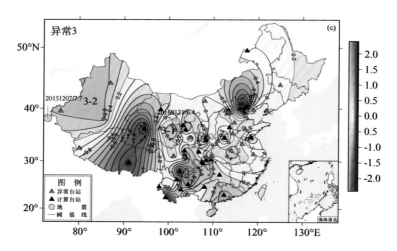

图 4.2 - 10　2015 年 9、11 月 2 次地磁垂直强度极化异常及其空间分布图

(a) 2015 年 9 月 29 日地磁垂直强度极化异常空间分布图；

(b) 2015 年 11 月 23 日地磁垂直强度极化异常空间分布图；

(c) 2015 年 9 月和 11 月地磁垂直强度极化异常叠加图

到"境外 7 级"的标准，但其离边界很近（约 18km）且震级在 6 级以上，因此将其纳入了统计。2016 年 7 月 31 日广西苍梧发生 5.4 级地震，这是华南地区近 20 年以来的最大地震，震中位于 4-1 异常区边缘。2016 年 11 月 25 日阿克陶 6.7 级地震震中也位于 4-2 异常区内，但时间超过了半年，达到 10 个月左右。

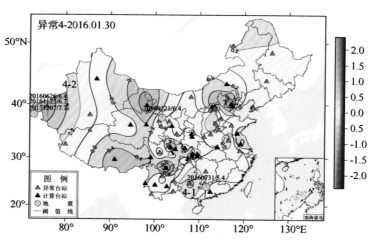

图 4.2 - 11　2016 年 1 月地磁垂直强度极化异常空间分布图

（5）2016 年 8、9 月异常。

2016 年 8 月中旬、9 月中旬连续出现 2 次异常。其中 8 月中旬高值异常区主要分布在中国大陆西北部地区；9 月中旬异常区呈现较为明显的分区特征，其中新疆地区形成一个相对独立的异常区。2 次异常时间相近，空间存在大范围重叠，因此判定为 1 组异常，2 次异常叠加后形成 2 个异常区。

第一次异常出现后第 2 个月在 5-2 号异常区发生 2016 年 10 月 17 日杂多 6.2 级地震，第 4 个月在 5-1 号异常区发生 2016 年 12 月 8 日呼图壁 6.2 级地震。2016 年 11 月 25 日阿克陶地震虽然发生在此次异常预报的有效期内，但其震中附近未出现高值异常区，因此该地震属漏报地震。

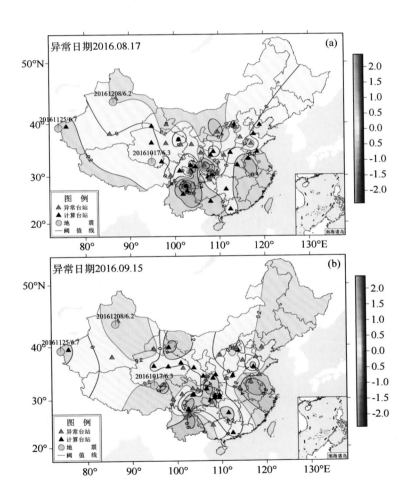

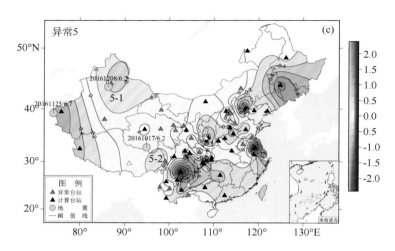

图 4.2 - 12　2016 年 8 月、9 月 2 次地磁垂直强度极化异常及其空间分布图

（a）2016 年 8 月 17 日地磁垂直强度极化异常空间分布图；

（b）2016 年 9 月 15 日地磁垂直强度极化异常空间分布图；

（c）2016 年 8 月和 9 月地磁垂直强度极化异常叠加图

（6）2016 年 12 月异常。

2016 年 12 月初出现 1 次异常，异常分为 2 个异常区，该异常开始后 5 天在 6-2 号异常区发生 12 月 8 日新疆呼图壁 6.2 级地震，2017 年 8 月 9 日精河地震也位于 6-2 异常区该地震距异常出现超过半年时间达为 8 个月。6-1 号异常区之前 1 个多月发生 2016 年 10 月 17 日杂多 6.2 级地震，6-1 号异常为杂多地震的震后效应，2017 年 8 月 8 日九寨沟 7.0 级地震震中位于 6-1 异常区边缘，但该地震距异常出现 9 个月，2017 年 11 月 18 日米林 6.9 级地震震中也位于 6-1 异常区边缘，但该地震距异常出现接近 1 年。

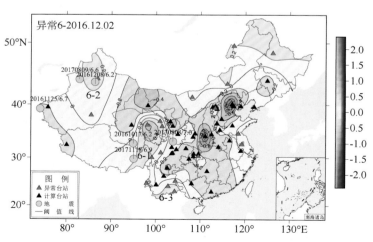

图 4.2 - 13　2016 年 12 月地磁垂直强度极化异常空间分布图

（7）2017 年 1 月异常。

2017 年 1 月 15 日，在 2016 年 12 月 8 日呼图壁 6.2 级地震后 37 天出现 1 次异常，异常区紧邻呼图壁地震震中，因此将此次异常判定为呼图壁地震的震后异常，其实它可能还与其后半年多一点的 2017 年 8 月 9 日精河 6.6 级地震有关。

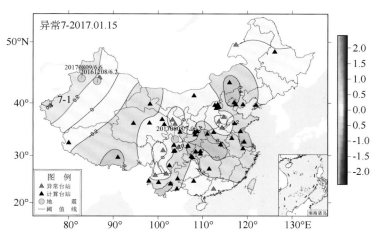

图 4.2－14　2017 年 1 月 15 日地磁垂直强度极化异常空间分布图

（8）2017 年 2、3 月异常。

2017 年 2、3 月连续出现 2 次异常。根据 2 次异常等值线图，高值异常重复出现在新疆北部（8-1）、南北地震带北段至中段地区（8-2），以及滇南地区（8-3）。在 2 月份异常出现后 6 个月，中国大陆连发 2 次 6 级以上强震，分别是 2017 年 8 月 8 日四川九寨沟 7.0 级地震以及 8 月 9 日新疆精河 6.6 级地震，震中分别位于 8-2 号异常区和 8-1 号异常区。但滇南地区（8-3）异常其后半年没有 6 级以上地震。

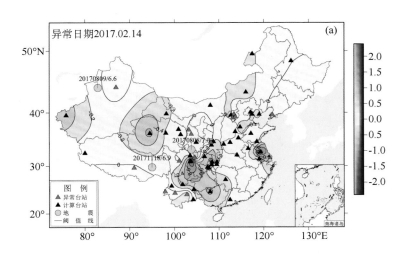

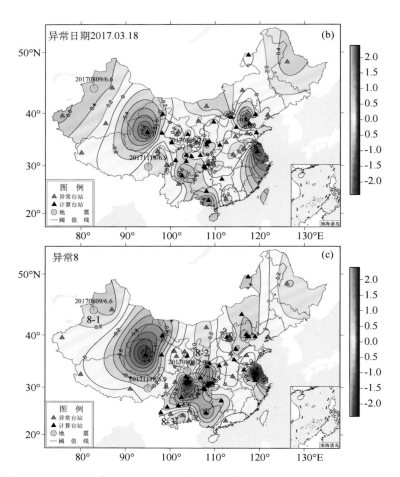

图 4.2 - 15　2017 年 2 月、3 月 2 次地磁垂直强度极化异常及其空间分布图
（a）2017 年 2 月 14 日地磁垂直强度极化异常空间分布图；
（b）2017 年 3 月 18 日地磁垂直强度极化异常空间分布图；
（c）2017 年 2 月和 3 月地磁垂直强度极化异常叠加图

（9）2017 年 8 月异常。

2017 年 8 月 28 日，在 2017 年 8 月 8 日九寨沟 7.0 级地震和 8 月 9 日精河 6.6 级地震后约 20 天出现 1 次异常，主要位于 2 个地震震中及附近，精河地震震中附近相对明显，将此次异常判定为上述两次地震的震后效应。

（10）2017 年 10 月异常。

2017 年 10 月底出现 1 次异常，2 个高于 0.2 以上的异常区面积不大，分别位于新疆和甘陕交界地区。2017 年 11 月 18 日西藏米林发生 6.9 级地震，该地震虽然在此次异常的预报时间段内，但震中不在上述高值异常区内。因此，此次异常判定为虚报异常，米林地震判定为漏报地震。

　　然而，值得注意的是，米林地震震中周围确实存在高于 0 的异常，估计可能因为震中周围台站十分稀疏，目前绘制的空间分布图无法准确描述其真实的异常区域范围。

　　此外，九寨沟地震震中位于 10-2 异常区附近，发震时间为异常出现前 84 天，该异常区有可能是九寨沟地震产生的震后效应。

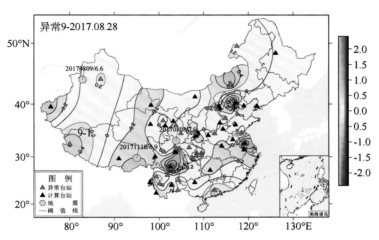

图 4.2 - 16　2017 年 8 月 28 日地磁垂直强度极化异常空间分布图

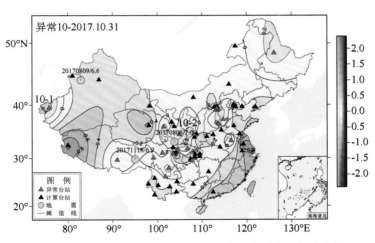

图 4.2 - 17　2017 年 10 月地磁垂直强度极化异常空间分布图

　　（11）2018 年 4、6 月异常。

　　2018 年 4 月中旬与 6 月中旬出现 2 次全国性异常，其后半年内中国大陆未发生 6 级以上强震，但 2018 年 9 月 8 日云南墨江发生了 5.9 级地震，震中位于 11-2 号异常区边缘。

　　2019 年 4 月 24 日西藏墨脱 6.3 级地震震中位于 11-1 异常区西南，其震中虽不在异常区内，且时间也超过了半年达 1 年，但由于该地区缺少观测台，不能完全排除此次异常与墨脱地震有关。

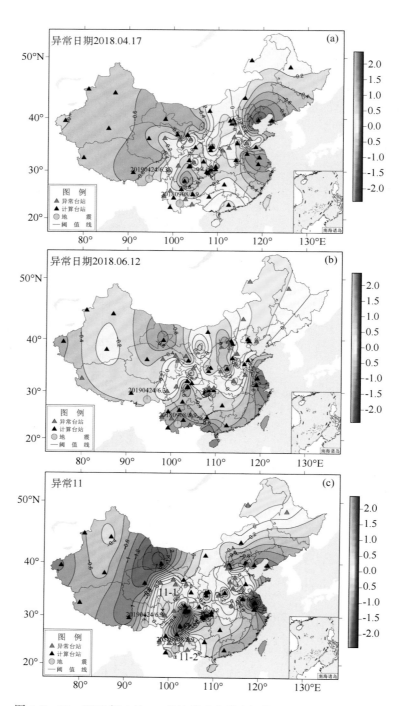

图 4.2 - 18　2018 年 4 月、6 月地磁垂直强度极化异常及其空间分布图

（a）2018 年 4 月 17 日地磁垂直强度极化异常空间分布图；

（b）2018 年 6 月 12 日地磁垂直强度极化异常空间分布图；

（c）2018 年 4 月和 6 月地磁垂直强度极化异常叠加图

**3. 虚报异常**

2015 年 1 月和 2 月 2 次地磁垂直强度极化异常叠加后（图 4.2 - 19）的 1-1 和 1-2 号异常区在后续半年内均无强震发生，但约不到一年后的 2016 年 1 月 21 日门源 6.4 级地震位于1-1 号异常区内，发震时间距离第一次异常出现一年，2015 年 3 月 1 日在 1-2 号区以西的云南临沧市沧源县发生 5.5 级地震。

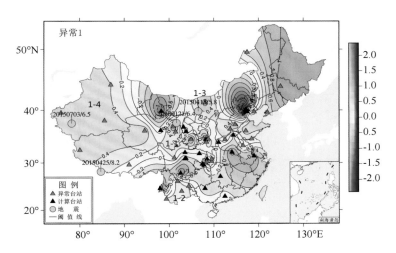

图 4.2 - 19　2015 年 1 月和 2 月 2 次地磁垂直强度极化异常叠加空间分布图

2016 年 12 月初出现 1 次异常，异常分为 2 个异常区（图 4.2 - 20），6-1 号异常区之前1 个多月发生 2016 年 10 月 17 日杂多 6.2 级地震，6-1 号异常为杂多地震的震后效应，2017年 8 月 8 日九寨沟 7.0 级地震震中位于 6-1 异常区边缘，但该地震距异常出现 9 个月，2017年 11 月 18 日米林 6.9 级地震震中也位于 6-1 异常区边缘，但该地震距异常出现接近 1 年。6-3 号异常后半年内也没有 6 级以上地震。

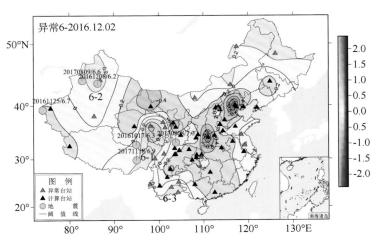

图 4.2 - 20　2016 年 12 月地磁垂直强度极化异常空间分布图

2017 年 2、3 月连续出现 2 次异常。其叠加后的滇南地区（8-3）区其后半年没有 6 级以上地震。

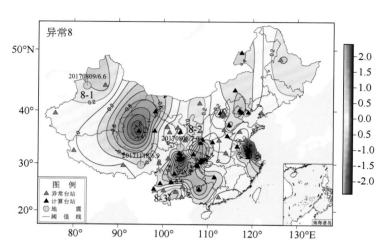

图 4.2-21 2017 年 2 月和 3 月地磁垂直强度极化异常叠加图

2017 年 8 月 28 日，在 2017 年 8 月 8 日九寨沟 7.0 级地震和 8 月 9 日精河 6.6 级地震后约 20 天出现 1 次异常，主要位于 2 个地震震中及附近，精河地震震中附近相对明显，将此次（图 4.2-22，9-1）异常判定为上述两次地震的震后效应。

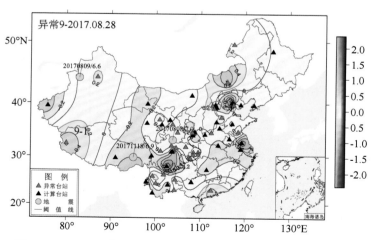

图 4.2-22 2017 年 8 月 28 日地磁垂直强度极化异常空间分布图

2017 年 10 月底出现 1 次异常，2 个高于 0.2 以上的异常区面积不大，分别位于新疆（图 4.2-23，10-1）和甘陕交界地区（图 4.2-23，10-2）。2017 年 11 月 18 日西藏米林发生 6.9 级地震，该地震虽然在此次异常的预报时间段内，但震中不在上述高值异常区内。因此，此次异常 2 个异常区判定为虚报异常，米林地震判定为漏报地震。值得注意的是，米林地震震中周围确实存在高于 0 的异常，估计可能因为震中周围台站十分稀疏，目前绘制的空间分布图无法准确描述其真实的异常区域范围。

此外，九寨沟地震震中位于 10-2 异常区附近，发震时间为异常出现前 84 天，该异常区有可能是九寨沟地震产生的震后效应。

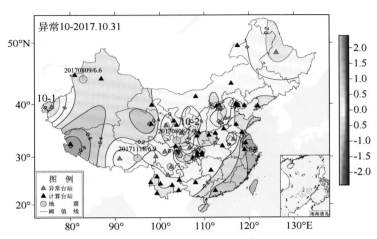

图 4.2-23　2017 年 10 月地磁垂直强度极化异常空间分布图

2018 年 4 月中旬与 6 月中旬出现 2 次全国性异常（图 4.2-24），2019 年 4 月 24 日西藏墨脱 6.3 级地震震中位于 11-1 异常区西南，其震中虽不在异常区内，且时间也超过了半年达 1 年，但由于该地区缺少观测台，不能完全排除此次异常与墨脱地震有关。

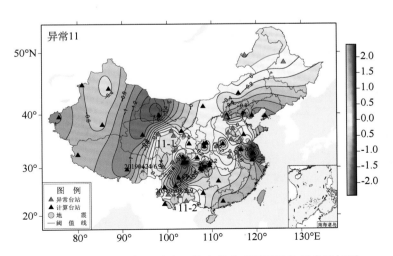

图 4.2-24　2018 年 4 月和 6 月地磁垂直强度极化异常叠加图

### 4.2.5　小结

根据表 4.2 - 3 及表 4.2 - 4，共 24 个异常区中，震后效应（仅统计 40 天以内）引起的异常区有 3 个，半年内对应地震的有 13 个，异常前 40 天至异常后半年均未发生地震的异常区有 8 个。

2015~2018 年中国大陆内部 110°E 以西地区共发生 6 级以上地震 8 次，边界地区发生 7 级以上强震 2 次，此外，震例总结中还考虑了紧邻国界的吉尔吉斯斯坦 6.7 级地震，以及内蒙阿左旗 5.8 级、广西苍梧 5.4 级、云南墨江 5.9 级地震，以上共 14 次应报地震。异常出现后半年内异常区（除去震后 40 天内出现异常的区域）附近及内部发生的强震即视为报对地震，仅阿克陶地震为漏报，报对地震共计 13 次。与清单测试内容相比，增加了吉尔吉斯斯坦 6.7 级和内蒙阿左旗 5.8 级地震 2 次地震。

地磁垂直强度极化法为同时进行时间和空间预测的方法，其 $R$ 值评分计算公式为：

$$R = \frac{\text{报对的地震次数}}{\text{地震总次数}} - \frac{\text{预报占用时间}}{\text{预报研究的总时间}} \times \frac{\text{预报空间网格数}}{\text{总的空间网格数}}$$

$$= \frac{n_1^1}{N_1} - \frac{\sum\limits_{i=1}^{m} \Delta T_i \Delta S_i}{TS} \tag{4.2 - 6}$$

式中，$N_1$ 为应报地震总次数；$n_1^1$ 为报对地震的次数；$T$ 为预报研究总时间；$S$ 为预报研究总面积；$\Delta T_i$ 为第 $i$ 次预报的时间长度，$\Delta S_i$ 为第 $i$ 次预报的面积；$m$ 为预报总次数。

根据公式（4.2 - 6）计算 2015~2018 年地磁垂直强度极化法的 $R$ 值评分，最终计算结果为：$R = 0.824$，$R_0 = 0.286$，$R > R_0$，表明该方法预测效能通过置信度 97.5% 的显著性检验。

上述结果与清单测试结果有较大的差别，主要是因为增加了吉尔吉斯斯坦 6.7 级和内蒙阿左旗 5.8 级地震 2 个地震，可能导致 $R$ 值评分计算结果有所差异。

从清单测试结果与上述结果不难看出，异常对后续半年内的强震有重要的指示意义。

对于之前 3 个月内，异常区及附近发生过强震的异常，我们称为震后效应。事实上，震后效应一般出现在震后 40 天左右。仅九寨沟地震后 3 个月左右震中附近仍然存在异常。但因是孤例，本手册中仍将判定震后效应的时间定为 40 天。

对于异常后半年至 1 年内异常区及附近发生强震的异常，目前震例还较少。且就目前震例总结结果来看，延长预测时间对提高虚报率影响不大，因此本手册中仍将预测时间定为异常出现后 6 个月。实际操作时仍按半年进行预测，如异常区没有发生预期地震可以继续坚持半年。

同一个异常区有可能在异常前 3 个月至异常后 1 年内发生多次强震，因此，当 1 次异常存在多个异常区时，需要对每个异常区进行独立分析。并且，当异常面积较大时，一个异常区即使发生 1 次预期地震后，其后仍有可能再次发生地震，因此，不能因为发生了一次地震即取消该异常，应继续坚持到半年。

## 4.3　结束语

地磁垂直强度极化法是近 2 年才开始在全国范围内进行计算分析，并尝试应用于地震预报的数学方法。就目前的震例来看，地磁垂直强度极化异常出现后 6 个月内中国大陆及周边常发生 6 级以上强震，强震震中位于归一置零极化值在 0.2 以上的高值异常区。该方法的优点在于对中国大陆 6 级以上强震的发生及其震中位置具有较强的指示意义。

但在实际震情判定应用过程中，还存在一些问题。该方法计算得到的异常通常为全国性超大范围异常，虽然提高阈值可以缩小目标地震的震中位置，但其范围仍较为宽泛。对于震后短期内发生的异常，在判断其是否为震后效应时，其标准尚不能完全定量化，并且部分震例显示其后似乎仍有地震，仍需震例积累。一次异常的多个异常区可能是由不同区域引起的，需要根据实际情况区分异常区性质（震后效应或是震前异常）。部分震例显示，极化异常有可能在震前半年至一年就已经出现，但这一现象并不普遍，若要进一步明确极化异常出现后目标地震发生的时间，还需要在未来较长时间内不断总结完善。在震例总结过程中还发现，东北地区出现异常的频率远高于其他地区，因此建议谨慎使用地磁垂直强度极化方法判定东北地区强震震情。

因所使用的数据资料积累时间短，震例不多，目前该方法尚未在地震预测中得到充分地应用，对异常的认识仍然不足。随着时间和资料的积累，判据指标及预测规则将得到进一步完善，相信能够在今后的震情判定，特别是中、短期强震危险性判定中发挥重要作用。

### 参考文献

冯志生、李琪、卢军、李鸿宇、居海华，2010，基于磁通门秒数据的 ULF 磁场可靠信息提取，华南地震，30（2）：1~7

关华平、陈智勇，1998，地震电磁扰动场磁电分量综合信息的研究，地震，（S1）：58~64

郝锦绮、冯锐、周建国、钱书清、高金田，2002，岩石破裂过程中电阻率变化机理的探讨，地球物理学报，45（3）：426~435，doi：10.3321/j.issn：0001-5733.2002.03.014

黄清华，2004，电磁学手法在地震研究中的应用，石油地球物理勘探，（S1）：75~79+84~169

李琪、杨星、蔡绍平，2015，极化方法应用于地磁台阵的震例分析，震灾防御技术，10（2）：412~417

杨涛、刘庆生、付媛媛、李西京，2004，震磁效应研究及进展，地震地磁观测与研究，25（6）：63~71

姚休义、冯志生，2018，地震磁扰动分析方法研究进展，地球物理学进展，33（2）：0511~0520

詹志佳、高金田、赵从利、沈文志，2000，构造磁学及其预测地震研究，地震，20（S）：126~134，doi：10.3969/j.issn.1000-3274.2000.z1.022

Currie J L，Waters C L，2014，On the use of geomagnetic indices and ULF waves for earthquake precursor signatures，J. Geophys. Res.，119（2）：992-1003，doi：10.1002/2013JA019530

Gladychev V，Baransky L，Schekotov A，Fedorov E，Noda Y，2001，Study of electromagnetic emissions associated with seismic activity in Kamchatka region，Nat. Hazards Earth Syst. Sci.，1（3）：127-136，doi：10.5194/nhess-1-127-2001

Hattori K，2004，ULF geomagnetic changes associated with large earthquakes，Terr Atmos Ocean Sci，15（3）：329-360

Hayakawa M，Itoh T，Hattori K，Yumoto K，2000，ULF electromagnetic precursors for an earthquake at Biak，

Indonesia on February 17, 1996, Geophys Res Lett, 27 (10): 1531-1534

Hayakawa M, Kawate R, Molchanov O A, Yumoto K, 1996, Results of ultra-low-frequency magnetic field measurements during the Guam earthquake of 8 August 1993, Geophys. Res. Lett. , 23 (3): 241-244

Hobara Y, Koons H C, Roeder J L et al. , 2004, Characteristics of ULF magnetic anomaly before earthquakes, Physics and Chemistry of the Earth, Parts A/B/C, 29 (49): 437-444, doi: 10. 1016/j. pce. 2003. 12. 005

Hu H S, Gao Y X, 2011, Electromagnetic field generated by a finite fault due to electrokinetic effect, J. Geophys. Res. , 116 (B8): B08302, doi: 10. 1029 /2010JB007958

Huang Q H, Ikeya M, 1998, Seismic electromagnetic signals (SE) explained by a simulation experiment using electromagnetic waves, Physics of the Earth and Planetary Interiors, 109 (3-4): 107-114, doi: 10. 1016/ S0031 -9201 (98) 00135-6

Hunt A G, 2005, Comment on "Modeling low-frequency magnetic-field precursors to the Loma Prieta earthquake with a precursory increase in fault-zone conductivity", by Merzer M and Klemperer S L, Pure and Applied Geophysics, 162 (12): 2573-2575, doi: 10. 1007/s00024-005-2776-6

Ismaguilov V S, Kopytenko Y A, Hattori K, Voronov P M, Molchanov O A, Hayakawa M, 2001, ULF magnetic emissions connected with under sea bottom earthquakes, Nat. Hazards Earth Syst. Sci. , 1 (1-2): 23-31, doi: 10. 5194 /nhess-1-23-2001

Jouniaux L, Ishido T, 2012, Electrokinetics in earth sciences: A tutorial, Int. J. Geophys. , 286107, doi: 10. 1155/2012/286107

Masci F, 2011, On the seismogenic increase of the ratio of the ULF geomagnetic field components. Physics of the Earth and Planetary Interiors, 187 (1-2): 19-32, doi: 10. 1016/j. pepi. 2011. 05. 001

Merzer M, Klemperer S L, 1997, Modeling low-frequency magnetic-field precursors to the Loma Prieta earthquake with a precursory increase in fault-zone conductivity, Pure and Applied Geophysics, 150 (2): 217-248

Molchanov O A, Schekotov A, Fedorov E, 2003, Presismic ULF electromagnetic effect from observation at Kamchatka, Nat. Hazards Earth Syst. Sci, 3 (314): 203-209

Molchanov O A; Hayakawa M; Rafalsky V A, 1995, Penetration characteristics of electromagnetic emissions from an underground seismic, source into the atmosphere, ionosphere and magnetosphere, J. Geophys. Res. , 100, 1691-1712

Prattes G, Schwingenschuh K, Eichelberger H U, Magnes W, Boudjada M, Stachel M, 2008, Multi-point ground-based ULF magnetic field observations in Europe during seismic active periods in 2004 and 2005, Nat. Hazard Earth Syst. Sci, 3 (8): 501-507

Ren H X, Wen J, Huang Q H, Chen X, 2015, Electrokinetic effect combined with surface charge assumption: A possible generation mechanism of coseismic EM signals, Geophys. J. Int. , 200 (2): 835 – 848, doi: 10. 1093/gji/ggu435

Simpson J J, Taflove A, 2005, Electrokinetic effect of the Loma Prieta earthquake calculated by an entire-Earth FDTD solution of Maxwell's equations, Geophys. Res. Lett. , 32 (9): L09302, doi: 10. 1029/2005GL022601

Surkov V V, Molchanov O A, Hayakawa M, 2003, Pre-earthquake ULF electromagnetic perturbations as a result of inductive seismomagnetic phenomena during microfracturing, Journal of Atmospheric and Solar-Terrestrial Physics, 65 (1): 31-46, doi: 10. 1016/S1364-6826 (02) 00117-7

# 第5章 地震直流视电阻率异常分析方法

## 5.1 概述

自1966年河北邢台7.2级地震开始，我国将物探电法勘探中的直流电阻率观测方法引入到地震监测，用以监测固定范围内介质电阻率随时间的变化，并称之为地电阻率。由于观测分析对象为视电阻率，所以比较确切的名称应该是地震直流视电阻率（简称直流视电阻率）。直流视电阻率观测采用对称四级装置，装置极距和观测位置固定不变。通常在地表布设两个正交方向的测道，或两个正交方向再加一个斜交方向共计三个测道（图5.1-1），供电极距AB通常在1km左右。为消除测量电极M、N之间的自然电位差，采用正反向供电的方式。观测仪器最初采用DDC-2电子自动补偿仪，经"十五"数字化升级后，采用中国地震局研制的ZD8B系列地电仪，测量电位差分辨力为0.01mV，每小时观测一次。在不考虑台站背景噪声的情况下，可分辨约万分之几的直流视电阻率变化。观测系统具有长期稳定性，在背景噪声较低的台站观测精度优于3‰。

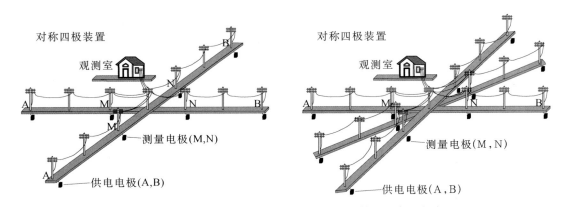

图5.1-1 定点直流视电阻率台站对称四级装置的布极方式

地震直流视电阻率观测虽然源于物探电法勘探中的电阻率勘探方法，二者都是采用相同装置观测地下介质电阻率，但二者仍有很大的区别。物探电法是探测地下介质电性结构随空间的变化，观测装置在空间上是移动而不是固定的。地震直流视电阻率则是监测固定范围内地下介质电阻率随时间的变化，观测装置的空间位置固定不变，且对观测结果的长期稳定性要求很高。正是由于这种差异，二者对观测技术和资料处理方法的要求差别比较大。

## 5.2　干扰处理

直流视电阻率物理含义直观，与孕震应力应变过程的机理联系清晰，观测数据具有相对稳定的背景变化，无需采用信号处理方法或其他复杂的数学运算即可获得与地震孕育和发生有关的地震异常。对于直流视电阻率干扰分析，一般是通过异常现场核实找出潜在干扰源，结合台站实际电性结构建立物理模型进行定性分析和定量计算，判定原始观测数据异常变化的原因，进而排除干扰变化。

在观测系统正常稳定情况下，观测数据中的干扰一般可归结为三类：①观测系统偶然误差产生的突跳干扰，直接予以删除即可；②各类电流源产生的干扰，如工农业漏电，需现场核实排查；③电性结构改变产生的干扰，如测区金属导线和局部电性异常体，也需现场核实排查。

漏电干扰的形态和幅度主要受电流性质和漏电点与观测装置的相对位置控制（金安忠等，1990）。在漏电强度较大且稳定的情况下，表现为阶跃变化；漏电电流强度不稳定时，观测数据在阶跃变化基础出现高频扰动，或无阶跃变化的高频扰动。局部电性结构改变（含金属管线）对观测的影响与干扰源相对观测装置的位置有关（汪志亮等，2002），干扰性质受测区介质对观测的三维影响系数分布控制。在浅层介质影响系数为正的区域，高阻异常体将引起直流视电阻率上升变化，低阻异常体则引起直流视电阻率下降变化，而在影响系数为负的区域，情况则相反；金属导线作为特殊的电性异常体也服从这种规律（Lu et al.，2004；解滔等，2015）。在地表干扰源固定时，干扰源对直流视电阻率的影响不是固定不变的，而是随着测区介质电阻率的改变而发生变化（解滔等，2016）。在表层介质电阻率降低时，干扰幅度增大，在表层介质电阻率升高时，干扰幅度减小。对于具有正常年变形态的测道，金属导线和低阻异常体位于影响系数为正的区域时（测量电极之间和供电电极之外的区域），会引起直流视电阻率观测值下降变化，对年变幅度具有放大作用；位于供电电极和测量电极之间影响系数为负的区域时，则会引起直流视电阻率上升变化，对年变幅度具有减小作。高阻异常体的干扰特征与低阻异常体相反，位于影响系数为正的区域时引起直流视电阻率上升变化，对年变幅度具有减小作用，位于影响系数为负的区域时引起直流视电阻率下降变化，对年变幅度具有放大作用。对于具有反常年变形态的测道，干扰源对观测资料的静态干扰特征和正常年变测道相同，而干扰幅度动态变化对年变化的影响与正常年变测道相反。

## 5.3　形态法

### 5.3.1　方法概述

**1. 基本原理**

1）幅度阈值

直流视电阻率异常通常表现为在正常背景变化基础上，出现年尺度下降或上升变化。以

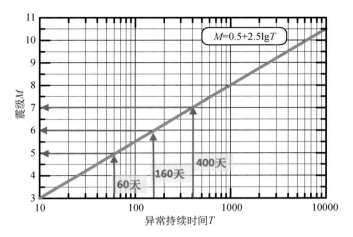

图 5.3－6　直流视电阻率异常持续时间与震级关系

3）发震时间

采用异常演化阶段与发震概率的统计关系（图 5.3－7）对发震时间进行预测，异常发生转折变化或出现加速、原始曲线或相对均方差观测出现高频扰动，则预测时间为 3 个月。

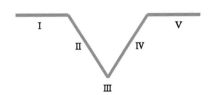

图 5.3－7　直流视电阻率异常演化阶段

## 4. 预报效能

1）7 级以上地震预测效能

1968 年以来中国大陆发生浅源 7 级以上地震 21 次，其中 13 次发生在台网覆盖范围内（表 5.3－1），11 次地震前出现直流视电阻率异常（表 5.3－2）。

### 表 5.3-1　1968 年以来中国大陆浅源 7 级以上地震

| | 序号 | 发震时间 | 经度<br>(°E) | 纬度<br>(°N) | 震级<br>$M_S$ | 参考地点 |
|---|---|---|---|---|---|---|
| 发生在观测台网控制<br>能力范围内的地震 | 1 | 1969.07.18 | 119.40 | 38.20 | 7.4 | 渤海 |
| | 2 | 1970.01.05 | 102.68 | 24.20 | 7.8 | 通海 |
| | 3 | 1973.02.06 | 100.70 | 31.30 | 7.6 | 炉霍 |
| | 4 | 1974.05.11 | 104.10 | 28.20 | 7.1 | 大关 |
| | 5 | 1975.02.04 | 122.72 | 40.73 | 7.3 | 海城 |
| | 6 | 1976.05.29 | 99.00 | 24.50 | 7.3 | 龙陵 |
| | 7 | 1976.07.28 | 118.18 | 39.63 | 7.8 | 唐山 |
| | 8 | 1976.08.16 | 104.10 | 32.60 | 7.2 | 松潘、平武 |
| | 9 | 1988.11.06 | 99.79 | 22.92 | 7.6 | 澜沧、耿马 |
| | 10 | 1990.04.26 | 100.33 | 36.06 | 7.0 | 共和 |
| | 11 | 2008.05.12 | 103.40 | 30.95 | 8.0 | 汶川 |
| | 12 | 2013.04.20 | 102.99 | 30.30 | 7.0 | 芦山 |
| | 13 | 2017.08.08 | 103.82 | 33.20 | 7.0 | 九寨沟 |
| 发生在观测台网<br>之外的地震 | 1 | 1973.07.14 | 86.50 | 35.10 | 7.3 | 亦基台错 |
| | 2 | 1974.07.05 | 94.20 | 45.00 | 7.1 | 巴里坤 |
| | 3 | 1996.11.19 | 78.50 | 35.60 | 7.1 | 昆仑山 |
| | 4 | 1996.02.03 | 100.30 | 27.20 | 7.0 | 丽江 |
| | 5 | 2001.11.14 | 90.90 | 36.40 | 8.1 | 昆仑山口西 |
| | 6 | 2008.03.21 | 81.43 | 35.77 | 7.3 | 于田 |
| | 7 | 2010.04.14 | 96.59 | 33.22 | 7.3 | 玉树 |
| | 8 | 2014.02.12 | 82.51 | 36.14 | 7.3 | 于田 |

### 表 5.3-2　7 级以上地震前的直流视电阻率异常

| 序号 | 地震时间 | 震中地点 | 震级 $M_S$ | 异常台站 |
|---|---|---|---|---|
| 1 | 1973 | 炉霍 | 7.9 | 甘孜、康定、松潘、雅安 |
| 2 | 1974 | 永善 | 7.1 | 西昌、会理、米易 |
| 3 | 1975 | 海城 | 7.3 | 台安、昌黎、唐山、宝坻 |
| 4 | 1976 | 唐山 | 7.8 | 唐山、马家沟、昌黎、宝坻、塘沽、青光、马坊、<br>通州、小汤山、忠兴庄、八里桥 |
| 5 | 1976 | 松潘-平武 | 7.2 | 武都、松潘 |

续表

| 序号 | 地震时间 | 震中地点 | 震级 $M_S$ | 异常台站 |
|---|---|---|---|---|
| 6 | 1976 | 龙陵 | 7.3，7.4 | 楚雄、康定 |
| 7 | 1988 | 澜沧-耿马 | 7.6 | 腾冲、通海 |
| 8 | 1990 | 共和 | 7.0 | 武都、武威、通渭 |
| 9 | 2008 | 汶川 | 8.0 | 成都、江油、甘孜 |
| 10 | 2013 | 芦山 | 7.0 | 成都、天水 |
| 11 | 2017 | 九寨沟 | 7.0 | 天水 |

2）南北地震带 6 级以上地震预测效能检验

选取 2006～2018 年南北地震带 $M_S$6.0 以上地震对直流视电阻率预测效能进行检验。台站震例选取：6 级地震 150km，7 级地震 200km，8 级地震 300km，发生在台站观测时段和预测空间范围内地震共计 7 个。符合震级-震中距范围共计 12 个台站，其中拦隆口和临夏台观测数据质量较低，红格和腾冲台在 2014 年鲁甸和盈江地震之前一年进行改造，无法跟踪异常。这 4 个台站无法进行评估，因此，参与效能评估的台站共计 8 个。

8 个参与评估的台站中，对于 $M_S$6.0 以上地震，$R$ 大于 0.4 的台站有 7 个，比例为 7/8 ＝88%，$R$ 大于 $R_0$ 的台站 4 个，比例为 4/8＝50%（表 5.3－3）。

表 5.3－3 2006～2018 年南北带预测效能评估汇总表

| 序号 | 台站 | 观测时段 | 异常时段 | 对应地震 | 漏报地震 | 预测时长 | $R$ 值 | $R_0$ |
|---|---|---|---|---|---|---|---|---|
| 1 | 成都 | 2006.01～2018.12 | 2006.10～2008.05<br>2012.08～2014.04 | 汶川 $M_S$8.0<br>芦山 $M_S$7.0 | 无 | 2 年 | 0.85 | 0.84 |
| 2 | 江油 | 2006.01～2009.10<br>2014～01～2018.12 | 2006.10～2008.05 | 汶川 $M_S$8.0 | 九寨沟 $M_S$7.0 | 1 年 | 0.42 | 0.49 |
| 3 | 武都 | 2006.01～2018.12 | 2006.10～2008.05 | 汶川 $M_S$8.0 | 九寨沟 $M_S$7.0 | 1 年 | 0.42 | 0.49 |
| 4 | 天水 | 2006.01～2018.12 | 2013.03～2013.05<br>2017.05～2017.08 | 岷县漳县 $M_S$6.6<br>九寨沟 $M_S$7.0 | 无 | 6 个月 | 0.96 | 0.84 |
| 5 | 元谋 | 2006.01～2018.12 | 2008.06～2009.09 | 姚安 $M_S$6.1 | 攀枝花 $M_S$6.1 | 1 年 | 0.42 | 0.49 |
| 6 | 通渭 | 2006.01～2013.12 | 2012.10～2013.08 | 岷县漳县 $M_S$6.6 | | 4 个月 | 0.974 | 0.97 |
| 7 | 山丹 | 2006.01～2018.12 | 2015.01～2015.10 | 门源 $M_S$6.4 | | 4 个月 | 0.974 | 0.97 |
| 8 | 金银滩 | 2014.06～2018.12 | 无 | 无 | 门源 $M_S$6.4 | 无 | 0 | |
| 9 | 临夏 | 2006.01～2018.12 | 数据质量差 | 无 | 无 | 无 | Null | |
| 10 | 拦隆口 | 2014.06～2018.12 | 数据质量差 | 无 | 无 | 无 | Null | |

续表

| 序号 | 台站 | 观测时段 | 异常时段 | 对应地震 | 漏报地震 | 预测时长 | R 值 | $R_0$ |
|------|------|----------|----------|----------|----------|----------|------|------|
| 11 | 红格 | 2014.01~2018.12 | 地震前改造 | 无 | | 无 | Null | |
| 12 | 腾冲 | 2006.01~2012.12<br>2014.01~2018.12 | 地震前改造 | 无 | | 无 | Null | |

3）异常与地震的对应比例

按上述异常标准统计 1968~2015 年全国直流视电阻率异常，共 557 个台年、902 个测道年出现了异常，分别占台年、测道年总数的 30% 和 23%。对应地震的异常所占比例仅占 38.1%，而 61.9% 的异常不对应地震（称为"无震异常"）。

### 5.3.3　指标依据

**1. 资料概况**

1）研究区域

针对中国大陆、大区域性等大空间区域的同步、似同步发生的直流视电阻率趋势转折/加速变化、1 年尺度下降/上升异常，进行了时间域和空间域的异常统计；时间域按年统计，空间区域分中国大陆和大华北、西南和西北地区。

2）研究时间

1968~2015 年，其中 1968~1997 年资料总结完成于"九五"攻关报告（杜学彬，2008）。

3）台站选择

全国直流视电阻率台站（表 5.3－4）。按台、测道逐年分别统计异常台数、测道数占当年台总数、测道总数的比例，统计时扣除装置系统等引起的变化。

表5.3－4　全国直流视电阻率台站观测资料时段和资料长度

| 序号 | 台名 | 资料起至时间 | 经度<br>（°E） | 纬度<br>（°N） | 测道数 | 资料长度<br>（月） | 资料长度<br>（年） |
|------|------|--------------|---------------|---------------|--------|-------------------|-------------------|
| 1 | 绥化 | 1980.01~2015.12 | 127.01 | 46.62 | 2 | 864 | 72 |
| 2 | 榆树 | 1995.01~2015.12 | 118.23 | 33.47 | 2 | 504 | 42 |
| 3 | 白城 | 2002.07~2015.12 | 122.55 | 45.54 | 2 | 324 | 28 |
| 4 | 四平 | 1984.01~2015.12 | 124.39 | 43.18 | 2 | 768 | 64 |
| 5 | 台安 | 1986.01~2015.12 | 122.42 | 41.40 | 3 | 1080 | 90 |
| 6 | 新城子 | 1990.01~2015.12 | 123.52 | 42.06 | 2 | 624 | 52 |
| 7 | 昌图 | 1980.01~1990.12<br>2004.01~2007.06 | 124.11 | 42.77 | 2 | 496 | 41 |

续表

| 序号 | 台名 | 资料起至时间 | 经度（°E） | 纬度（°N） | 测道数 | 资料长度（月） | 资料长度（年） |
|---|---|---|---|---|---|---|---|
| 8 | 义县 | 1990.01～2012.12 | 121.25 | 41.55 | 2 | 552 | 46 |
| 9 | 平谷 | 1971.06～2015.12 | 117.14 | 40.12 | 2 | 1070 | 90 |
| 10 | 延庆 | 2003.01～2015.12 | 115.93 | 40.42 | 2 | 312 | 26 |
| 11 | 通州 | 1971.01～2015.12 | 116.88 | 39.82 | 2 | 1080 | 90 |
| 12 | 黄村 | 1980.01～1997.12 | 116.33 | 39.74 | 2 | 432 | 36 |
| 13 | 马坊 | 1971.07～1998.06 | 117.01 | 40.05 | 2 | 648 | 56 |
| 14 | 张庄 | 1970.01～1985.12<br>1991.01～1998.06 | 115.85 | 40.48 | 2 | 562 | 46 |
| 15 | 宝坻 | 1970.01～2015.12 | 117.28 | 39.73 | 2 | 1104 | 92 |
| 16 | 塘沽 | 1970.01～1978.12<br>1990.01～2015.12 | 117.58 | 39.08 | 2 | 1080 | 90 |
| 17 | 乌加河 | 1977.01～2015.12 | 108 | 41.30 | 2 | 936 | 78 |
| 18 | 呼和浩特 | 1976.01～2002.12<br>2003.01～2007.06 | 111.6 | 40.80 | 2 | 804 | 67 |
| 19 | 翁牛特旗 | 1991.01～2015.12 | 119.02 | 42.98 | 3 | 900 | 75 |
| 20 | 黄子洞 | 1974.01～2003.12 | 114.49 | 23.70 | 2 | 720 | 60 |
| 21 | 青光 | 2003.01～2015.12 | 11.83 | 38.55 | 3 | 468 | 39 |
| 22 | 长治 | 1981.01～1987.12 | 113.11 | 36.16 | 2 | 168 | 14 |
| 23 | 代县 | 1982.01～2015.12 | 112.97 | 39.03 | 2 | 816 | 68 |
| 24 | 阳原 | 1977.01～2015.12 | 114.18 | 40.11 | 2 | 936 | 78 |
| 25 | 昌黎 | 1969.08～2015.12 | 119.03 | 39.70 | 2 | 1114 | 94 |
| 26 | 大柏舍 | 1968.02～2015.12 | 114.77 | 37.32 | 2 | 1150 | 96 |
| 27 | 邢台 | 1973.01～1978.12 | 114.49 | 37.05 | 2 | 144 | 12 |
| 28 | 兴济 | 1991.01～2015.12 | 116.9 | 38.47 | 2 | 600 | 50 |
| 29 | 郑州 | 1974.01～2002.08 | 113.62 | 34.77 | 2 | 688 | 58 |
| 30 | 洛阳 | 1979.02～2015.12 | 112.4 | 34.70 | 2 | 886 | 74 |
| 31 | 周口 | 1986.01～2015.12 | 114.7 | 33.60 | 2 | 720 | 60 |
| 32 | 昌邑 | 1970.09～2007.06 | 119.38 | 36.85 | 2 | 884 | 76 |
| 33 | 荷泽 | 2003.01～2015.12 | 115.47 | 35.24 | 2 | 312 | 26 |
| 34 | 临汾 | 1979.08～2015.12 | 111.41 | 36.11 | 2 | 874 | 74 |

续表

| 序号 | 台名 | 资料起至时间 | 经度（°E） | 纬度（°N） | 测道数 | 资料长度（月） | 资料长度（年） |
|---|---|---|---|---|---|---|---|
| 35 | 太原 | 1976.01~2007.06 | 112.5 | 37.70 | 2 | 756 | 64 |
| 36 | 大同 | 1986.01~2015.12 | 113.14 | 40.24 | 2 | 720 | 60 |
| 37 | 南京 | 1978.08~2015.12 | 118.84 | 32.07 | 2 | 898 | 76 |
| 38 | 高邮 | 1976.09~2015.12 | 119.45 | 32.77 | 2 | 944 | 80 |
| 39 | 新沂 | 1980.02~2015.12 | 118.35 | 34.38 | 3 | 1293 | 108 |
| 40 | 海安 | 1989.01~2015.12 | 120.45 | 32.56 | 1 | 324 | 27 |
| 41 | 江宁 | 2004.04~2015.12 | 118.84 | 31.94 | 2 | 282 | 24 |
| 42 | 合肥 | 1974.08~2015.12 | 117.31 | 31.91 | 3 | 1491 | 126 |
| 43 | 霍山 | 1974.03~1991.12 | 116.34 | 31.41 | 2 | 428 | 36 |
| 44 | 嘉山 | 1974.01~2015.12 | 118.01 | 32.81 | 2 | 1008 | 84 |
| 45 | 蒙城 | 1982.01~2015.12 | 116.56 | 33.30 | 2 | 816 | 68 |
| 46 | 郯城 | 2003.01~2015.12 | 118.51 | 34.81 | 2 | 312 | 26 |
| 47 | 莆田 | 1979.01~1992.10 | 119 | 25.43 | 2 | 314 | 28 |
| 48 | 福州 | 1986.01~1993.12 | 119.31 | 26.11 | 2 | 192 | 16 |
| 49 | 腾冲 | 1980.05~2015.12 | 98.5 | 25.05 | 2 | 856 | 72 |
| 50 | 元谋 | 1980.03~2015.12 | 101.9 | 25.70 | 2 | 860 | 72 |
| 51 | 通海 | 1976.03~1997.12 | 105.27 | 35.20 | 2 | 524 | 44 |
| 52 | 甘孜 | 1971.06~2015.12 | 100 | 31.70 | 1 | 535 | 45 |
| 53 | 冕宁 | 1988.05~2015.12 | 102.2 | 28.60 | 3 | 996 | 84 |
| 54 | 雅安 | 1975.01~1982.12 | 102.79 | 30.04 | 2 | 192 | 16 |
| 55 | 成都 | 1975.01~2015.12 | 103.9 | 30.70 | 2 | 984 | 82 |
| 56 | 红格 | 1970.01~2015.12 | 101.7 | 26.50 | 2 | 1104 | 92 |
| 57 | 江油 | 2003.01~2008.12 | 104.74 | 31.73 | 2 | 144 | 12 |
| 58 | 西昌 | 1976.01~2015.12 | 102.3 | 27.90 | 2 | 960 | 80 |
| 59 | 宝鸡 | 1974.09~2015.12 | 107.1 | 34.40 | 2 | 992 | 84 |
| 60 | 周至 | 1975.08~2015.12 | 108.94 | 34.25 | 2 | 970 | 82 |
| 61 | 乾陵 | 1981.01~2015.12 | 108.2 | 34.50 | 2 | 840 | 70 |
| 62 | 固原 | 1984.06~2015.12 | 106.3 | 36.00 | 3 | 1137 | 96 |
| 63 | 中卫 | 1978.01~1994.12 | 105.19 | 37.52 | 2 | 408 | 34 |
| 64 | 银川 | 1992.01~2014.12 | 106.24 | 38.28 | 2 | 552 | 46 |

续表

| 序号 | 台名 | 资料起至时间 | 经度（°E） | 纬度（°N） | 测道数 | 资料长度（月） | 资料长度（年） |
|---|---|---|---|---|---|---|---|
| 65 | 库尔勒 | 1979.02～2001.12 | 86.2 | 41.70 | 1 | 275 | 23 |
| 66 | 乌鲁木齐 | 1990.02～2007.12 | 87.6 | 43.80 | 2 | 430 | 36 |
| 67 | 兰州 | 1974.01～2015.12 | 103.85 | 36.08 | 3 | 1512 | 126 |
| 68 | 武威 | 1983.01～2015.12 | 102.56 | 37.92 | 2 | 792 | 66 |
| 69 | 山丹 | 1972.08～2015.12 | 101.03 | 38.77 | 3 | 1563 | 132 |
| 70 | 嘉峪关 | 1974.03～2015.12 | 98.22 | 39.81 | 2 | 1004 | 84 |
| 71 | 武都 | 1975.01～2015.12 | 105 | 33.35 | 3 | 1476 | 123 |
| 72 | 天水 | 1970.06～2015.12 | 105.9 | 34.48 | 2 | 1094 | 92 |
| 73 | 通渭 | 1973.01～2015.12 | 105.27 | 35.20 | 2 | 1032 | 86 |
| 74 | 平凉 | 1977.01～2015.12 | 106.7 | 35.55 | 2 | 936 | 78 |
| 75 | 定西 | 1982.01～2007.12 | 104.58 | 35.56 | 2 | 624 | 52 |
| 76 | 临夏 | 1971.02～2015.12 | 103.25 | 35.63 | 2 | 1078 | 90 |
| 77 | 404 | 1989.01～2004.4 | 97.67 | 40.30 | 2 | 368 | 32 |
| 78 | 张掖 | 1981.01～1985.12 | 100.45 | 38.14 | 2 | 120 | 10 |
| 79 | 静宁 | 1974.01～1985.12 | 105.7 | 35.50 | 2 | 288 | 24 |
| 80 | 西峰 | 1979.01～1992.12 | 107.65 | 35.70 | 2 | 336 | 28 |
| 81 | 礼县 | 1972.01～1979.12<br>1993.01～1996.12 | 105.17 | 34.05 | 2 | 288 | 24 |
| 82 | 刘家峡 | 1971.01～1985.12 | 103.31 | 36.00 | 2 | 360 | 30 |
| 合计 | | | | | 171 | 60028 | 5030 |

4）资料简介

原始观测数据日均值和月均值。

5）地震选取

收集了直流视电阻率台网内 200 多次地震（图 5.3-8），地震三要素信息示于表 5.3-5。满足以下距离-震级关系，并且发生在异常时间段内的地震（不含余震）视为与异常对应：

（1）4.0～4.9 级，100km 以内。

（2）5.0～5.9 级，150km 以内。

（3）6.0～6.9 级，200km 以内。

（4）大于 7.0 级，400km 以内。

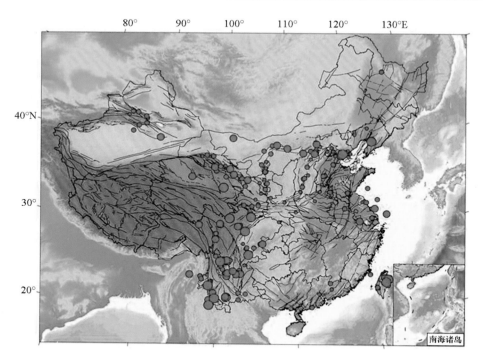

图 5.3 - 8 直流视电阻率指标分析的地震空间位置分布

表 5.3 - 5 用于指标分析的地震三要素

| 发震时间 | 纬度 (°N) | 经度 (°E) | 地点 | 震级 $M_S$ | 发震时间 | 纬度 (°N) | 经度 (°E) | 地点 | 震级 $M_S$ |
|---|---|---|---|---|---|---|---|---|---|
| 1971. 08. 18 | 28. 90 | 103. 50 | 红格 | 4. 7 | 1988. 02. 25 | 42. 25 | 122. 44 | 台安 | 4. 8 |
| 1972. 03. 25 | 40. 43 | 116. 59 | 西集 | 4. 5 | 1988. 04. 15 | 26. 30 | 102. 75 | 红格 | 5. 2 |
| 1972. 06. 26 | 39. 15 | 118. 97 | 昌黎 | 4. 0 | 1988. 05. 26 | 41. 54 | 85. 42 | 库尔勒 | 5. 2 |
| 1972. 09. 07 | 37. 29 | 114. 81 | 大柏舍 | 4. 1 | 1988. 07. 21 | 24. 12 | 121. 35 | 东海南 | 5. 7 |
| 1973. 08. 16 | 22. 90 | 101. 10 | 普洱 | 6. 5 | 1988. 07. 23 | 40. 08 | 114. 22 | 阳原 | 4. 6 |
| 1973. 12. 31 | 38. 50 | 116. 50 | 里坦 | 5. 2 | 1988. 07. 26 | 39. 56 | 118. 09 | 宝坻 | 4. 5 |
| 1974. 01. 12 | 32. 95 | 103. 93 | 松潘 | 5. 9 | 1988. 11. 06 | 22. 82 | 99. 72 | 耿马 | 7. 6 |
| 1974. 05. 07 | 39. 50 | 119. 30 | 昌黎 | 4. 5 | 1988. 11. 22 | 38. 60 | 99. 50 | 肃南 | 5. 7 |
| 1974. 05. 11 | 28. 20 | 103. 90 | 永普 | 7. 0 | 1989. 04. 25 | 29. 93 | 99. 40 | 巴塘 | 6. 7 |
| 1974. 06. 15 | 31. 57 | 100. 08 | 甘孜 | 5. 2 | 1989. 05. 07 | 23. 48 | 99. 48 | 耿马 | 6. 3 |
| 1974. 11. 17 | 32. 90 | 104. 00 | 松潘 | 5. 7 | 1989. 09. 22 | 31. 55 | 102. 38 | 小金 | 6. 6 |
| 1975. 01. 15 | 29. 50 | 105. 80 | 九龙 | 6. 3 | 1989. 10. 19 | 39. 95 | 113. 81 | 阳高 | 6. 1 |
| 1975. 02. 04 | 40. 60 | 122. 80 | 海城 | 7. 3 | 1989. 11. 02 | 36. 04 | 106. 20 | 固原 | 5. 1 |

续表

| 发震时间 | 纬度<br>(°N) | 经度<br>(°E) | 地点 | 震级<br>$M_s$ | 发震时间 | 纬度<br>(°N) | 经度<br>(°E) | 地点 | 震级<br>$M_s$ |
|---|---|---|---|---|---|---|---|---|---|
| 1975.11.08 | 35.50 | 105.60 | 静宁 | 4.4 | 1989.12.25 | 31.52 | 99.76 | 甘孜 | 4.6 |
| 1976.02.15 | 31.00 | 103.20 | 汶川 | 4.5 | 1989.12.25 | 35.58 | 111.30 | 侯马 | 4.9 |
| 1976.04.06 | 40.10 | 112.10 | 和林 | 6.3 | 1990.01.15 | 30.75 | 103.18 | 成都 | 4.6 |
| 1976.05.29 | 24.35 | 98.85 | 龙陵 | 7.4 | 1990.02.10 | 31.68 | 121.00 | 常熟 | 5.1 |
| 1976.07.28 | 39.60 | 118.10 | 唐山 | 7.8 | 1990.04.26 | 36.11 | 100.10 | 共和 | 7.0 |
| 1976.08.16 | 32.70 | 104.20 | 松潘 | 7.2 | 1990.08.04 | 29.50 | 103.16 | 峨嵋 | 4.5 |
| 1976.11.07 | 27.50 | 101.08 | 盐源 | 6.7 | 1990.10.20 | 37.10 | 103.60 | 景泰 | 6.2 |
| 1976.11.20 | 22.90 | 113.10 | 黄子洞 | 3.3 | 1990.12.14 | 23.83 | 121.53 | 台湾 | 7.1 |
| 1977.01.01 | 37.50 | 112.60 | 北格 | 4.0 | 1991.01.13 | 40.54 | 106.05 | 内蒙 | 5.2 |
| 1977.01.19 | 37.15 | 95.40 | 大柴旦 | 6.3 | 1991.01.29 | 38.47 | 112.53 | 太原 | 5.1 |
| 1977.05.01 | 27.28 | 101.19 | 盐源 | 5.2 | 1991.02.18 | 31.58 | 102.38 | 小金 | 5.0 |
| 1977.05.12 | 39.38 | 117.80 | 宁河 | 6.3 | 1991.03.26 | 39.97 | 113.85 | 大同 | 5.8 |
| 1977.07.09 | 34.90 | 115.80 | 成武 | 4.8 | 1991.04.12 | 27.25 | 100.98 | 宁蒗 | 5.0 |
| 1977.11.27 | 39.20 | 118.02 | 宝坻 | 5.5 | 1991.05.30 | 39.68 | 118.27 | 唐山 | 5.2 |
| 1978.04.21 | 40.58 | 114.18 | 怀安 | 4.5 | 1991.06.06 | 42.68 | 87.25 | 乌鲁木齐 | 5.2 |
| 1978.05.30 | 32.80 | 104.30 | 松潘 | 4.7 | 1991.06.16 | 38.93 | 105.69 | 阿拉左旗 | 5.2 |
| 1978.06.05 | 35.45 | 114.13 | 郑州 | 4.5 | 1991.07.01 | 24.87 | 99.01 | 保山 | 4.9 |
| 1978.06.22 | 39.47 | 117.01 | 宝坻 | 4.2 | 1991.09.21 | 23.73 | 114.55 | 河源 | 4.6 |
| 1978.07.13 | 31.70 | 102.70 | 马尔康 | 5.1 | 1991.10.01 | 37.80 | 101.40 | 门源 | 5.2 |
| 1978.08.16 | 38.30 | 101.00 | 民乐 | 4.7 | 1991.10.30 | 37.16 | 106.08 | 中卫 | 4.7 |
| 1978.08.31 | 27.20 | 101.30 | 盐源 | 5.6 | 1991.11.05 | 33.68 | 120.01 | 射阳 | 4.7 |
| 1978.09.10 | 22.95 | 101.17 | 普洱 | 5.5 | 1992.01.12 | 39.75 | 98.32 | 酒泉 | 5.6 |
| 1979.03.02 | 33.18 | 117.42 | 嘉山 | 5.0 | 1992.01.14 | 34.38 | 113.27 | 禹县 | 4.2 |
| 1979.03.15 | 23.12 | 101.25 | 普洱 | 6.8 | 1992.01.23 | 35.20 | 121.07 | 黄海 | 5.2 |
| 1979.03.29 | 31.52 | 97.01 | 玉树 | 6.2 | 1992.01.30 | 41.58 | 123.02 | 新城子 | 3.3 |
| 1979.06.19 | 37.10 | 111.87 | 介休 | 5.1 | 1992.02.18 | 25.02 | 119.66 | 莆田 | 5.2 |
| 1979.07.09 | 31.45 | 119.25 | 溧阳 | 6.0 | 1992.04.23 | 22.60 | 99.00 | 澜沧 | 6.8 |
| 1979.07.25 | 34.29 | 105.18 | 礼县 | 4.7 | 1992.07.22 | 39.28 | 117.93 | 黄村 | 4.5 |
| 1979.08.25 | 41.20 | 108.10 | 大同 | 6.0 | 1992.08.01 | 34.81 | 104.80 | 通渭 | 4.1 |
| 1979.11.06 | 30.60 | 99.44 | 巴塘 | 5.0 | 1992.10.22 | 33.78 | 120.32 | 射阳 | 4.6 |

| 发震时间 | 纬度 (°N) | 经度 (°E) | 地点 | 震级 $M_s$ | 发震时间 | 纬度 (°N) | 经度 (°E) | 地点 | 震级 $M_s$ |
|---|---|---|---|---|---|---|---|---|---|
| 1980.02.02 | 27.28 | 101.19 | 木里 | 5.8 | 1992.12.18 | 26.37 | 100.58 | 红格 | 5.3 |
| 1980.02.07 | 39.40 | 118.00 | 宁河 | 5.3 | 1993.01.27 | 23.10 | 101.09 | 普洱 | 6.3 |
| 1980.03.09 | 37.17 | 11204.00 | 平遥 | 5.0 | 1993.02.03 | 42.27 | 86.10 | 库尔勒 | 5.3 |
| 1980.04.18 | 38.00 | 98.90 | 木里 | 5.5 | 1993.07.11 | 36.65 | 106.26 | 同心 | 4.2 |
| 1980.06.18 | 23.50 | 103.60 | 通海 | 5.4 | 1993.07.17 | 27.90 | 99.60 | 中甸 | 5.6 |
| 1980.06.24 | 35.00 | 107.00 | 陇县 | 4.3 | 1993.08.12 | 39.27 | 106.37 | 石嘴山 | 4.3 |
| 1980.11.06 | 43.50 | 87.00 | 库尔勒 | 5.6 | 1993.08.14 | 25.45 | 101.25 | 红格 | 5.5 |
| 1981.01.24 | 32.50 | 101.20 | 道孚 | 7.1 | 1993.10.26 | 38.47 | 98.62 | 托来 | 6.0 |
| 1981.01.29 | 24.36 | 121.42 | 东海 | 6.4 | 1993.12.16 | 23.35 | 120.33 | 台湾 | 5.9 |
| 1981.05.22 | 27.20 | 101.00 | 红格 | 5.3 | 1994.01.03 | 36.06 | 100.15 | 共和 | 6.0 |
| 1981.08.13 | 40.30 | 113.24 | 丰镇 | 5.5 | 1994.10.22 | 41.70 | 120.37 | 义县 | 4.5 |
| 1981.09.19 | 23.00 | 101.30 | 普洱 | 6.0 | 1994.11.08 | 43.27 | 87.22 | 乌鲁木齐 | 4.2 |
| 1981.11.09 | 37.30 | 115.05 | 邢台 | 5.8 | 1994.12.30 | 29.02 | 103.65 | 马边 | 5.7 |
| 1982.02.09 | 39.63 | 118.15 | 宝坻 | 4.2 | 1995.04.15 | 40.79 | 122.43 | 台安 | 4.6 |
| 1982.02.25 | 24.44 | 114.48 | 龙南 | 5.0 | 1995.04.25 | 22.77 | 102.73 | 通海 | 5.6 |
| 1982.03.11 | 33.20 | 110.50 | 西安 | 4.0 | 1995.05.02 | 43.77 | 84.73 | 乌市 | 5.8 |
| 1982.04.14 | 36.70 | 106.50 | 海源 | 5.6 | 1995.07.12 | 21.97 | 99.06 | 孟连 | 7.2 |
| 1982.04.22 | 32.81 | 121.10 | 环港 | 4.6 | 1995.07.22 | 36.36 | 103.25 | 永登 | 5.8 |
| 1982.06.16 | 31.80 | 99.90 | 甘孜 | 6.0 | 1995.09.20 | 34.97 | 118.10 | 苍山 | 5.2 |
| 1982.09.27 | 31.62 | 116.55 | 霍山 | 3.8 | 1995.10.06 | 39.67 | 118.33 | 卢龙 | 5.0 |
| 1982.10.19 | 39.88 | 118.98 | 昌黎 | 4.9 | 1995.10.24 | 25.83 | 102.32 | 红格 | 6.5 |
| 1982.12.10 | 40.47 | 116.55 | 西集 | 4.5 | 1995.11.13 | 39.36 | 113.19 | 大同 | 4.0 |
| 1983.01.17 | 40.20 | 107.10 | 乌加河 | 5.1 | 1996.01.09 | 43.80 | 85.58 | 乌市 | 5.2 |
| 1983.04.03 | 40.75 | 114.78 | 阳原 | 4.7 | 1996.02.03 | 27.30 | 100.22 | 丽江 | 7.0 |
| 1983.06.04 | 26.96 | 103.40 | 西昌 | 4.6 | 1996.02.28 | 29.03 | 104.63 | 成都 | 5.3 |
| 1983.08.12 | 32.09 | 108.09 | 万源 | 4.6 | 1996.05.03 | 40.77 | 109.68 | 包头 | 6.4 |
| 1983.09.22 | 24.31 | 122.10 | 台湾 | 5.9 | 1996.06.01 | 37.27 | 102.75 | 天祝 | 5.4 |
| 1983.11.07 | 35.31 | 115.60 | 荷泽 | 5.9 | 1996.07.17 | 42.06 | 120.41 | 嗡牛特 | 4.6 |
| 1984.01.07 | 39.62 | 118.80 | 昌黎 | 4.8 | 1996.08.12 | 38.52 | 106.31 | 银川 | 4.1 |
| 1984.02.17 | 37.38 | 100.40 | 张掖 | 5.2 | 1996.09.25 | 27.20 | 100.31 | 西昌 | 5.5 |

| 发震时间 | 纬度<br>(°N) | 经度<br>(°E) | 地点 | 震级<br>$M_s$ | 发震时间 | 纬度<br>(°N) | 经度<br>(°E) | 地点 | 震级<br>$M_s$ |
|---|---|---|---|---|---|---|---|---|---|
| 1984.04.24 | 22.07 | 99.23 | 澜沧 | 6.0 | 1996.11.09 | 31.84 | 123.11 | 南黄海 | 6.2 |
| 1984.05.21 | 32.70 | 121.60 | 吻南沙 | 6.2 | 1996.11.21 | 39.65 | 96.59 | 河西 | 4.5 |
| 1984.11.23 | 38.10 | 106.20 | 灵武 | 5.2 | 1996.12.21 | 30.60 | 99.42 | 巴塘 | 5.5 |
| 1984.12.07 | 37.17 | 102.46 | 天祝 | 4.7 | 1997.06.04 | 43.31 | 84.25 | 乌苏南 | 4.9 |
| 1985.04.18 | 25.90 | 102.90 | 东川 | 6.3 | 1997.06.28 | 37.13 | 103.65 | 天祝 | 4.2 |
| 1985.04.22 | 39.75 | 118.76 | 昌黎 | 4.6 | 1997.07.28 | 33.72 | 122.16 | 黄海 | 5.1 |
| 1985.05.10 | 31.60 | 116.56 | 霍山 | 3.4 | 1997.08.13 | 29.50 | 105.48 | 成都 | 5.2 |
| 1985.06.24 | 34.00 | 104.30 | 宕昌 | 5.0 | 1997.09.26 | 23.27 | 112.97 | 黄子洞 | 4.2 |
| 1985.09.02 | 23.60 | 102.68 | 通海 | 5.2 | 1997.10.21 | 41.15 | 107.37 | 五原 | 5.0 |
| 1985.09.06 | 25.43 | 97.73 | 腾冲 | 5.6 | 1997.10.23 | 26.78 | 100.30 | 丽江 | 5.2 |
| 1985.11.21 | 40.08 | 115.83 | 黄村 | 4.2 | 1997.12.30 | 25.52 | 96.34 | 腾冲 | 6.2 |
| 1985.11.30 | 37.23 | 114.82 | 大柏舍 | 5.2 | 1998.01.05 | 34.41 | 108.94 | 西安 | 4.8 |
| 1986.01.28 | 21.70 | 111.90 | 阳江 | 5.0 | 1998.01.10 | 41.09 | 114.30 | 张北 | 5.2 |
| 1986.03.22 | 23.40 | 121.70 | 台玉里 | 5.9 | 1998.01.10 | 41.09 | 114.27 | 张北 | 6.2 |
| 1986.08.12 | 27.50 | 101.50 | 西昌 | 5.2 | 1998.03.03 | 32.75 | 104.15 | 文县 | 4.7 |
| 1986.08.16 | 48.60 | 126.70 | 绥化 | 5.8 | 1998.07.29 | 36.77 | 105.40 | 海源 | 4.9 |
| 1986.08.26 | 37.70 | 101.50 | 门源 | 6.4 | 1999.11.01 | 39.92 | 113.92 | 阳原 | 5.6 |
| 1986.11.10 | 40.04 | 116.72 | 宝坻 | 4.2 | 2000.01.15 | 25.58 | 101.12 | 宁朗 | 6.2 |
| 1986.11.15 | 24.10 | 121.80 | 花莲东 | 7.1 | 2002.12.14 | 39.82 | 97.33 | 玉门 | 5.6 |
| 1987.01.08 | 34.10 | 103.14 | 迭部 | 5.9 | 2003.07.21 | 25.95 | 101.23 | 大姚 | 6.2 |
| 1987.02.17 | 33.58 | 120.58 | 射阳 | 5.1 | 2003.10.25 | 38.35 | 100.93 | 民乐山丹 | 6.1 |
| 1987.06.28 | 37.70 | 101.60 | 门源 | 4.9 | 2003.11.25 | 36.17 | 111.63 | 红桐 | 5.0 |
| 1987.08.08 | 39.33 | 117.87 | 宝坻 | 4.2 | 2006.07.04 | 38.90 | 116.30 | 文安 | 5.1 |
| 1987.08.10 | 38.03 | 106.17 | 灵武 | 5.5 | 2008.05.12 | 31.00 | 103.40 | 汶川 | 8.0 |
| 1987.09.12 | 38.70 | 100.20 | 张掖 | 4.5 | 2008.08.21 | 25.10 | 97.90 | 盈江 | 5.9 |
| 1987.09.15 | 23.77 | 114.55 | 河源 | 4.5 | 2008.08.30 | 26.20 | 101.90 | 会里 | 6.1 |
| 1987.09.26 | 24.93 | 99.18 | 腾冲 | 4.6 | 2008.11.23 | 42.00 | 101.20 | 海西 | 6.4 |
| 1987.10.25 | 34.05 | 105.20 | 礼县 | 5.1 | 2011.06.20 | 25.10 | 98.70 | 腾冲 | 5.2 |
| 1987.12.22 | 41.32 | 89.80 | 库尔勒 | 6.2 | 2011.08.09 | 25.00 | 98.70 | 腾冲 | 5.2 |
| 1988.01.04 | 38.09 | 106.31 | 灵武 | 5.5 | 2013.07.22 | 34.50 | 104.20 | 岷县漳县 | 6.6 |
| 1988.01.10 | 27.21 | 100.93 | 宁蒗 | 5.3 | 2014.03.10 | 24.70 | 97.90 | 盈江 | 6.1 |

**2. 指标依据**

1）异常特征

通过对地震前直流视电阻率异常特征的总结（表5.3-2和表5.3-6为文献报道中与6级以上地震对应的异常台站），中期异常通常有以下几个特征：

（1）直流视电阻率中期异常形态有持续上升、持续下降和趋势转折类型，其中下降异常居多。一般情况下，一个完整的直流视电阻率异常的演化可分为几个阶段：正常值—缓慢下降或上升—加速变化或转折（回返）—同震变化—震后调整。

（2）直流视电阻率中期异常形态是上升还是下降，并发生加速、恢复和转折等变化主要取决于台站地下介质的应力状态，一般情况下，受压应力地区直流视电阻率多为下降变化，受张应力地区多为上升变化，张压应力过渡区直流视电阻率变化无明显规律。

（3）直流视电阻率呈现各向异性变化，即同一台站不同方向直流视电阻率异常形态或幅度不一致，其主要受控与地下应力状态，一般与孕震主应力垂直方向异常较为明显，因而据直流视电阻率异常各向异性变化可对余震区方位作粗略估计。

（4）直流视电阻率中长期异常前兆峰扩展与传播现象。在同一个大地震前，靠近孕震区的台站先出现异常，离孕震区远的台站后出现异常；近台异常幅度大于远台异常幅度；近台异常的阶段性演化形态早于远台。

直流视电阻率短临异常通常有以下几个特征：

（1）短临异常一般出现在主震断层附近区域，出现短临异常的空间范围随震级减小而衰减，7级以上大地震出现短临异常的范围一般约为100~200km。

（2）短临异常形态多表现为在原有异常背景基础上的加速、转折和回返。

（3）异常各向异性或方向性出现转向。

（4）出现相对均方差增大或高频扰动现象。

表5.3-6　6~6.9级地震前的直流视电阻率异常

| 序号 | 地震时间 | 震中地点 | 震级 $M_S$ | 异常台站 |
|---|---|---|---|---|
| 1 | 1971 | 普洱 | 6.2 | 楚雄 |
| 2 | 1973 | 南坪 | 6.3 | 松潘 |
| 3 | 1975 | 九龙 | 6.2 | 米易 |
| 4 | 1976 | 宁蒗 | 6.9 | 西昌、康定 |
| 5 | 1976 | 宁河 | 6.9 | 宝坻、徐庄子 |
| 6 | 1976 | 磴口 | 6.2 | 中卫 |
| 7 | 1976 | 宁河 | 6.2 | 宝坻 |
| 8 | 1979 | 玉树 | 6.6 | 甘孜 |
| 9 | 1979 | 五原 | 6.0 | 乌加河 |
| 10 | 1979 | 溧阳 | 6.0 | 南京 |

| 序号 | 地震时间 | 震中地点 | 震级 $M_s$ | 异常台站 |
|------|---------|---------|-----------|---------|
| 11 | 1981 | 道孚 | 6.9 | 甘孜 |
| 12 | 1981 | 普洱 | 6.0 | 楚雄 |
| 13 | 1982 | 甘孜 | 6.0 | 甘孜 |
| 14 | 1984 | 南黄海 | 6.2 | 南京 |
| 15 | 1989 | 巴塘 | 6.7 | 甘孜 |
| 16 | 1989 | 小金 | 6.6 | 甘孜 |
| 17 | 1989 | 大同—阳高 | 6.1 | 宝昌、大同、平谷、兴济 |
| 18 | 1990 | 天祝 | 6.2 | 嘉峪关、武都、武威 |
| 19 | 1998 | 张北 | 6.6 | 宝昌、大同、阳原 |
| 20 | 2003 | 民乐—山丹 | 6.3 | 嘉峪关、山丹、武威 |
| 21 | 2009 | 姚安 | 6.1 | 元谋 |
| 22 | 2013 | 岷县漳县 | 6.6 | 通渭、天水 |

2) 发震强度

孕震区及其周围直流视电阻率异常持续时间与地震震级大小有关，一般按一定区域内异常最长时间，或近震中台站异常持续时间 $T$，统计震级与异常持续时间的经验对应关系（式 (5.3-6)）。$T$ 是异常出现时间至估计的发震时间的时段间隔（以月为单位），可按如下经验关系据异常持续时间估算未来地震震级：

$$M = 0.5 + 2.5 \lg T \qquad (5.3-6)$$

3) 发震地点

异常出现的空间范围与震级有关，震级越大，孕震区范围也越大，相应的出现异常的范围也越大（图 5.3-9）。靠近孕震区的台站先出现异常，随着孕震作用的持续，远离孕震区的台站相继出现异常，在空间上形成一定的异常分布，可按如下关系据异常空间分布范围来估算未来地震震级 $M$：

$$\lg \Delta = -0.96 + 0.91M - 0.06M^2 \qquad (5.3-7)$$

从震级和异常空间范围的经验关系来看，大地震的异常空间分布约在 400km 范围内（可靠异常在 300km 范围）；对于小震级地震，异常范围随震级增加较快，对于大的震级，异常范围增加较慢。此外在 400km 范围内，异常幅度随震中距增加出现衰减，由于各个台站测区对应变作用的响应幅度不同，异常幅度衰减并非严格单调变化。

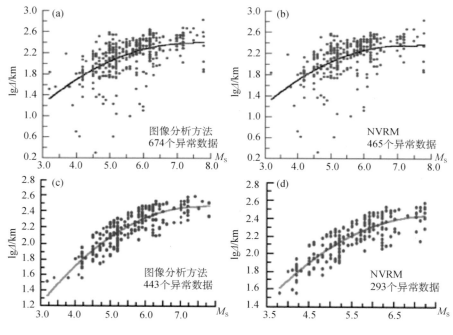

图 5.3 - 9　直流视电阻率异常空间范围与震级关系（杜学彬，2010）

　　直流视电阻率中长期异常前兆峰扩展与传播现象。在同一个大地震前，靠近孕震区的台站先出现异常，离孕震区远的台站后出现异常；近台异常幅度大于远台异常幅度；近台异常的阶段性演化形态早于远台。图 5.3 - 5 是我国 10 次 7 级以上地震前直流视电阻率异常的前兆峰走时曲线。从图中可以看出，在大地震前，离孕震区近的台站异常持续时间越长，震中距远的台站异常持续时间短。

　　4）发震时间

　　采用异常演化阶段与地震发生概率的统计关系（式（5.3 - 6））对发震时间进行预测。直流视电阻率前兆异常基本形态可分为五个阶段：震前正常时段（Ⅰ）；孕震期间下降或上升异常（Ⅱ）；异常出现极大值或极小值（Ⅲ）；异常转折回返（Ⅳ）；震后恢复（Ⅴ）。通过对震例统计，地震发生在直流视电阻率前期下降或上升异常期间的比例约为 11%，发生在异常极值期间的比例约为 21%，而发生在转折回返阶段的比例约为 68%。也就是说近 90% 的地震发生异常极值和回返阶段。直流视电阻率异常转折回返后，10 天内发震比例为 45%，1 个月以内为 70%，而 3 个月以内则近 90%。

## 5.3.4　异常与震例

### 1. 异常概述

　　地震发生前，震中附近的直流视电阻率变化表现为：偏离之前多年背景观测值范围的年尺度持续性下降或上升，变化幅度约 1%~7%（图 5.3 - 10），部分地震发生前 3 个月内出现过加速下降变化（图 5.3 - 11）。

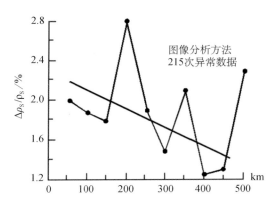

图 5.3 - 10　直流视电阻率异常幅度与震中距（杜学彬，2010）

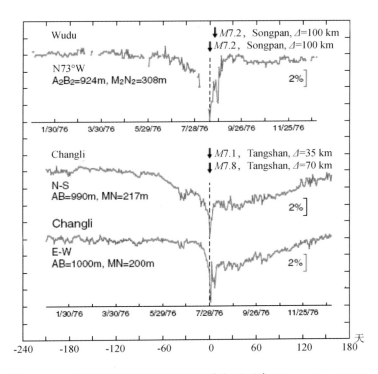

图 5.3 - 11　地震短临阶段直流视电阻率加速下降（Lu et al.，2016）

　　对应于分析时段，按异常标准统计为共 557 个台年、902 个测道年显示了异常，分别占台年、测道年总数的 30% 和 23%。对应地震的异常所占比例仅占 38.1%，而 61.9% 的异常不对应地震（称为“无震异常”），场兆变化相当丰富。值得注意的是，回溯检验分析已经不能很好地排除由于当时观测环境干扰引起的虚假异常，通过近些年的观测表明，环境干扰产生的虚假异常比例是相当高。另外，在中国震例收录的 252 个震例中，有 86 个地震前出现了直流视电阻率异常，异常数量为 206 项。有直流视电阻率异常的震例中，7 级以上地震的共有 40 项直流视电阻率异常，异常比例占到 19%，6~6.9 级地震共有直流视电阻率异常 67 项，异常比例为 33%；5~5.9 级地震共有直流视电阻率异常 99 项，异常比例为 48%。

**2. 有震异常**

在 50 多年的连续观测中，记录到了多次大地震前突出的中短期直流视电阻率变化（钱复业等，1982；钱家栋等，1985；赵玉林等，2001；汪志亮等，2002；杜学彬等，2015）。不同方向观测的直流视电阻率，呈现出与主压应力方位有关的各向异性变化，且变化特征吻合实验结果（赵玉林等，1995；钱复业等，1996；杜学彬等，2007）。在长期的观测实践过程中，依据直流视电阻率异常先后对 1976 年松潘—平武 7.2 级，1988 年澜沧—耿马 7.6 级，1989 年巴塘 6.7 级、小金 6.6 级、大同—阳高 6.1 级，1990 年天祝—景泰 6.2 级，2003 年民乐—山丹 6.3 级，2008 年汶川 8.0 级，2013 年岷县漳县 6.6 级等地震做了不同程度的中短期预测。

下面以 1976 年唐山 7.8 级、2008 年汶川 8.0 级和 2013 年甘肃岷县漳县 6.6 级地震为例介绍直流视电阻率异常变化。

（1）1976 年唐山 7.8 级地震前直流视电阻率异常。

唐山地震前距离震中 200km 范围内，运行有 14 个直流视电阻率台站，其中 9 个台站（唐山、昌黎、马家沟、宝坻、青光、忠兴庄、通州、八里桥、小汤山台）在震前 2~3 年记录到年尺度的趋势下降异常（图 5.3 - 12），1 个台站（徐庄子）出现上升异常，塘沽、张山营、马各庄和马坊台无明显异常（赵玉林和钱复业，1978）。异常台站在空间上形成一南北宽约 70km、东西长约 300km 的异常区域。由震中向外围方向异常起始时间出现延迟，异常幅度出现衰减（图 5.3 - 13），揭示出孕震晚期亚失稳阶段，应变加速积累并由震中向外扩散的现象（赵玉林等，1995）。震前 2 个月内，昌黎台（震中距 35km）NS 测道出现加速下降，幅度约 5%，而 EW 测道在震前半月才开始加速下降，幅度约 3.8%。马家沟台 NW 和 NE 测道 6 月份分别出现 15% 和 6% 的快速下降。这种快速的各向异性变化，可能反映断层预滑引起的主应力方向变化（赵玉林等，1995）。唐山地震震源机制解为走滑型，出现下降异常的台站位于压缩区，出现上升异常的台站位于拉张区，而未出现明显异常的台站位于应变不明显的震源机制解界线附近（图 5.3 - 14），显示出应力应变对直流视电阻率异常形态（上升、下降）的控制作用（钱复业等，1982）。

（2）2008 年汶川 8.0 级地震前直流视电阻率异常。

2008 年汶川 8.0 级地震前，成都台和江油台距主破裂区分别约为 35 和 30km。据主震的分段震源机制解（图 5.3 - 15a），成都台附近区域主压应力方位为 N51°W，江油台附近为 N5°W（张勇等，2009）。成都台 N58°E 测道与主压应力轴夹角为 71°，震前下降幅度约 7%；N49°W 测道与主压应力轴近于平行，震前未出现下降变化（图 5.3 - 15b）。江油台 N70°W 测道与主压应力轴夹角为 65°，震前出现约 1.5% 的下降变化，N10°E 测道与主压应力轴大致平行，震前未出现下降变化（解滔等，2018）。成都台和江油台在地震发生时的的同震阶段表现为下降变化，震后两个台站均表现出恢复上升变化。

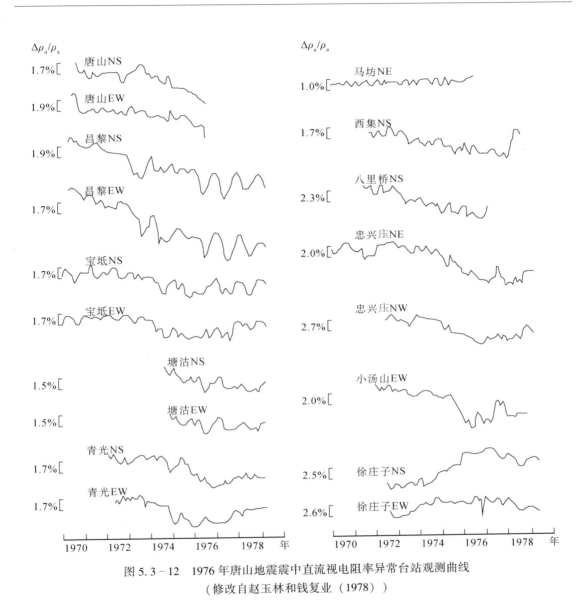

图 5.3 - 12　1976 年唐山地震震中直流视电阻率异常台站观测曲线

（修改自赵玉林和钱复业（1978））

（3）2013 年岷县漳县 6.6 级地震前直流视电阻率异常。

　　2013 年甘肃发生岷县漳县 6.6 级地震，震前震中周围 400km 范围内有通渭、天水、定西、临夏、兰州、固原、平凉、武都、成都、宝鸡和江油台站，其中通渭台出现了中短期异常（图 5.3 - 16、图 5.3 - 17），天水深井直流视电阻率出现了临震异常。通渭台三个测道于 2012 年 9 月开始出现下降异常，其中 EW 测 2013 年出现年变畸变现象，异常持续时间月 11 个月。天水台在震前 10 天开始出现高频扰动变化，属于临震异常。据异常持续时间计算震级约为 6.7 级。

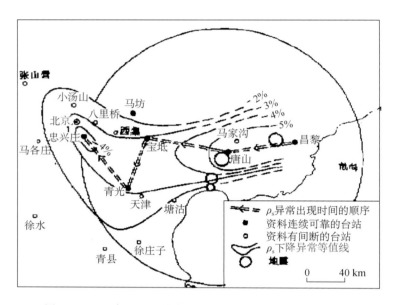

图 5.3 - 13　唐山地震前直流视电阻率异常幅度等值线分布

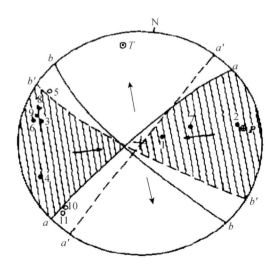

图 5.3 - 14　唐山地震震源机制解与台站空间分布

台站编号：1. 唐山；2. 昌黎；3. 宝坻；4. 青光；5. 马坊；

6. 忠兴庄；7. 马家沟；8. 八里桥；9. 通州；10. 塘沽；

11. 徐庄子（钱复业等，1982）

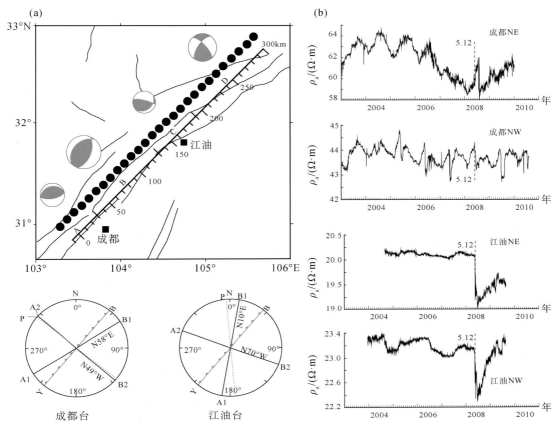

图 5.3 - 15　2008 年汶川 $M_S$8.0 地震前直流视电阻率各向异性变化（解滔等，2018）

（a）汶川地震主破裂的分段震源机制解（张勇等，2009）与直流视电阻率测道方位；

（b）成都台和江油台直流视电阻率观测值

**3. 虚报异常**

按 5.3.2 节的异常判据，有近 2/3 的异常未对应地震，属于虚报异常。这些虚报异常中，有许多是由测区环境干扰或仪器工作状态发生变化导致，但未查明干扰原因。比如：2016～2018 年甘肃山丹台 EW 测道直流视电阻率出现年变畸变异常（图 5.3 - 18），但周围未发生 5 级以上地震。2014～2015 年河北大柏舍 EW 和 NS 两测道直流视电阻率出现上升异常（图 5.3 - 19），周围也未发生 5 级以上地震。

**4. 疑似异常**

云南祥云台 NS 测道直流视电阻率 2015 年 6～10 月出现快速下降—回返变化（图 5.3 - 20），2015 年 10 月 30 日发生云南保山昌宁 5.1 级地震，震中距约 120km，但同期观测环境存在一定的变化，可能对观测产生相似的变化，仅能作为疑似异常。

宁夏海原台 NS 测道直流视电阻率 2015 年 4 月至 2016 年 2 月出现快速下降—回返的异常变化（图 5.3 - 21），2016 年 1 月 21 日发生门源 6.4 级地震，但是震中距约 400km。依据目前的预测指标和异常机理，很难认为海原台此次异常是由门源地震引起的。

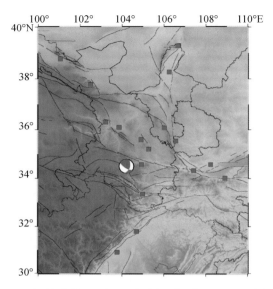

图 5.3 - 16  岷县漳县 6.6 级地震震中周围直流视电阻率台站分布

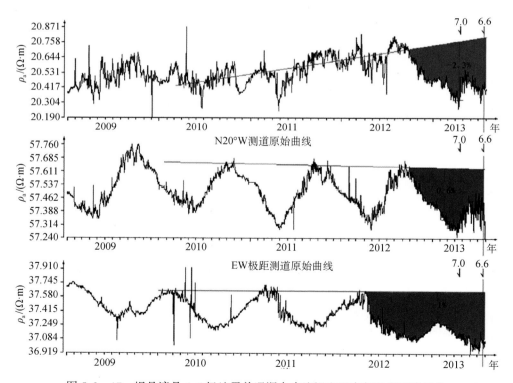

图 5.3 - 17  岷县漳县 6.6 级地震前通渭台直流视电阻率年尺度下降异常

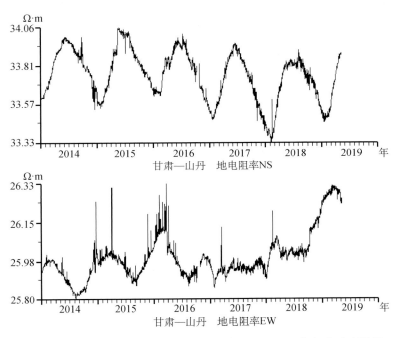

图 5.3 - 18　山丹台 EW 测道直流视电阻率 2016~2018 年年变畸变异常

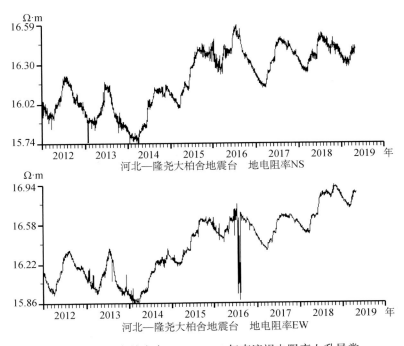

图 5.3 - 19　大柏舍台 2014~2015 年直流视电阻率上升异常

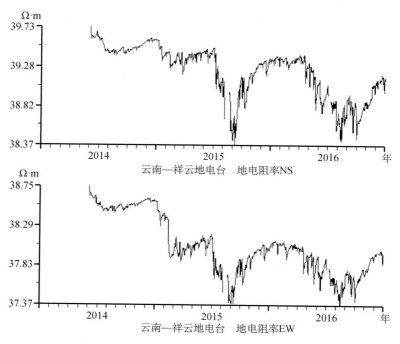

图 5.3 - 20　祥云台 NS 测道直流视电阻率 2015 年下降变化（疑似异常）

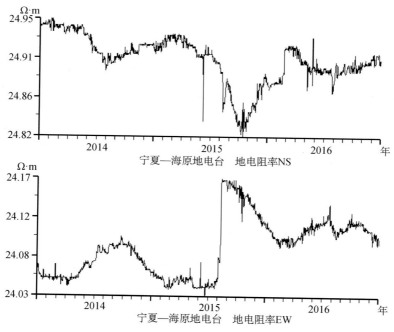

图 5.3 - 21　海原台 NS 测道直流视电阻率 2015 年下降变化（疑似异常）

## 5.3.5　讨论

经过 50 多年的连续观测和地震预测实践，直流视电阻率是有效的中短期地球物理观测测项。直流视电阻率异常变化主要反映地下介质电阻率在应力作用下的变化，且介质电阻率变化只有上升和下降两种形态。通过震例分析，地震前异常变化具有以下特征：

（1）偏离之前趋势背景的年尺度下降或上升，且变化幅度超过 1%。

（2）异常形态以下降变化为主。

（3）异常持续时间和幅度随震中距增加出现衰减。

（4）大地震前近震中区域台站异常持续最长约 2 年左右（1976 年唐山地震前昌黎台和 2008 年汶川地震前成都台），可靠异常空间范围集中在 200km 范围内。

（5）同一台站不同方向的观测出现各向异性变化。

在异常确认的基础上，可采用震级与异常持续时间关系对震级进行估计。直流视电阻率映震范围较小，地震通常发生在台站附近区域。需要注意的是，由于不能提前判断异常未来的持续时间，预测震级是动态变化的。

## 5.4　结束语

直流视电阻率观测场兆相当丰富，多数异常台站附近不对应发生地震，研究与震源过程直接有关的直流视电阻率时空强图像以及地震监测预报中识别地震前兆信息，首先应根据区域直流视电阻率异常的时间—空间演化特征，认识、甄别这种背景场变化与地震前兆信息。全国范围统计，50 余年的直流视电阻率异常变化中仅有约 38% 的异常在台站周围发生相对应的地震，多数异常属于与地震无关的背景变化或其他未知的变化。1 年尺度地震预测预报中不能把异常一定要联系附近可能发生地震，区分场的变化和地震前兆变化非常重要。认真总结地震前兆异常时空强和形态变化特征，联系异常时空丛集现象与强震活动的对应关系，近场异常时空强演变与活动构造和强震发震机制有关，将有助于提高近距离强地震前兆异常的判断信度。异常时空丛集现象，也是判断中国大陆一年尺度地震活动形势的参考依据之一，是从背景异常信息中认识地震异常的基础。适当地加密台网布局，可以使区域异常之间相互印证，并开展异常时空演化特征分析（异常起始时间和幅度由震中向外围扩散，多台异常各向异性变化）。

此外，以上地震预测指标是对地震前异常复杂时空演化特征和预测意义的一种简化，这些指标可作为异常识别的线索和进行地震预测的参考。但是，在进行地震预测之前或进行震例总结时，需要结合直流视电阻率异常与孕震应力之间的机理，对异常与地震之间的关系进行分析，不可机械地参照地震预测指标的定式。

## 参考文献

陈大元、陈峰、王丽华等，1983，单轴压力下岩石电阻率的研究——电阻率的各向异性，地球物理学报，26（sup.）：783~792

陈峰、安金珍、廖椿庭，2003，原始电阻率各向异性岩石电阻率变化的方向性，地球物理学报，46（2）：271~280

陈峰、马麦宁、安金珍，2013，承压介质电阻率变化的方向性与主应力的关系，地震学报，35（1）：84~93

杜学彬，2010，地震预报中的两类视电阻率变化，中国科学：地球科学，40（10）：1321~1330

杜学彬、李宁、叶青等，2007，强地震附近视电阻率各向异性变化的原因，地球物理学报，50（6）：1802~1810

杜学彬、刘君、崔腾发等，2015，两次近距离大震前成都台视电阻率重现性相似性和各向异性变化，地球物理学报，58（2）：576~588

杜学彬、卢军，1999，地电中短期前兆识别、标志体系及预报方法，"九五"地震科技攻关项目结题报告

高立新、黄根喜、阎海滨，1999，张北—尚义6.2级地震（1998-01-10）前倾斜与地电阻率前兆异常，地壳形变与地震，19（4）：88~90

桂燮泰、关华平、戴经安，1989，唐山、松潘地震前视电阻率短临异常图像重现性，西北地震学报，11（4）：71~75

金安忠、李言竹、李润贤等，1990，地电阻率观测中高压干扰场的研究，地震学报，12（4）：428~434

钱复业、赵玉林、黄燕妮，1996，地电阻率各向异性参量计算法及地震前兆实例，地震学报，18（4）：480~488

钱复业、赵玉林、刘婕等，1990，唐山7.8级地震地电阻率临震功率谱异常，地震，12（3）：33~38

钱复业、赵玉林、余谋明等，1982，地震前地电阻率的异常变化，中国科学B辑，12（9）：831~839

钱家栋、陈有发、金安忠，1985，地电阻率法在地震预报中的应用，北京：地震出版社

汪志亮、郑大林、余素荣，2002，地震地电阻率前兆异常现象，北京：地震出版社

解滔、刘杰、卢军等，2018，2008年汶川8.0级地震前定点观测电磁异常回溯性分析，地球物理学报，61（5）：1922~1937

解滔、卢军，2015，地电阻率三维影响系数及其应用，地震地质，37（4）：1125~1135

解滔、卢军，2016，地表固定干扰源影响下地电阻率观测随时间变化特征分析，地震地质，38（4）：922~936

叶青、杜学彬、陈军营等，2005，2003年大姚和民乐—山丹地震1年尺度预测，地震研究，28（3）：226~230

张斌、朱涛、周建国，2017，岩石电阻率图像及各向异性变化的实验研究，地震学报，39（4）：478~494

张金铸、陆阳泉，1983，不同三轴应力条件下岩石电阻率变化的试验研究，地震学报，5（4）：440~445

张学民、李美、关华平，2009，汶川8.0级地震前的地电阻率异常分析，地震，29（1）：108~115

张勇、许力生、陈运泰，2009，2008年汶川大地震震源机制解的时空变化，地球物理学报，52（2）：379~389

赵玉林、李正南、钱复业等，1995. 地电前兆中期向短临过渡的综合判据，地震，4：308~314

赵玉林、卢军、张洪魁等，2001，电测量在中国地震预报中的应用，地震地质，23（2）：277~285

赵玉林、钱复业，1978，唐山7.8级强震前震中周围形变电阻率的下降异常，地球物理学报，21（3）：181~190

赵玉林、钱复业、杨体成等，1983，原地电阻率变化的实验，地震学报，5（2）：217~225

Barsukov O M, Sorokin O N, 1973, Variations in apparent resistivity of rocks in the seismically active Garm region, Izvestiya Earth Physics, 10（1）：100-102

Brace W F, Orange A S, Madden T R, 1965, The effect of pressure on the electrical resistivity of water-saturated crystalline rocks, Journal of Geophysical Research, 70（22）：5669-5678

Jouniaux L, Zamora M, Reushle T, 2006, Electrical conductivity evolution of non-saturated carbonate rocks during deformation up to failure, Geophysical Journal International, 167（2）：1017-1026

Lu J, Qian F Y, Zhao Y L, 1999, Sensitivity analysis of the Schlumberger monitoring array: application to changes of resistivity prior to the 1976 earthquake in Tangshan, China, Tectonophysics, 307（3-4）：397-405

Lu J, Xie T, Li M et al., 2016, Monitoring shallow resistivity changes prior to the 12 May 2008 $M$8.0 Wenchuan earthquake on the Longmen Shan tectonic zone, China, Tectonophysics, 675：244-257

Lu J, Xue S Z, Qian F Y et al., 2004, Unexpected changes in resistivity monitoring for earthquakes of the Longmen Shan in Sichuan, China, with a fixed Schlumberger sounding array, PEPI, 145（1-4）：87-97

Mazzella A, Morrison H F, 1974, Electrical resistivity variations associated with earthquakes on the San Andreas faults, Science, 185：855-857

Morrison H F, Corwin R F, Chang M, 1977, High accuracy determination of temporal variations of crustal resistivity, Earth Crust, 20：593-614

Park S K, 1991, Monitoring resistivity changes prior to earthquakes in Parkfield, California, with telluric arrays, Journal of Geophysical Research, 96（B9）：211-237

Samouelian A, Richard G, Cousin I et al., 2004, Three-dimensional crack monitoring by electrical resistivity measurement, European Journal of Soil Science, 55：751-762

Yamazaki Y, 1975, Precursory and coseismic resistivity changes, Pure and Applied Geophysics, 113：219-227

Yamazaki Y, 1965, Electrical conductivity of strained rocks, The first paper: Laboratory experiments on sedimentary rocks, Bulletin of the Earthquakes Research Institute, 43（4）：783-802

Yamazaki Y, 1966, Electrical conductivity of strained rocks, The second paper: Further experiments on sedimentary rocks, Bulletin of the Earthquakes Research Institute, 44（4）：1553-1570

Zhu T, Zhou J G, Hao J Q, 2012, Experimental studies on the changes in resistivity and its anisotropy using electrical resistivity tomography, International Journal of Geophysics, 1-10

# 第6章　地震地磁测深视电阻率异常分析方法

## 6.1　概述

### 6.1.1　基本原理

视地球介质为均匀各向同性的平面导体，对于随时间周期变化的不均匀场源，依据电磁感应理论的磁测深原理，定义地磁谐波振幅比：

$$Y_{ZHx}(NS) = \left| \frac{Z(\omega)}{H_x(\omega)} \right| \tag{6.1-1}$$

$$Y_{ZHy}(EW) = \left| \frac{Z(\omega)}{H_y(\omega)} \right| \tag{6.1-2}$$

式中，$Z(\omega)$ 为地磁场垂直分量的频谱；$H_x(\omega)$、$H_y(\omega)$ 分别为地磁场北向水平分量和东向水平分量的谱值；$\omega$ 圆频率。由于

$$\frac{Z(\omega)}{H_x(\omega)} = \frac{Z(\omega)}{H_y(\omega)} = i\frac{\lambda}{\theta} \tag{6.1-3}$$

$$\theta^2 = \sigma\mu\omega \cdot i + \lambda^2 \tag{6.1-4}$$

$$\lambda^2 = m^2 + n^2 \tag{6.1-5}$$

式中，$\sigma$ 电导率；$\mu$ 磁导率；$\lambda$、$m$ 和 $n$ 为整数。实际地球介质的电导率是各向异性的，即

$$\frac{Z(\omega)}{H_x(\omega)} \neq \frac{Z(\omega)}{H_y(\omega)} \tag{6.1-6}$$

可仿照大地电磁测深给出磁测深视电阻率：

$$\rho_{ax} = \frac{\omega}{\mu\lambda^2}\left|\frac{H_z}{H_x}\right|$$
$$\rho_{ay} = \frac{\omega}{\mu\lambda^2}\left|\frac{H_z}{H_y}\right|$$

(6.1-7)

因此，地磁谐波振幅比可以表达为磁测深视电阻率：

$$\rho_{ax} = \frac{\omega}{\mu\lambda^2}\left|Y_{ZHx}(NS)\right|$$
$$\rho_{ay} = \frac{\omega}{\mu\lambda^2}\left|Y_{ZHy}(EW)\right|$$

(6.1-8)

依据地磁测深视电阻率公式，地磁谐波比能反应深部电阻率的变化。理论和实验及野外观测实践表明，地震孕震期间地壳构造应力的变化会引起介质孔隙大小和连通性发生改变，从而导致孕震区介质电阻率发生变化。另一方面，震前震源区可能存在深部热流体上涌现象，此时热流体上涌区地壳介质电阻率下降。

地磁垂直分量与水平分量之间的谐波振幅比与地球介质的电导率有较简单的关系，所以地磁谐波振幅比的随时间变化可直观地了解地下电阻率的变化，是对深部地电阻率的有效表征，可以方便用于研究地震孕育前后地下介质电导率的变化。

## 6.1.2 国内外进展

地震孕育过程是应力应变在局部地区（震源体及附近）缓慢积累的过程，岩石破裂实验表明，岩石电导率与应力应变关系密切（郝锦绮等，1989），因此，地震的孕育过程会伴随着岩石电导率的变化。

地磁场的内场强弱既和外场强弱有关，又和地下物质电导率的大小有关，所以，应力积累引起的地下物质电导率的变化，会引起地磁内场强度的改变，即引起外场和内场比值的改变。这种内外场比值的变化可以通过地磁日变化的谐波振幅比反映出来的（丁鉴海等，1994）。

冯志生等（2004，2009，2013）对不同强度地震前地磁谐波振幅比异常变化特征进行了研究，结果表明地磁谐波振幅比异常特征与地电阻率趋势性异常特征具有相似性。地震前地磁谐波振幅比的趋势性异常表现为下降—转折—恢复，地震基本都发生在地磁谐波振幅比恢复上升阶段，若地磁谐波振幅比南北向与东西向变化同步、长短周期变化也同步时，未来地震距离台站较远，一般在300~500km范围，甚至更远；而当地磁谐波振幅比南北向与东西向变化不同步或长短周期变化不同步时，未来地震距离台站较近，一般在100~300km范围内。可见，趋势异常基础上的不同步变化在发震地点预测上更具优势。

随着观测数据的积累和地磁谐波振幅比方法的推广，近些年又发现了一些地磁谐波振幅比的震例，比如：2012年江苏高邮4.9级地震，2013年吉林前郭5.8级震群、甘肃岷县漳县6.6级地震、四川芦山7.0级地震、山西运城4.4级地震、青海门源6.4级地震，2017年四川九寨沟7.0级地震等，通过以上震例研究，表明地磁谐波振幅在地震前确实存在异常。

### 6.1.3　异常机理

地磁谐波振幅比能够反映深部地电阻率的变化。地磁谐波振幅比 $Y_{ZHx}$（NS）和 $Y_{ZHy}$（EW）与地磁转换函数 $A$ 和 $B$ 相对应，一般情况下其变化过程大体一致。龚绍京等（2001）应用三维有限差分法对长方形高导体的地磁转换函数分布特征进行了数值模拟计算，根据计算结果，地磁转换函数 $A$ 和 $B$ 在高导体中央的变化小，极值主要分布在高导体 4 个犄角和边界附近，且 $A$ 与 $B$ 在高导体 4 个犄角和边界附近的变化分布明显不同。由于地磁转换函数 $A$ 和 $B$ 分别与地磁谐波振幅比 $Y_{ZHx}$ 和 $Y_{ZHy}$ 对应，因此可以利用该模拟计算结果解释地震附近台站地磁谐波振幅比 $Y_{ZHx}$ 和 $Y_{ZHy}$ 的不同步现象，即当孕震区出现高导异常后，位于高导异常体边界附近台站的地磁谐波振幅比 $Y_{ZHx}$ 和 $Y_{ZHy}$ 会出现不同步现象（蒋延林等，2016）。上述理论可以解释地磁谐波振幅比不同步的现象，但按照该理论，位于高导异常中心的台站可能不会出现地磁谐波振幅比异常，即高导异常中心的台站可能不会出现不同步现象。

### 6.1.4　计算步骤

（1）计算每天地磁三分量采样数据谱幅度。

（2）获得二个方向 5~65 分钟各周期的地磁谐波振幅比。

（3）按 10 分钟的频带宽度计算各频带地磁谐波振幅比的频带均值，获得 10、20、30、40、50、60 分钟的地磁谐波振幅比。

（4）计算 10、20、30、40、50、60 分钟的逐日变化序列。

（5）采用窗长 31 天和 365 天的滑动平均法分别消除各频带地磁谐波比逐日变化序列的高频变化和年变化。

### 6.1.5　讨论

经过几年的研究总结，基本得出以下异常特征：

（1）异常变化特征为下降—转折—恢复的变化趋势。

（2）回升期间不同方向或不同周期出现持续时间一年以上不同步变化。

（3）至少有 1/3 曲线出现不同步变化。

由于异常关键特征是不同方向或不同周期出现不同步变化，即异步，但是以上特征不够定量，尤其是在判定不同步这一重要特征方面没有定量判据。因此，为了该方法的实用化，需要对"不同步"这一重要特征进行定量化，本手册采用速率累加法和空间线性度法定量判定不同方向之间出现不同步变化的持续时间。

## 6.2　速率累加法

### 6.2.1　方法概述

#### 1. 基本原理

地磁谐波振幅比异常特征中，同一周期不同方向的不同步是其重要特征之一，因此，可以将不同方向同一周期变化速率进行对比分析以提取不同步异常，并对速率进行归一化以减少速率差异对分析结果的影响，而后采用累加法获得趋势变化特征。

**2. 国内外进展**

速率累加方法在跨断层水准观测资料的前兆异常识别中已经得到应用，该方法可使得在某时段内较为频繁的速率异常变化更为直观和突出，异常幅度显著，更加易于异常的判定和异常指标的提取（刘冠中等，2007）。本手册中的速率累加方法在此基础上进行了一定变化，使其适合地磁谐波振幅比的不同步异常识别。

**3. 计算步骤**

（1）对地磁谐波振幅比南北向和东西向各周期逐日值计算一阶差分，获得各周期一阶差分序列，该序列反映了其变化速率。

（2）对一阶差分序列进行正负判断，大于 0 取值为 1，小于 0 取值为 −1，0 取值不变，形成归一化序列。

（3）将南北向与东西向各周期归一化序列对应数值相乘，形成归一化序列积序列。

（4）将各周期积序列进行累加计算，获得各周期速率累加序列，该序列可用于分析对应周期是否存在不同步异常。

（5）将所有周期累加序列对应数值求和，形成所有周期速率累加和，所有周期速率累加和可用于分析不同步异常起始时间。

## 6.2.2　指标体系

**1. 判据指标**

速率累加曲线持续上升为正常，持续下降和水平波动为异常，异常时间大于 1 年，6 条曲线（周期）至少 2 条曲线出现异常为异常成立。

**2. 预测规则**

发震时间：速率累加异常成立后 2 年内发震（图 6.2 − 4）。

发震地点与发震强度：震级与震中距存在线性关系，4~5 级 200km、5~6 级 300km、6级以上 400km（图 6.2 − 5）。

**3. 取消规则**

超过预测有效期取消。

**4. 预测效能**

由于本方法可用资料时间短，考虑到南北带北部地区装备 FHD 仪器台站较多，近年来地震也较多，此处按台站为统计单位给出了该地区部分台站的预报效能统计结果，具体资料使用情况如下：

1）台站资料

所选用的观测资料为 2008~2018 年南北地震带 FHD 质子矢量磁力仪产出的分钟值数据，要求台站观测数据连续观测时长大于 5 年，缺数率小于 90%。因此，该地区符合要求的台站共计 13 个。

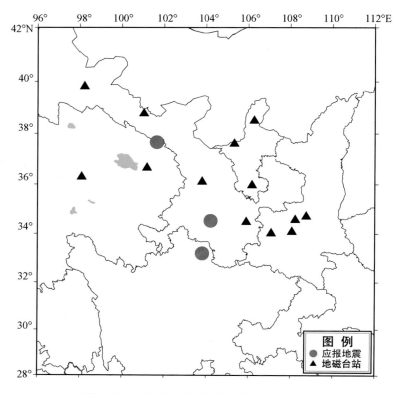

图 6.2 - 1　南北地震带区域台站和地震分布

2）地震资料

由于磁测深视电阻率计算结果要有连续 4 年以上观测资料才能分析应用，因此本报告选取 2012~2018 年南北地震带 6 级以上地震作为分析资料，同时，要求地震震中 400km 范围内有可供分析的台站资料。

3）预测效能计算

对于单一台站预测效能评价，可采用预测占用时间进行评价，每个台站的 $R$ 值评分计算公式为（国家地震局科技监测司，1990）：

$$R = \frac{报对的地震次数}{地震总次数} - \frac{预报占用时间}{预报研究的总时间}$$

各台站 $R$ 值结果见表 6.2 - 1。

表 6.2 - 1　2008~2018 年南北带地磁台站预测效能汇总表

| 序号 | 台站 | 观测时段 | 异常时段 | 对应地震 | 漏报地震 | 预测时长 | R 值 | $R_0$ |
|---|---|---|---|---|---|---|---|---|
| 1 | 乾陵 | 2008.01~2018.12 | 2010.12~2012.05 | 岷县漳县 $M_S$6.6 | 无 | 18 个月 | 0.864 | 0.975 |
| 2 | 周至 | 2009.01~2018.12 | 无 | 无 | 岷县漳县 $M_S$6.6 | 无 | 0 | |
| 3 | 泾阳 | 2009.01~2018.12 | 无 | 无 | 无 | 无 | Null | Null |
| 4 | 汉中 | 2008.01~2018.12 | 2015.02~2017.11 | 九寨沟 $M_S$7.0 | 岷县漳县 $M_S$6.6 | 18 个月 | 0.364 | 0.487 |
| 5 | 兰州 | 2009.01~2018.12 | 2009.01~2011.12 | 无 | 岷县漳县 $M_S$6.6 九寨沟 $M_S$7.0 门源 $M_S$6.4 | 24 个月 | -0.2 | Null |
| 6 | 山丹 | 2009.01~2018.12 | 2015.06~2017.04 | 无 | 门源 $M_S$6.4 | 24 个月 | -0.2 | Null |
| 7 | 天水 | 2011.01~2018.12 | 2015.01~2017.05 | 九寨沟 $M_S$7.0 | 岷县漳县 $M_S$6.6 | 20 个月 | 0.291 | 0.487 |
| 8 | 嘉峪关 | 2008.01~2018.12 | 2014.09~2016.04 | 门源 $M_S$6.4 | 无 | 5 个月 | 0.962 | 0.975 |
| 9 | 都兰 | 2008.01~2018.12 | 2014.06~2016.06 | 门源 $M_S$6.4 | 无 | 8 个月 | 0.939 | 0.975 |
| 10 | 湟源 | 2008.01~2018.12 | 2010.01~2013.03 2014.01~2018.12 | 门源 $M_S$6.4 | 岷县漳县 $M_S$6.6 | 24 个月 12 个月 | 0.227 | 0.487 |
| 11 | 银川 | 2013.01~2018.12 | 无 | 无 | 无 | 无 | Null | Null |
| 12 | 固原 | 2008.01~2018.12 | 2009.01~2011.12 2015.12~2017.07 | 九寨沟 $M_S$7.0 | 岷县漳县 $M_S$6.6 | 24 个月 9 个月 | 0.25 | 0.487 |
| 13 | 中卫 | 2008.01~2018.12 | 2011.04~2012.10 2015.05~2017.03 | 岷县漳县 $M_S$6.6 | 门源 $M_S$6.4 | 15 个月 24 个月 | 0.205 | 0.487 |

　　从表 6.2 - 1 可以看出，各台站 R 都小于 $R_0$，部分台站 R 值较低，这是与地磁谐波振幅比预测时长（24 个月）有关，作为长期预测指标来看，其时间占有率较高。另外，部分台站如泾阳和银川震前没有异常，对于这些台站，平时日常跟踪分析时需注意，即它们对地震或许就是不太"灵敏"。

## 6.2.3　指标依据

### 1. 资料概况

　　研究区域：研究范围为 FHD 地磁观测台站附近 400km 以内（图 6.2 - 2）。

　　研究时间：2008 年 1 月 1 日至 2018 年 12 月 31 日。

　　台站选择：目前我国大陆地区可用于计算分钟值地磁谐波振幅比的 FHD 台站为 77 个（图 6.2 - 2，台站坐标精确到小数点后 2 位，来自中国地震台网中心）。

　　地震选取：2008~2018 年 11 年间，中国大陆地区东经 105°以西发生 5 级以上地震和东经 105°以东发生的 4 级以上地震（地震目录来自地震编目系统正式目录）。同时，依据台站坐标，选取震中距 200km 范围内 4~4.9 级地震，300km 范围内 5~5.9 级地震，400km 范围内 6 级以上地震。共选取应报地震 240 个（图 6.2 - 3）。

　　地磁资料：FHD 质子矢量磁力仪产出的三分量分钟值数据。

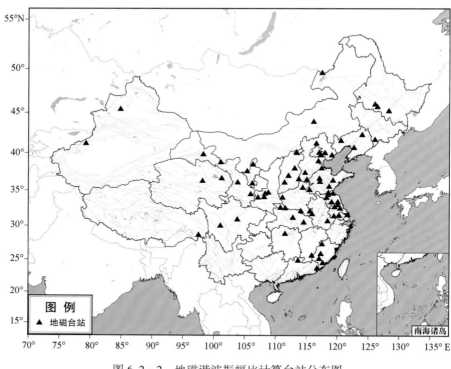

图 6.2 - 2　地磁谐波振幅比计算台站分布图

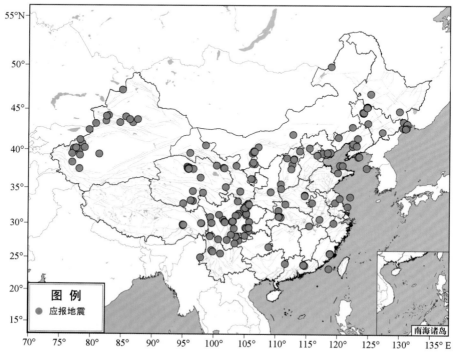

图 6.2 - 3　研究区域地震分布图

**2. 指标依据**

（1）统计分析 44 个地磁谐波振幅比有震异常发震时间信息，发现其中有 29 个地震发生在异常确认后的 2 年内（图 6.2 - 4），占比 66%，因此，初步确定地磁谐波振幅比异常的预测时效为异常确认后 2 年。

（2）统计 44 个震例（10 分钟周期）的震级和震中距的关系，发现震级随震中距增大而增大（图 6.2 - 5），因此，初步确定震级与震中距的预测对应规则。

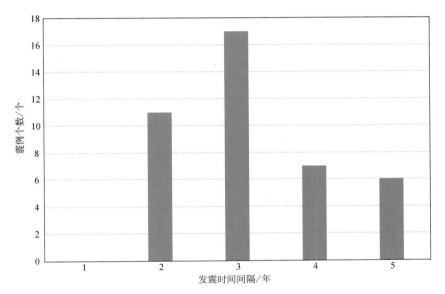

图 6.2 - 4　发震时间分布柱状图

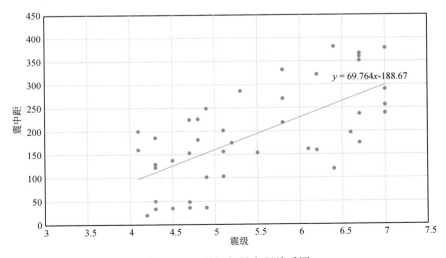

图 6.2 - 5　震级与震中距关系图

### 6.2.4　异常与震例

鉴于研究区域内台站数量较多，论述时仅给出部分台站的异常图件。

**1. 异常概述**

统计 2008 年 1 月至 2018 年 12 月中国大陆地区满足异常判据的异常共有 59 项，其中有震异常 44 项，虚报异常 8 项，疑似异常 7 项。表 6.2－2 给出详细异常参数。

表 6.2－2　地磁谐波振幅比异常信息表

| 序号 | 台站名称 | 异常起始时间 | 异常结束时间 | 异常持续时间（月） | 异常周期（分钟） | 发震时间 | 震级 | 震中距（km） | 备注 |
|---|---|---|---|---|---|---|---|---|---|
| 01 | 平谷马坊 | 2014.09.01 | 2015.10.31 | 14 | 10、20 | 2016.09.10 | 4.1 | 120 | 疑似 |
| 02 | 红山 | 2014.07.01 | 2017.02.28 | 32 | 10、20 | 2016.12.18 | 4.1 | 200 | |
| 03 | 昌黎 | 2010.09.01 | 2013.06.30 | 34 | 10、20、40 | 2012.05.28 | 4.7 | 49 | |
| 04 | 昌黎 | 2014.05.01 | 2017.06.30 | 38 | 10、20、30 | 2015.09.14<br>2016.09.10 | 4.2<br>4.1 | 20<br>60 | |
| 05 | 承德 | 2010.06.01 | 2012.05.31 | 24 | 10、30、50 | 2012.05.28 | 4.7 | 153 | |
| 06 | 涉县 | 2010.04.01 | 2014.12.31 | 33 | 10、20 | 2015.01.18 | 4.1 | 160 | |
| 07 | 定襄 | 2015.03.01 | 2016.10.31 | 20 | 10、30、40 | 2016.04.07<br>2016.12.18 | 4.1<br>4.1 | 48<br>105 | 疑似 |
| 08 | 昔阳 | 2015.03.01 | 2016.10.31 | 20 | 10、30、40 | 2016.04.07<br>2016.12.18 | 4.1<br>4.1 | 159<br>112 | 疑似 |
| 09 | 大同 | 2010.09.01 | 2012.10.31 | 26 | 10、20、30、40 | 2014.09.06 | 4.3 | 186 | |
| 10 | 临汾 | 2014.09.01 | 2017.03.31 | 31 | 10、20、30 | 2016.03.12 | 4.5 | 137 | |
| 11 | 锡林浩特 | 2011.01.01 | 2013.12.31 | 36 | 10、20、30 | | | | 虚报 |
| 12 | 锡林浩特 | 2015.01.01 | 2017.04.30 | 28 | 10、20 | | | | 虚报 |
| 13 | 朝阳 | 2012.09.01 | 2014.03.31 | 19 | 10、60 | 2016.05.22 | 4.5 | 35 | |
| 14 | 铁岭 | 2009.10.01 | 2012.06.30 | 21 | 10、20、40、50 | 2013.01.23<br>2013.11.23 | 5.1<br>5.8 | 103<br>266 | |
| 15 | 哈尔滨 | 2010.07.01 | 2013.12.31 | 42 | 10、20 | 2013.11.23 | 5.8 | 219 | |
| 16 | 望奎 | 2011.04.01 | 2013.06.30 | 27 | 10、40、60 | 2013.11.23 | 5.8 | 270 | |
| 17 | 通河 | 2011.11.01 | 2013.12.31 | 26 | 10、20、50 | 2013.11.23 | 5.8 | 332 | 震中距较大地震较多 |

续表

| 序号 | 台站名称 | 异常起始时间 | 异常结束时间 | 异常持续时间（月） | 异常周期（分钟） | 发震时间 | 震级 | 震中距（km） | 备注 |
|---|---|---|---|---|---|---|---|---|---|
| 18 | 崇明 | 2010.01.01 | 2012.12.31 | 36 | 10~60 | 2012.07.20 | 4.9 | 249 | 震中距较大 |
| 19 | 新沂 | 2011.01.01 | 2013.12.31 | 36 | 20、30、40、50 | 2012.07.20 | 4.9 | 184 | 疑似 |
| 20 | 高邮 | 2011.01.01 | 2012.04.30 | 16 | 10、30、40 | 2012.07.20 | 4.9 | 36 | 长短周期不一致 |
| 21 | 高邮 | 2015.01.01 | 2016.10.31 | 22 | 10、20、40 | 2016.10.20 | 4.3 | 129 | |
| 22 | 盐城 | 2014.01.01 | 2015.07.31 | 19 | 10、20、60 | 2016.10.20 | 4.3 | 34 | 长短周期不一致 |
| 23 | 淮安 | 2013.01.01 | 2015.12.31 | 36 | 20、30 | 2016.10.20 | 4.3 | 122 | |
| 24 | 海安 | 2010.01.01 | 2013.12.31 | 48 | 10、20、40 | 2012.07.20 | 4.9 | 101 | |
| 25 | 大丰 | 2015.02.01 | 2016.12.31 | 23 | 10、20、30 | 2016.10.20 | 4.3 | 50 | |
| 26 | 金寨 | 2009.01.01 | 2009.12.31 | 12 | 10、20、30、60 | 2011.01.19 | 4.6 | 163 | 疑似 |
| 27 | 漳州 | 2015.03.01 | 2018.12.31 | 46 | 10、20、30 | 2018.11.28 | 6.2 | 159 | |
| 28 | 龙岩 | 2010.01.01 | 2010.12.31 | 12 | 20、30、50、60 | 2013.09.04 | 4.8 | 182 | 异常持续时间短 |
| 29 | 邵武 | 2009.01.01 | 2012.03.31 | 39 | 10~50 | 2013.09.04 | 4.8 | 226 | 震中距较大 |
| 30 | 永安 | 2016.01.01 | 2017.12.31 | 24 | 10~50 | 2018.11.28 | 6.2 | 322 | |
| 31 | 会昌 | 2010.08.01 | 2012.07.31 | 24 | 10、20、30 | 2012.02.16 | 4.7 | 225 | 震中距较大 |
| 32 | 泰安 | 2015.01.01 | 2016.12.31 | 24 | 10、60 | | | | 虚报 |
| 33 | 郯城 | 2010.04.01 | 2012.12.31 | 36 | 10~40 | | | | 虚报 |
| 34 | 莒县 | 2011.09.01 | 2013.12.31 | 28 | 10、20、60 | | | | 虚报 |
| 35 | 济南 | 2011.01.01 | 2013.12.31 | 36 | 10~50 | | | | 虚报 |
| 36 | 浚县 | 2011.01.01 | 2012.12.31 | 24 | 10、20、40 | | | | 虚报 |
| 37 | 卢氏 | 2013.01.01 | 2017.12.31 | 60 | 10、20 | 2016.03.12 | 4.5 | 103 | 疑似 |
| 38 | 丹江 | 2009.01.01 | 2010.10.31 | 22 | 10~40 | 2013.12.16 | 5.1 | 202 | |
| 39 | 谷城 | 2011.05.01 | 2013.08.31 | 28 | 10~60 | 2013.12.16 | 5.1 | 156 | |
| 40 | 新丰江 | 2010.10.01 | 2013.12.31 | 39 | 10~60 | 2013.02.22 | 4.7 | 36 | |
| 41 | 成都 | 2015.02.01 | 2017.05.31 | 28 | 10、20、50 | 2017.08.08 | 7.0 | 256 | |

续表

| 序号 | 台站名称 | 异常<br>起始时间 | 异常<br>结束时间 | 异常<br>持续时间<br>（月） | 异常周期<br>（分钟） | 发震时间 | 震级 | 震中距<br>（km） | 备注 |
|---|---|---|---|---|---|---|---|---|---|
| 42 | 道孚 | 2015.07.01 | 2017.04.30 | 22 | 10、20 | 2016.09.23 | 5.2 | 175 | |
| 43 | 察隅 | 2010.09.01 | 2014.11.30 | 39 | 10~60 | 2013.08.12 | 6.1 | 161 | |
| 44 | 乾陵 | 2010.12.01 | 2012.05.31 | 18 | 10、20、<br>30、50 | 2013.07.22 | 6.6 | 367 | |
| 45 | 周至楼观 | 2013.05.01 | 2015.12.31 | 32 | 10、30、50 | 2018.09.12 | 5.3 | 286 | |
| 46 | 汉中 | 2015.02.01 | 2017.12.31 | 35 | 20~60 | 2017.08.08 | 7.0 | 290 | |
| 47 | 兰州 | 2009.01.01 | 2011.12.131 | 36 | 10~40 | 2013.07.22 | 6.6 | 175 | |
| 48 | 山丹 | 2015.06.01 | 2017.04.30 | 23 | 10~30 | | | | 虚报 |
| 49 | 天水 | 2015.01.01 | 2017.05.31 | 29 | 10~30 | 2017.08.08 | 7.0 | 239 | |
| 50 | 嘉峪关 | 2014.09.01 | 2016.04.30 | 20 | 20、50 | 2016.01.21 | 6.4 | 381 | |
| 51 | 都兰 | 2014.06.01 | 2016.06.30 | 25 | 10、20、30 | 2016.01.21 | 6.4 | 350 | 疑似 |
| 52 | 湟源 | 2010.01.01 | 2013.03.31 | 27 | 10~40 | 2013.07.22 | 6.7 | 360 | |
| 53 | 湟源 | 2014.01.01 | 2018.12.31 | 60 | 20、30、40 | 2016.01.21 | 6.4 | 119 | 2018年数据<br>可能受到<br>干扰 |
| 54 | 固原 | 2009.01.01 | 2011.12.31 | 36 | 10、20 | 2013.07.22 | 6.6 | 238 | |
| 55 | 固原 | 2015.12.01 | 2017.07.31 | 20 | 10~40 | 2017.08.08 | 7.0 | 378 | |
| 56 | 中卫 | 2011.04.01 | 2012.10.30 | 19 | 10~40 | 2013.07.22 | 6.6 | 351 | |
| 57 | 中卫 | 2015.05.01 | 2017.03.31 | 23 | 20、30、40 | 2016.01.21<br>2017.06.03 | 6.4<br>5.0 | 317<br>155 | |
| 58 | 乌什 | 2013.01.01 | 2015.12.31 | 36 | 10、20、30 | 2018.09.04 | 5.5 | 154 | |
| 59 | 红浅 | 2016.01.01 | 2018.12.31 | 36 | 10、20、30 | 2017.08.09 | 6.6 | 197 | |

### 2. 有震异常

共有44项有震异常，涉及台站40个，详细信息如下：

2017年8月8日四川九寨沟7.0级地震前，成都、天水、汉中和固原台存在地磁谐波振幅比异常（图6.2－6），各台异常时间分别为2015年2月至2017年5月、2015年1月至2017年7月、2015年2月至2017年12月和2015年12月至2017年7月，成都台异常周期为10、20和50分钟，天水台异常周期为10、20和30分钟，汉中台异常周期为20、30、40、50和60分钟，固原台异常周期为10、20、30和40分钟。

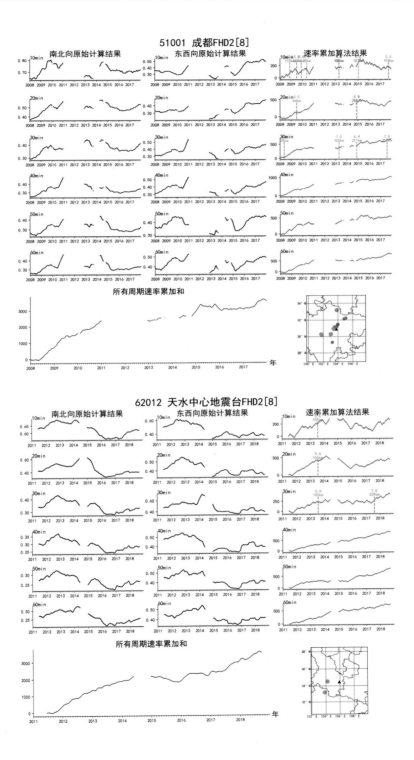

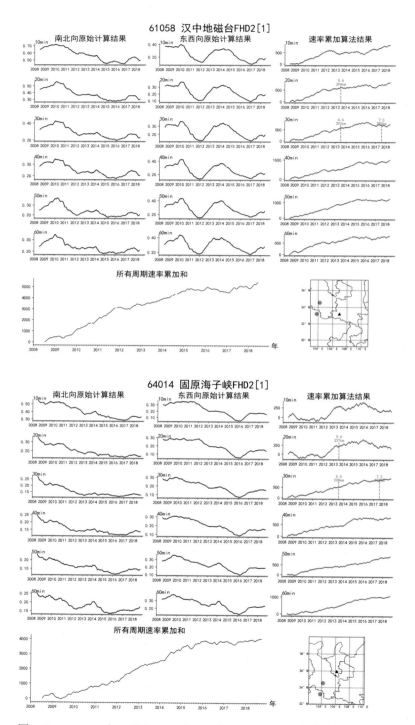

图 6.2 - 6　2017 年 8 月 8 日四川九寨沟 7.0 级地震地磁谐波振幅比异常

2013 年 7 月 22 日甘肃岷县漳县 6.6 级地震前，兰州、固原、中卫、湟源和乾陵台存在地磁谐波振幅比异常（图 6.2 - 7），各台异常时间分别为 2009 年 1 月至 2011 年 12 月、2009 年 1 月至 2011 年 12 月、2011 年 4 月至 2012 年 10 月、2010 年 1 月至 2013 年 3 月和 2010 年 12 月至 2012 年 5 月，兰州台异常周期为 10、20、30 和 40 分钟，固原台异常周期为 10 和 20 分钟，中卫台异常周期为 10、20、30 和 40 分钟，湟源台异常周期为 10、20、30 和 40 分钟，乾陵台异常周期为 10、20、30 和 50 分钟。

2017 年 8 月 9 日新疆精河 6.6 级地震前，红浅台存在地磁谐波振幅比异常（图 6.2 - 8），其异常时间为 2016 年 1 月至 2018 年 12 月，异常周期为 10、20 和 30 分钟。

2016 年 1 月 21 日青海门源 6.4 级地震前，湟源和嘉峪关台存在地磁谐波振幅比异常图（图 6.2 - 9），各台异常时间分别为 2014 年月至 2018 年 2 月、2014 年 9 月至 2016 年 4 月，湟源台异常周期为 20、30 和 40 分钟，嘉峪关异常周期为 20 和 50 分钟。

2018 年 11 月 28 日台湾海峡 6.2 级地震前，漳州和永安台存在地磁谐波振幅比异常（图 6.2 - 10），各台异常时间为 2015 年 3 月至 2018 年 12 月、2016 年 1 月至 2018 年 12 月，漳州台异常周期为 10、20 和 30 分钟，永安台异常周期为 10、20、30、40 和 50 分钟。

2013 年 8 月 12 日西藏左贡 6.1 级地震前，察隅台存在地磁谐波振幅比异常（图 6.2 - 11），其异常时间为 2010 年 9 月至 2014 年 11 月，异常周期为 10、20、30、40、50 和 60 分钟。

2008~2018 年中国大陆部分 5 级地震前也出现了地磁谐波振幅比异常，例如：2013 年 11 月 23 日吉林前郭 5.8 级震群和 2018 年 9 月 4 日新疆伽师 5.5 级地震等（图 6.2 - 12），异常详细信息见表 6.2 - 1。

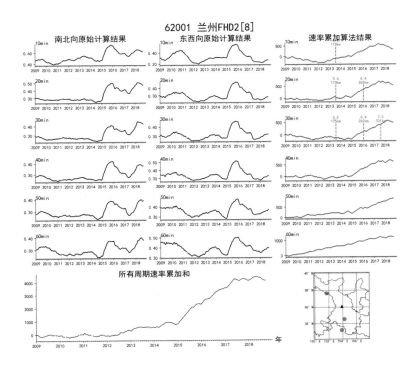

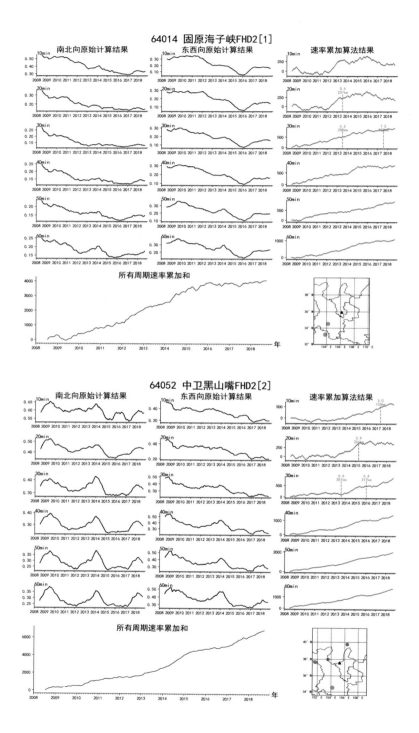

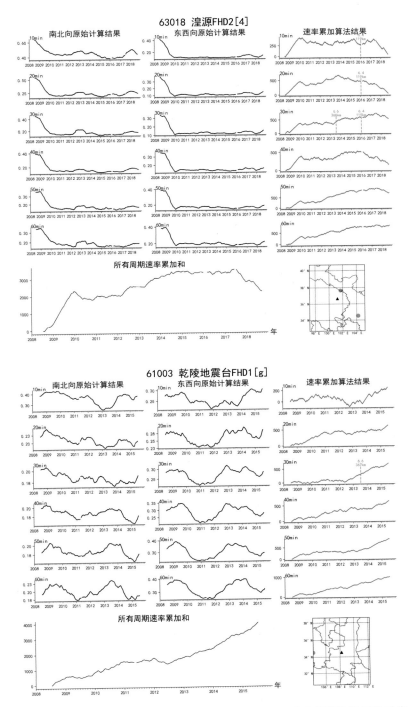

图 6.2-7　2013 年 7 月 22 日甘肃岷县漳县 6.6 级地震地磁谐波振幅比异常

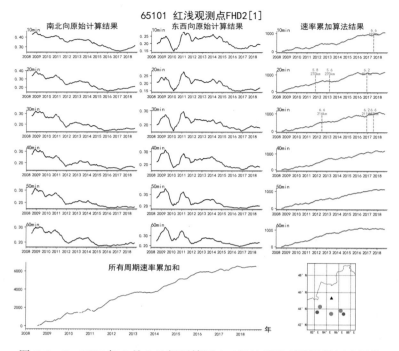

图 6.2 - 8　2017 年 8 月 9 日新疆精河 6.6 级地震地磁谐波振幅比异常

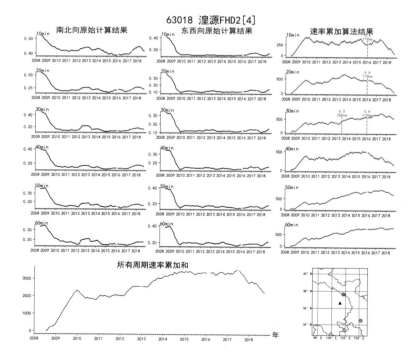

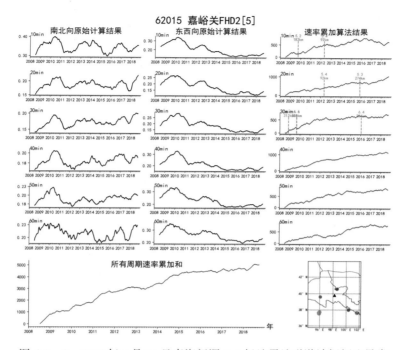

图 6.2 - 9　2016 年 1 月 21 日青海门源 6.4 级地震地磁谐波振幅比异常

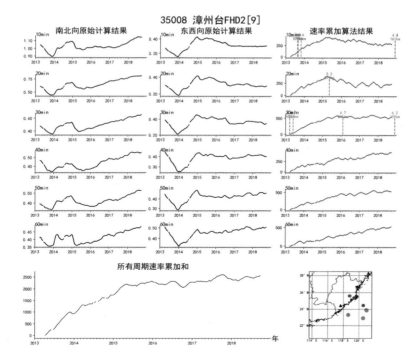

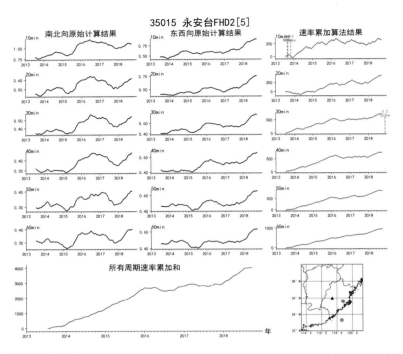

图 6.2 - 10　2018 年 11 月 28 日台湾海峡 6.2 级地震地磁谐波振幅比异常

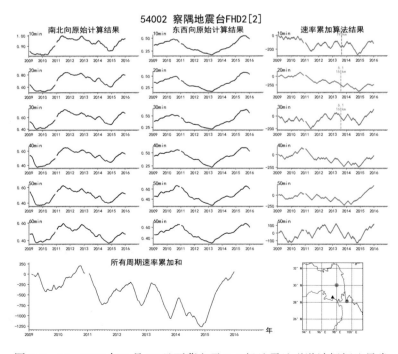

图 6.2 - 11　2013 年 8 月 12 日西藏左贡 6.0 级地震地磁谐波振幅比异常

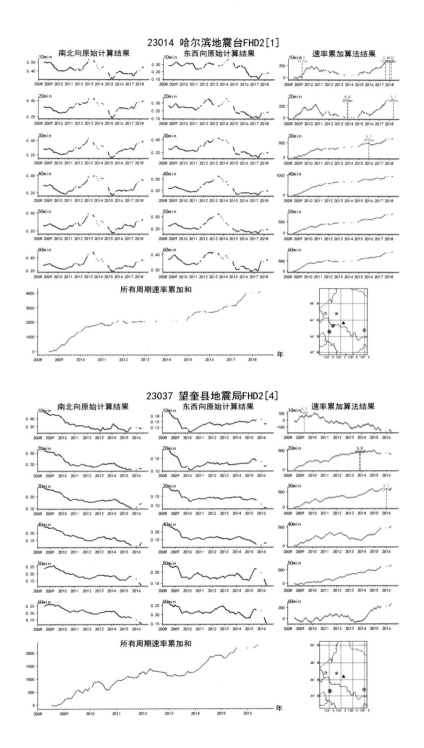

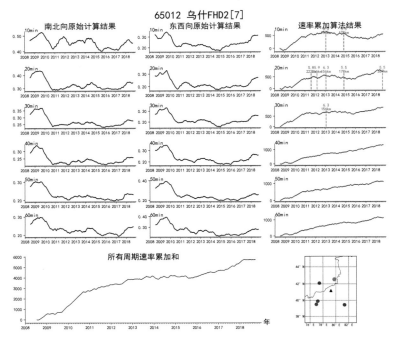

图 6.2 - 12　2013 年 11 月 23 日吉林前郭 5.8 级震群和 2018 年 9 月 4 日
新疆伽师 5.5 级地震地磁谐波振幅比异常

　　2008~2018 年华东地区部分 4 级以上地震也存在地磁谐波振幅比异常，主要有 2012 年江苏宝应 4.9 级、2013 年福建仙游 4.8 级、2016 年山西盐湖 4.4 级和 2016 年 12 月山西清徐 4.3 级地震等，详细信息见表 6.2 - 2，异常如图 6.2 - 13 所示。

**3. 虚报异常**

　　共有 8 项虚报异常，涉及台站 7 个，图 6.2 - 14 给出相应实例。锡林浩特台 2011 年 1 月至 2013 年 12 月地磁谐波振幅比 10、20 和 30 分钟周期出现异常，预报有效期内未发生地震；林浩特台 2015 年 1 月至 2017 年 4 月地磁谐波振幅比 10、20 和 30 分钟周期出现异常，预报有效期内未发生地震；泰安台 2015 年 1 月至 2016 年 12 月地磁谐波振幅比 10 和 60 分钟周期出现异常，预报有效期内未发生地震（2017 年 3 月 3 日山东长岛海域发生 4.0 级地震，距离该台站 383km）；郯城台 2010 年 4 月至 2012 年 12 月地磁谐波振幅比 10、20、30 和 40 分钟周期出现异常，预报有效期内未发生地震；莒县台 2011 年 9 月至 2013 年 12 月地磁谐波振幅比 10、20 和 60 分钟出现异常，预报有效期内未发生地震；济南台 2011 年 1 月至 2013 年 12 月地磁谐波振幅比 10、20、30、40 和 50 分钟周期出现异常，预报有效期内未发生地震；浚县台 2011 年 1 月至 2012 年 12 月地磁谐波振幅比 10、20 和 40 分钟周期出现异常，预报有效期内未发生地震。

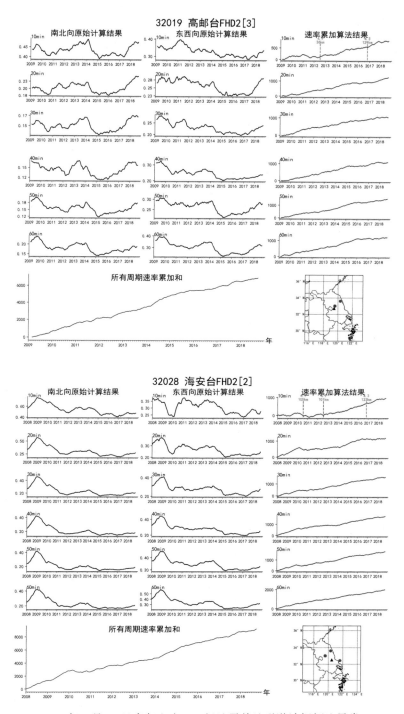

2012 年 7 月 20 日高邮宝应 4.9 级地震前地磁谐波振幅比异常

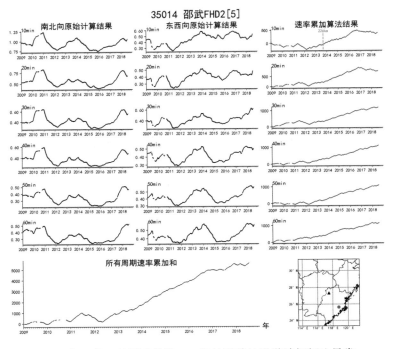

2013 年 9 月 4 日福建仙游 4.8 级地震前地磁谐波振幅比异常

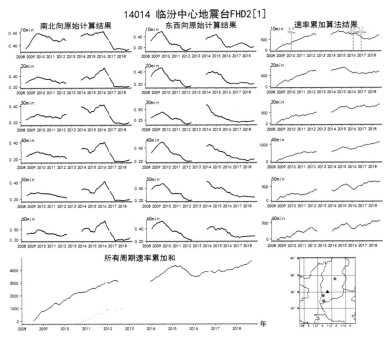

2016 年 3 月 12 日山西盐湖 4.5 级地震前地磁谐波振幅比异常

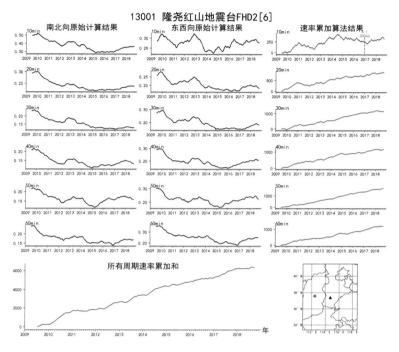

2016 年 12 月 18 日山西清徐 4.1 级地震前地磁谐波振幅比异常

图 6.2 - 13　中国大陆部分 4 级地震前地磁谐波振幅比异常

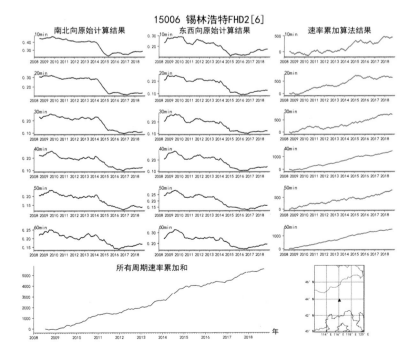

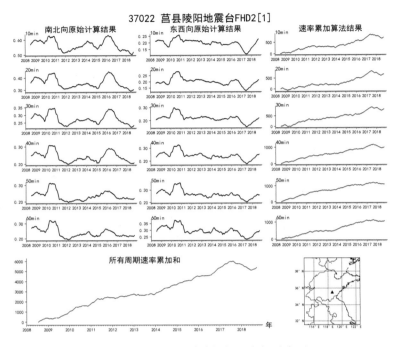

图 6.2 - 14　地磁谐波振幅比虚报异常图

### 4. 疑似异常

共有疑似异常 7 项目，涉及台站 7 个，图 6.2 - 15 给出 2 个例子。确认为疑似异常，其主要原因为异常持续时间不足，或是异常形态不明显。其中平谷台 2014 年 9 月至 2015 年 10 月地磁谐波振幅比 10 和 20 分钟周期出现异常，但 10 分钟周期不同步时间不足 1 年；定襄台 2015 年 3 月至 2016 年 10 月地磁谐波振幅比 10、30 和 40 分钟周期出现异常，但 30 和 40 分钟异常形态不明显；昔阳台 2015 年 3 月至 2016 年 10 月地磁谐波振幅比 10、30 和 40 分钟周期出现异常，但 30 和 40 分钟周期异常形态不明显；新沂台 2011 年 1 月至 2013 年 12 月地磁谐波振幅比 20、30、40 和 50 分钟周期出现异常，但在 2012 年 7 月 20 日江苏高邮 4.9 级地震前异常形态并不明显；金寨 2009 年 1~12 月地磁谐波振幅比 10、20、30 和 60 分钟周期出现异常，但各周期实际异常持续时间不足 1 年；卢氏 2013 年 1 月至 2017 年 12 月地磁谐波振幅比 10 和 20 分钟周期出现异常，但其异常持续时间过长且台站数据质量不高；都兰台 2014 年 6 月至 2016 年 6 月地磁谐波振幅比 10、20 和 30 分钟周期出现异常，但异常时段内有 9 个月左右的缺数。

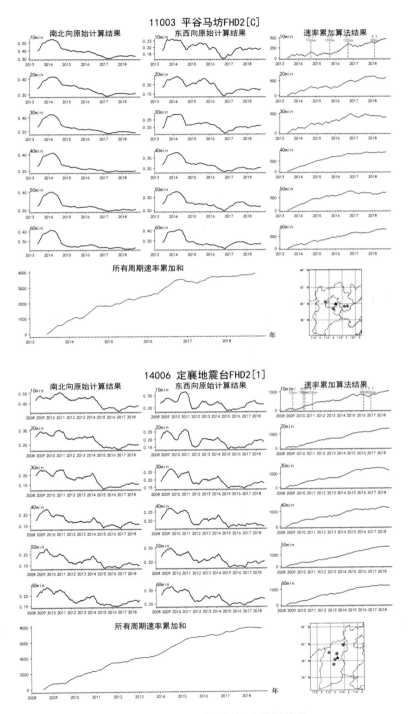

图 6.2－15　地磁谐波振幅比疑似异常

## 6.2.5　讨论

地磁谐波振幅比速率累加方法属于长期预测方法，通过震例回溯性分析，发现该方法对于发震地点的预测具有较好的效果，地震基本发生在台站附近地区，且震级与震中距具有一定线性关系。

地磁谐波振幅比速率累加方法也存在以下不足之处：

（1）目前对于不同步异常的识别，仅为同一周期两个方向的不同步变化，对于同一方向不同周期的不同步变化无法通过算法识别。

（2）由于对异常幅度认识的不充分，导致在统计结果无法体现异常幅度对异常判定和预测规则的作用。

（3）在众多震例中，依然存在着地震和异常并非一一对应的情况，这对今后的预测工作造成一定困扰。

（4）由于预测占用时间较长，震例积累少，以台站为单位进行效能评价时很难通过显著性检验，即 $R$ 小于 $R_0$，关于这一点可能只能等待震例积累。

鉴于该方法的不足之处，在今后的研究中可以开展相关方向的研究工作，尤其是异常幅度大小的界定，与异常幅度和异常判据、预测规则的关系研究。

# 6.3　空间线性度法

## 6.3.1　方法概述

### 1. 基本原理

磁测深视电阻率（地磁谐波振幅比）的震兆异常特征为"南北和东西两个方向 6 个周期 12 条曲线中有 4 条及以上曲线出现持续时间 1 年以上幅度达 30% 的不同步"，但不同步的判定仍依赖于预报人员经验。引入空间线性度方法对谐波振幅比 6 或 12 条曲线进行归算，实现单台地磁谐波振幅比产出单一曲线，并对各台的谐波振幅比的空间线性度曲线与地震关系开展研究，建立预测指标，实现不同步判别指标的定量化，为地震趋势判定提供依据。

磁测深视电阻率（地磁谐波振幅比）的空间线性度 $\partial$ 定义为：

把单台的地磁谐波振幅比数据定义为矩阵 $X_{jk}$，即

$$X_{jk} = \begin{bmatrix} X_{11} & X_{12} & \cdots & X_{1Q} \\ X_{21} & X_{22} & \cdots & X_{2Q} \\ \vdots & \vdots & \vdots & \vdots \\ X_{M1} & X_{M2} & \cdots & X_{MQ} \end{bmatrix} \qquad (6.3-1)$$

式中，$j=1、2、\cdots、M$，是每个周期的序号；$M$ 是参与计算的周期总数；$k=1、2、\cdots、Q$，是谐波振幅比数据的时间序号；$Q$ 为每个周期的数据总数。

定义 $X_{jk}$ 的期望值为

$$E_j = \frac{1}{Q} \sum_{k=1}^{Q} X_{jk} \qquad (6.3-2)$$

而其协方差为

$$C_{je} = \frac{1}{Q} \sum_{k=1}^{Q} (X_{jk} - E_j)(X_{ek} - E_e) \qquad (6.3-3)$$

由 $C_{je}$ 构成协方差矩阵 $V\{C_{je}\}$，$j = 1$、$2$、$\cdots$、$M$；$e = 1$、$2$、$\cdots$、$M$，再由特征方程

$$(V - \lambda I)A = 0 \qquad (6.3-4)$$

即可求得按数值大小排列的特征值 $\lambda_1$、$\lambda_2$、$\cdots$、$\lambda_M$；式中 $I$ 为 $M$ 阶单位矩阵。
由 $\lambda_1$、$\lambda_2$ 定义谐波振幅比的空间线性度 $\partial$ 为

$$\partial = 1 - \frac{\lambda_1}{\lambda_2} \qquad (6.3-5)$$

空间线性度的数学意义实际上是表达的 12 行数据之间的相关性，如果各行数据之间完全相关则线性度为 1，此时各行数据之间是简单的倍数关系，即某行数据是另一行的若干倍，如果不相关则为 0。

**2. 国内外进展**

冯德益等（1993，1994）利用空间线性度方法对数字化地震记录波形进行分析，并将其应用于地震预报研究，发现地震波波形的空间线性度主要反映了传播介质的非均匀性的变化，深井观测地脉动的波形线性度则可能与地下介质的细微结构（如地下流体）动态变化等有关，空间线性度可以作为大地震的短期预报指标。吴国有等（1996）对不连续岩石试件加载变形与破坏前后声发射波形的线性度分析验证了空间线性度作为前兆用于地震预报的可能。随后，该方法在一些地震前地震波数据的分析中有较好的应用效果（冯德益等，1995；华卫，2002）。

吴国有等（1997）将空间线性度方法引入前兆观测数据的分析处理，利用该方法综合计算不同台站不同前兆手段的观测数据，得到描述前兆场统一的特征量 $\partial$，定义 $\partial$ 为前兆场的空间线性度。$\partial$ 的大小主要反映了前兆场介质的均匀性程度，对于完全均匀的介质可认为 $\partial = 1$，介质的非均匀性越强，$\partial$ 值将越小。因此，它可以作为前兆场介质非均匀性的定量评价指标之一。震例研究表明，$\partial$ 在中强地震之前一年左右时间内有异常显示。田山等（2004a，2004b）利用该方法对华北地区强震近震中区的地电阻率、地磁 $Z$ 分量等资料进行组合计算，发现强震前半年内震源区附近的 $\partial$ 有明显的下降变化。

### 3. 异常机理

与直流电阻率一样，磁测深视电阻率（地磁谐波振幅比）（冯志生等，2004）也有二个正交方向，一般为南北向和东西向，但地磁谐波振幅比还有不同周期之分，基于磁测深原理的地磁谐波振幅比随时间的变化反应了地壳介质电阻率随时间的变化，不同周期地磁谐波振幅比对应不同深度的介质电阻率，因此，多个周期地磁谐波振幅比的空间线性度代表了不同深度介质电阻率随时间变化的非均匀性，空间线性度越低，则非均匀性越低，不同周期地磁谐波振幅比变化的一致性或同步性越差。

### 4. 计算步骤

（1）对南北向和东西向各 6 个周期（10~60min），共计 12 条地磁谐波振幅比逐日曲线进行富氏拟合。拟合阶数由数据长度决定，数据越长阶数越多，目的是滤除周期短于一年及以下的变化，一般为数据长度（单位：年）的 0.6 倍，实际使用时建议固定数据长度和拟合阶数，如数据长度固定为 10 年，拟合阶数固定为 6 阶。数据少于 5 年不建议使用。

（2）对富氏拟合后得到的 12 条曲线（也可分别对 NS 或 EW 方向 6 条曲线）进行空间线性度计算，本章采用的是 NS 方向 6 条曲线。计算步长为 15 天，窗长为 360 天。

（3）对单台的空间线性度曲线以 3 倍均方差线为阈值，低于阈值为异常。

## 6.3.2　指标体系

### 1. 异常判据

（1）单台空间线性度随时间变化一般较为稳定，数值在 0.8 以上。

（2）空间线性度快速下降，直至低于 3 倍均方差线为异常，即异常阈值为数据全程均值减其 3 倍均方差。

### 2. 预测规则

发震时间：异常出现后 2 年内。

发震地点：大陆西部异常台站 500km 范围内，东部 300km 范围内。

发震强度：大陆西部地区 6 级以上地震，东部 4 级以上地震。

### 3. 取消规则

（1）预测时间内发生预期地震取消。

（2）超过预测有效期取消。

### 4. 预测效能

表 6.3 - 1　地磁谐波振幅比空间线性度异常预报效能统计结果

| 序号 | 地区 | 震级范围 | 异常总数 | 应报地震 | 有震异常 | 异常对应率 | 报对地震 | 地震漏报率 |
|------|------|----------|----------|----------|----------|------------|----------|------------|
| 1 | 西部 | $M \geqslant 6$ | 48 | 20 | 22 | 46% | 10 | 50% |
| 2 | 东部 | $M \geqslant 4$ | 91 | 62 | 61 | 67% | 46 | 26% |
| 3 | 大陆 | 东部 4 级<br>西部 6 级 | 139 | 82 | 83 | 60% | 56 | 32% |

注：表中地震总数为台站周边按照预测规则应报地震的总数。

## 6.3.3　指标依据

**1. 资料概况**

研究区域：研究范围为整个中国大陆地区，不包括我国台湾地区、南海诸岛和海域，也不包括邻国（个别异常对应研究区外地震会单独列出）。

研究时间：2008 年 1 月 1 日至 2019 年 4 月 30 日。

台站选择：目前可用于计算分钟值地磁谐波振幅比的 FHD 台站，数据一般长于 5 年的才参与震例分析，数据使用情况见表 6.3－2，表中注明了数据未参与分析的原因和富氏拟合的阶数。

**表 6.3－2　震例分析使用台站概况表**

| 序号 | 台站 | 备注/阶数（数据时长） | 序号 | 台站 | 备注/阶数（数据时长） |
|---|---|---|---|---|---|
| 1 | 平谷马坊 | 4 阶（2012~2019 年） | 41 | 临汾 | 8 阶（2008~2019 年） |
| 2 | 昌平 | 数据短 | 42 | 锡林浩特 | 缺数多 |
| 3 | 静海 | 4 阶（2011~2019 年） | 43 | 满洲里 | 数据异常 |
| 4 | 宁河 | 数据短 | 44 | 营口 | 8 阶（2007~2019 年） |
| 5 | 宝坻新台 | 数据短 | 45 | 朝阳 | 近年缺数 |
| 6 | 隆尧红山 | 缺数多 | 46 | 铁岭 | 8 阶（2007~2019 年） |
| 7 | 昌黎后土桥 | 缺数多 | 47 | 通化 | 8 阶（2007~2019 年） |
| 8 | 承德 | 8 阶（2009~2019 年） | 48 | 哈尔滨 | 8 阶（2008~2018 年） |
| 9 | 涉县 | 8 阶（2008~2019 年） | 49 | 望奎 | 近年缺数 |
| 10 | 丰宁 | 8 阶（2008~2019 年） | 50 | 通河 | 8 阶（2007~2019 年） |
| 11 | 文安 | 数据短 | 51 | 崇明 | 8 阶（2008~2019 年） |
| 12 | 黄壁庄 | 数据短 | 52 | 新沂 | 8 阶（2008~2019 年） |
| 13 | 广平 | 8 阶（2008~2019 年） | 53 | 溧阳 | 数据异常 |
| 14 | 代县中心台 | 数据短 | 54 | 连云港 | 8 阶（2008~2019 年） |
| 15 | 定襄 | 8 阶（2008~2019 年） | 55 | 高邮 | 8 阶（2008~2019 年） |
| 16 | 昔阳 | 4 阶（2011~2019 年） | 56 | 盐城 | 8 阶（2008~2019 年） |
| 17 | 太原武家寨 | 4 阶（2013~2019 年） | 57 | 射阳 | 数据短 |
| 18 | 大同 | 8 阶（2008~2019 年） | 58 | 淮安 | 8 阶（2008~2019 年） |
| 19 | 金寨 | 缺数多 | 59 | 宿迁 | 数据短 |
| 20 | 漳州 | 4 阶（2012~2019 年） | 60 | 无锡 | 8 阶（2008~2019 年） |
| 21 | 龙岩 | 数据异常 | 61 | 海安 | 8 阶（2008~2019 年） |
| 22 | 邵武 | 数据异常 | 62 | 大丰 | 4 阶（2012~2019 年） |

| 序号 | 台站 | 备注/阶数（数据时长） | 序号 | 台站 | 备注/阶数（数据时长） |
|---|---|---|---|---|---|
| 23 | 永安 | 数据异常 | 63 | 泰安 | 4 阶（2011~2019 年） |
| 24 | 会昌 | 数据异常 | 64 | 郯城 | 数据异常 |
| 25 | 信阳 | 8 阶（2008~2019 年） | 65 | 安丘 | 数据异常 |
| 26 | 浚县 | 8 阶（2008~2019 年） | 66 | 菏泽 | 数据异常 |
| 27 | 卢氏 | 4 阶（2010~2019 年） | 67 | 莒县 | 数据异常 |
| 28 | 丹江 | 8 阶（2008~2019 年） | 68 | 无棣大山 | 数据异常 |
| 29 | 钟祥 | 缺数多 | 69 | 桃源 | 8 阶（2008~2019 年） |
| 30 | 十堰 | 8 阶（2008~2019 年） | 70 | 新丰江 | 近年缺数 |
| 31 | 谷城 | 数据异常 | 71 | 韶关 | 近年缺数 |
| 32 | 应城 | 数据短 | 72 | 成都 | 8 阶（2008~2018 年） |
| 33 | 周至 | 8 阶（2009~2019 年） | 73 | 道孚 | 8 阶（2008~2018 年） |
| 34 | 泾阳 | 8 阶（2009~2019 年） | 74 | 都兰 | 8 阶（2008~2019 年） |
| 35 | 汉中 | 8 阶（2008~2018 年） | 75 | 湟源 | 8 阶（2008~2019 年） |
| 36 | 兰州 | 8 阶（2008~2019 年） | 76 | 银川 | 4 阶（2013~2019 年） |
| 37 | 山丹 | 8 阶（2008~2019 年） | 77 | 固原 | 8 阶（2008~2019 年） |
| 38 | 天水 | 4 阶（2011~2019 年） | 78 | 中卫 | 8 阶（2008~2019 年） |
| 39 | 嘉峪关 | 8 阶（2008~2019 年） | 79 | 乌什 | 8 阶（2008~2019 年） |
| 40 | 红浅 | 8 阶（2008~2019 年） | | | |

地震选取：2008~2018 年间，中国大陆地区东经 110°以西地磁台周边 500km 范围内 6 级以上地震和东经 110°以东地磁台周边 300km 范围内发生的 4 级以上地震（漳州台对应台湾地区 6 级以上地震）。

资料简介：共选取了 79 个地磁台的 FHD 质子旋进磁力仪产出的分钟值数据进行分析，其中部分由于时间短或数据缺数多等原因未参与地磁谐波振幅比计算。

研究分区：东经 110°为界，将中国大陆分为西部和东部。

**2. 指标建立**

将全国 FHD 地磁仪产出的地磁谐波振幅比数据先根据不同时长进行富氏拟合，再计算拟合后数据的空间线性度并绘制时序曲线图。对于单个地磁台的空间线性度曲线，取 3 倍均方差控制线为阈值，低于阈值的则为空间线性度异常。使用此方法，对全国符合要求的 FHD 数据进行计算，共使用 49 台数据，生成 49 条空间线性度曲线，发现 139 项空间线性度异常。

1）发震时间

空间线性度异常出现后，2 年内发震的可能性较大，但发震时间与异常出现时间无明显的统计关系。震例统计中异常出现后发震相隔时间最短的为当天，但异常出现后 50 天内发震的仅占极小部分，因此空间线性度异常仍以中期异常为主（图 6.3 - 1）。

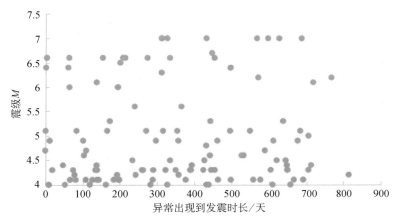

图 6.3 - 1　震级与异常出现至发震时长散点图

2）发震地点

通过对异常参数的分析，发现空间线性度异常分布范围较广。对于 4.5 级以下地震，异常台站分布于震中附近 300km 范围内。伴随着震级的增加，其异常分布范围逐渐加大，5 级以上地震的空间线性度异常以 100km 之外，300km 之内为主，6 级以上地震则扩大至 300km 外为主，表明震级越大，孕震范围越大，空间线性度异常的分布范围也越大（图 6.3 - 2）。

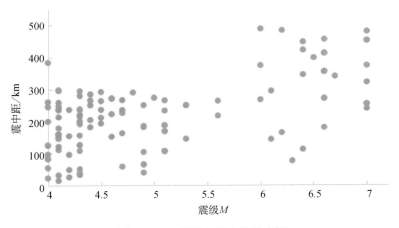

图 6.3 - 2　震级与震中距散点图

3）发震强度

统计异常的下降幅度，发现其与震级无明显相关关系。异常的降幅一般大于 0.5，如异常下降幅度小于 0.5，则震级一般不会大于 6（图 6.3 - 3）。

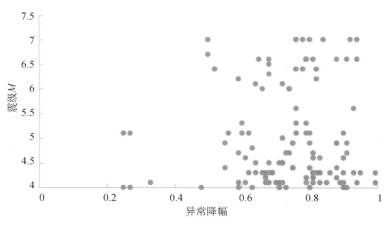

图 6.3 - 3　震级与异常降幅散点图

## 6.3.4　异常与震例

### 1. 异常概述

统计 2008 年 1 月至 2019 年 5 月中国大陆地区满足异常判据的异常共有 139 项，其中有震异常 83 项。有的异常仅对应 1 次地震，也有的异常对应多次地震，详见表 6.3 - 3。

表 6.3 - 3　空间线性度震例信息表

| 序号 | 台站 | 异常开始 | 异常结束 | 持续（天） | 至发震（天） | 异常最低值 | 异常幅度 | 发震时间 | 震中 | 震级 M | 震中距（km） | 备注 |
|---|---|---|---|---|---|---|---|---|---|---|---|---|
| 1 | 平谷 | 2016.02.24 | 2016.04.24 | 60 | 120 | 0.29 | 0.71 | 2016.06.23 | 尚义 | 4.0 | 260 | |
| 2 | 平谷 | 2016.02.24 | 2016.04.24 | 60 | 199 | 0.29 | 0.71 | 2016.09.10 | 唐山 | 4.1 | 120 | |
| 3 | 静海 | 2012.06.09 | 2012.06.24 | 15 | -12 | 0.27 | 0.73 | 2012.05.28 | 唐山 | 4.7 | 162 | 疑似 |
| 4 | 静海 | 2012.06.09 | 2012.06.24 | 15 | 9 | 0.27 | 0.73 | 2012.06.18 | 宝坻 | 4.0 | 96 | |
| 5 | 静海 | 2016.04.19 | 2016.05.04 | 15 | 144 | 0.06 | 0.94 | 2016.09.10 | 唐山 | 4.1 | 151 | |
| 6 | 静海 | 2017.11.25 | 2017.12.10 | 15 | 79 | 0.33 | 0.67 | 2018.02.12 | 永清 | 4.2 | 48 | |
| 7 | 承德 | 2010.10.17 | 2010.12.16 | 60 | 589 | 0.41 | 0.59 | 2012.05.28 | 唐山 | 4.7 | 58 | |
| 8 | 承德 | 2010.10.17 | 2010.12.16 | 60 | 610 | 0.41 | 0.59 | 2012.06.18 | 宝坻 | 4.0 | 54 | |
| 9 | 承德 | 2013.06.18 | 2013.08.02 | 45 | 445 | 0.34 | 0.66 | 2014.09.06 | 涿鹿 | 4.3 | 215 | |
| 10 | 涉县 | 2010.12.16 | 2010.12.31 | 15 | 82 | 0.19 | 0.81 | 2011.03.08 | 太康 | 4.1 | 297 | |
| 11 | 涉县 | 2016.06.17 | 2016.07.02 | 15 | 184 | 0.3 | 0.7 | 2016.12.18 | 清徐 | 4.1 | 159 | |
| 12 | 丰宁 | 2009.12.21 | 2010.01.20 | 30 | 75 | 0.1 | 0.9 | 2010.03.06 | 滦县 | 4.3 | 238 | |

续表

| 序号 | 台站 | 异常开始 | 异常结束 | 持续（天） | 至发震（天） | 异常最低值 | 异常幅度 | 发震时间 | 震中 | 震级 M | 震中距（km） | 备注 |
|---|---|---|---|---|---|---|---|---|---|---|---|---|
| 13 | 丰宁 | 2009.12.21 | 2010.01.20 | 30 | 104 | 0.1 | 0.9 | 2010.04.04 | 大同 | 4.6 | 271 | |
| 14 | 丰宁 | 2009.12.21 | 2010.01.20 | 30 | 109 | 0.1 | 0.9 | 2010.04.09 | 丰南 | 4.1 | 235 | |
| 15 | 丰宁 | 2012.06.08 | 2012.07.08 | 30 | −11 | 0.09 | 0.91 | 2012.05.28 | 唐山 | 4.7 | 235 | 疑似 |
| 16 | 丰宁 | 2012.06.08 | 2012.07.08 | 30 | 10 | 0.09 | 0.91 | 2012.06.18 | 宝坻 | 4.0 | 199 | |
| 17 | 广平 | 2016.08.01 | 2016.09.15 | 45 | 139 | 0.1 | 0.9 | 2016.12.18 | 清徐 | 4.1 | 258 | |
| 18 | 定襄 | 2014.01.14 | 2014.01.29 | 15 | 814 | 0.19 | 0.81 | 2016.04.07 | 原平 | 4.2 | 95 | |
| 19 | 昔阳 | 2015.08.08 | 2015.09.22 | 45 | 243 | 0.33 | 0.67 | 2016.04.07 | 原平 | 4.2 | 153 | |
| 20 | 昔阳 | 2015.08.08 | 2015.09.22 | 45 | 498 | 0.33 | 0.67 | 2016.12.18 | 清徐 | 4.1 | 110 | |
| 21 | 太原 | 2016.10.12 | 2016.10.27 | 15 | 67 | 0.11 | 0.89 | 2016.12.18 | 清徐 | 4.1 | 14 | |
| 22 | 营口 | 2011.07.24 | 2011.08.23 | 30 | 193 | 0.21 | 0.79 | 2012.02.02 | 盖州 | 4.2 | 25 | |
| 23 | 营口 | 2011.07.24 | 2011.08.23 | 30 | 549 | 0.21 | 0.79 | 2013.01.23 | 灯塔 | 5.1 | 106 | |
| 24 | 营口 | 2011.07.24 | 2011.08.23 | 30 | 638 | 0.21 | 0.79 | 2013.04.22 | 科尔沁 | 5.3 | 250 | |
| 25 | 营口 | 2012.02.04 | 2012.02.19 | 15 | 354 | 0.4 | 0.6 | 2013.01.23 | 灯塔 | 5.1 | 106 | |
| 26 | 营口 | 2012.02.04 | 2012.02.19 | 15 | 443 | 0.4 | 0.6 | 2013.04.22 | 科尔沁 | 5.3 | 250 | |
| 27 | 营口 | 2015.10.01 | 2015.11.15 | 45 | 53 | 0.29 | 0.71 | 2015.11.23 | 大石桥 | 4.0 | 22 | |
| 28 | 营口 | 2015.10.01 | 2015.11.15 | 45 | 234 | 0.29 | 0.71 | 2016.05.22 | 朝阳 | 4.5 | 236 | |
| 29 | 营口 | 2017.08.06 | 2017.09.05 | 30 | 135 | 0.33 | 0.67 | 2017.12.19 | 海城 | 4.3 | 37 | |
| 30 | 铁岭 | 2008.02.25 | 2008.03.26 | 30 | 263 | 0.19 | 0.81 | 2008.11.14 | 海城 | 4.3 | 200 | |
| 31 | 铁岭 | 2008.02.25 | 2008.03.26 | 30 | 389 | 0.19 | 0.81 | 2009.03.20 | 伊通 | 4.3 | 155 | |
| 32 | 铁岭 | 2008.02.25 | 2008.03.26 | 30 | 527 | 0.19 | 0.81 | 2009.08.05 | 靖宇 | 4.6 | 271 | |
| 33 | 铁岭 | 2009.09.02 | 2009.10.02 | 30 | 110 | 0.19 | 0.81 | 2009.12.21 | 长岭 | 4.7 | 226 | |
| 34 | 铁岭 | 2011.02.09 | 2011.03.11 | 30 | 358 | 0.12 | 0.88 | 2012.02.02 | 盖州 | 4.2 | 236 | |
| 35 | 铁岭 | 2012.10.31 | 2012.11.30 | 30 | 84 | 0.24 | 0.76 | 2013.01.23 | 灯塔 | 5.1 | 106 | |
| 36 | 铁岭 | 2012.10.31 | 2012.11.30 | 30 | 173 | 0.24 | 0.76 | 2013.04.22 | 科尔沁 | 5.3 | 144 | |
| 37 | 铁岭 | 2012.10.31 | 2012.11.30 | 30 | 365 | 0.24 | 0.76 | 2013.10.31 | 前郭 | 5.6 | 263 | |
| 38 | 通化 | 2011.03.11 | 2011.04.25 | 45 | 684 | 0.38 | 0.62 | 2013.01.23 | 灯塔 | 5.1 | 233 | 虚报多 |
| 39 | 哈尔滨 | 2009.12.21 | 2010.02.19 | 60 | 0 | 0.26 | 0.74 | 2009.12.21 | 长岭 | 4.7 | 266 | 疑似 |
| 40 | 哈尔滨 | 2013.03.05 | 2013.04.19 | 45 | 240 | 0.07 | 0.93 | 2013.10.31 | 前郭 | 5.6 | 217 | |
| 41 | 哈尔滨 | 2013.03.05 | 2013.04.19 | 45 | 706 | 0.07 | 0.93 | 2015.02.09 | 乾安 | 4.3 | 220 | |
| 42 | 哈尔滨 | 2014.01.14 | 2014.01.29 | 15 | 391 | 0.36 | 0.64 | 2015.02.09 | 乾安 | 4.3 | 220 | |

续表

| 序号 | 台站 | 异常开始 | 异常结束 | 持续（天） | 至发震（天） | 异常最低值 | 异常幅度 | 发震时间 | 震中 | 震级 M | 震中距（km） | 备注 |
|---|---|---|---|---|---|---|---|---|---|---|---|---|
| 43 | 哈尔滨 | 2014.01.14 | 2014.01.29 | 15 | 645 | 0.36 | 0.64 | 2015.10.21 | 乾安 | 4.5 | 211 | |
| 44 | 哈尔滨 | 2014.01.14 | 2014.01.29 | 15 | 718 | 0.36 | 0.64 | 2016.01.02 | 林口 | 6.1 | 294 | |
| 45 | 通河 | 2008.06.09 | 2008.07.09 | 30 | 335 | 0.28 | 0.72 | 2009.05.10 | 安达 | 4.5 | 291 | |
| 46 | 通河 | 2008.06.09 | 2008.07.09 | 30 | 427 | 0.28 | 0.72 | 2009.08.10 | 汪清 | 4.5 | 263 | |
| 47 | 通河 | 2008.06.09 | 2008.07.09 | 30 | 558 | 0.28 | 0.72 | 2009.12.19 | 鸡东 | 4.1 | 237 | |
| 48 | 通河 | 2015.08.17 | 2015.09.16 | 30 | 138 | 0.28 | 0.72 | 2016.01.02 | 林口 | 6.1 | 142 | |
| 49 | 通河 | 2015.08.17 | 2015.09.16 | 30 | 706 | 0.28 | 0.72 | 2017.07.23 | 松原 | 5.0 | 273 | |
| 50 | 崇明 | 2009.11.06 | 2009.11.21 | 15 | 432 | 0.37 | 0.63 | 2011.01.12 | 南黄海 | 4.8 | 289 | |
| 51 | 崇明 | 2012.07.08 | 2012.07.23 | 15 | 12 | 0.25 | 0.75 | 2012.07.20 | 高邮 | 4.9 | 250 | |
| 52 | 崇明 | 2012.07.08 | 2012.07.23 | 15 | 48 | 0.25 | 0.75 | 2012.08.25 | 黄海 | 4.4 | 250 | |
| 53 | 新沂 | 2011.04.15 | 2011.05.30 | 45 | 462 | 0.09 | 0.91 | 2012.07.20 | 高邮 | 4.9 | 185 | |
| 54 | 新沂 | 2014.01.14 | 2014.01.29 | 15 | 424 | 0.05 | 0.95 | 2015.03.14 | 阜阳 | 4.3 | 279 | |
| 55 | 新沂 | 2015.01.09 | 2015.01.24 | 15 | 650 | 0.38 | 0.62 | 2016.10.20 | 射阳 | 4.3 | 197 | 疑似 |
| 56 | 高邮 | 2010.09.12 | 2010.09.27 | 15 | 677 | 0.45 | 0.55 | 2012.07.20 | 高邮 | 4.9 | 39 | 疑似 |
| 57 | 高邮 | 2010.09.12 | 2010.09.27 | 15 | 713 | 0.45 | 0.55 | 2012.08.25 | 黄海 | 4.4 | 265 | 疑似 |
| 58 | 盐城 | 2010.11.16 | 2010.12.16 | 30 | 612 | 0.25 | 0.75 | 2012.07.20 | 高邮 | 4.9 | 65 | |
| 59 | 盐城 | 2010.11.16 | 2010.12.16 | 30 | 648 | 0.25 | 0.75 | 2012.08.25 | 黄海 | 4.4 | 181 | |
| 60 | 盐城 | 2015.01.09 | 2015.02.08 | 30 | 650 | 0.17 | 0.83 | 2016.10.20 | 射阳 | 4.3 | 33 | |
| 61 | 盐城 | 2016.02.03 | 2016.03.04 | 30 | 260 | 0.14 | 0.86 | 2016.10.20 | 射阳 | 4.3 | 33 | |
| 62 | 淮安 | 2012.04.09 | 2012.05.09 | 30 | 102 | 0.12 | 0.88 | 2012.07.20 | 高邮 | 4.9 | 64 | |
| 63 | 淮安 | 2012.04.09 | 2012.05.09 | 30 | 138 | 0.12 | 0.88 | 2012.08.25 | 黄海 | 4.4 | 284 | |
| 64 | 淮安 | 2015.02.23 | 2015.03.10 | 15 | 19 | 0.17 | 0.83 | 2015.03.14 | 阜阳 | 4.3 | 294 | |
| 65 | 淮安 | 2015.02.23 | 2015.03.10 | 15 | 605 | 0.17 | 0.83 | 2016.10.20 | 射阳 | 4.3 | 125 | |
| 66 | 淮安 | 2015.07.23 | 2015.08.07 | 15 | 455 | 0.31 | 0.69 | 2016.10.20 | 射阳 | 4.3 | 125 | |
| 67 | 无锡 | 2011.09.27 | 2011.10.12 | 15 | 297 | 0.12 | 0.88 | 2012.07.20 | 高邮 | 4.9 | 181 | |
| 68 | 无锡 | 2016.01.04 | 2016.01.19 | 15 | 290 | 0.006 | 0.994 | 2016.10.20 | 射阳 | 4.3 | 235 | |
| 69 | 无锡 | 2016.01.04 | 2016.01.19 | 15 | 464 | 0.006 | 0.994 | 2017.04.12 | 临安 | 4.1 | 178 | |
| 70 | 海安 | 2011.07.29 | 2011.08.28 | 30 | 357 | 0.2 | 0.8 | 2012.07.20 | 高邮 | 4.9 | 103 | |
| 71 | 海安 | 2011.07.29 | 2011.08.28 | 30 | 393 | 0.2 | 0.8 | 2012.08.25 | 黄海 | 4.4 | 204 | |
| 72 | 大丰 | 2015.11.05 | 2016.01.04 | 60 | 350 | 0.31 | 0.69 | 2016.10.20 | 射阳 | 4.3 | 50 | |

| 序号 | 台站 | 异常开始 | 异常结束 | 持续（天） | 至发震（天） | 异常最低值 | 异常幅度 | 发震时间 | 震中 | 震级 M | 震中距（km） | 备注 |
|---|---|---|---|---|---|---|---|---|---|---|---|---|
| 73 | 漳州 | 2014.11.16 | 2014.12.01 | 15 | 447 | 0.5 | 0.5 | 2016.02.06 | 高雄 | 6.7 | 340 | 陆外 |
| 74 | 漳州 | 2017.05.04 | 2017.07.03 | 60 | 571 | 0.41 | 0.59 | 2018.11.26 | 台湾海峡 | 6.2 | 163 | 陆外 |
| 75 | 泰安 | 2015.12.20 | 2016.02.18 | 60 | 439 | 0.37 | 0.63 | 2017.03.03 | 长岛 | 4.0 | 383 | 疑似 |
| 76 | 信阳 | 2009.05.10 | 2009.05.25 | 15 | 532 | 0.17 | 0.83 | 2010.10.24 | 太康 | 4.6 | 222 | |
| 77 | 信阳 | 2009.05.10 | 2009.05.25 | 15 | 667 | 0.17 | 0.83 | 2011.03.08 | 太康 | 4.1 | 213 | |
| 78 | 信阳 | 2016.03.19 | 2016.04.03 | 15 | 692 | 0.15 | 0.85 | 2018.02.09 | 淅川 | 4.1 | 246 | |
| 79 | 浚县 | 2009.08.08 | 2009.08.23 | 15 | 442 | 0.39 | 0.61 | 2010.10.24 | 太康 | 4.6 | 151 | |
| 80 | 浚县 | 2009.08.08 | 2009.08.23 | 15 | 577 | 0.39 | 0.61 | 2011.03.08 | 太康 | 4.1 | 159 | |
| 81 | 浚县 | 2010.11.01 | 2010.11.16 | 15 | 127 | 0.21 | 0.79 | 2011.03.08 | 太康 | 4.1 | 159 | |
| 82 | 浚县 | 2016.03.04 | 2016.03.19 | 15 | 289 | 0.41 | 0.59 | 2016.12.18 | 清徐 | 4.1 | 295 | 疑似 |
| 83 | 卢氏 | 2013.08.17 | 2013.09.16 | 30 | 283 | 0.52 | 0.48 | 2014.05.27 | 房县 | 4.0 | 245 | |
| 84 | 卢氏 | 2015.04.24 | 2015.06.08 | 45 | 323 | 0.18 | 0.82 | 2016.03.12 | 盐湖 | 4.3 | 107 | |
| 85 | 卢氏 | 2017.07.27 | 2017.08.11 | 15 | 197 | 0.67 | 0.33 | 2018.02.09 | 淅川 | 4.1 | 145 | 疑似 |
| 86 | 丹江 | 2012.08.07 | 2012.09.21 | 45 | 496 | 0.1 | 0.9 | 2013.12.16 | 巴东 | 5.1 | 187 | |
| 87 | 丹江 | 2012.08.07 | 2012.09.21 | 45 | 658 | 0.1 | 0.9 | 2014.05.27 | 房县 | 4.0 | 124 | |
| 88 | 丹江 | 2013.07.03 | 2013.08.02 | 30 | 166 | 0.2 | 0.8 | 2013.12.16 | 巴东 | 5.1 | 187 | |
| 89 | 丹江 | 2013.07.03 | 2013.08.02 | 30 | 328 | 0.2 | 0.8 | 2014.05.27 | 房县 | 4.0 | 124 | |
| 90 | 丹江 | 2017.01.28 | 2017.02.27 | 30 | 139 | 0.32 | 0.68 | 2017.06.16 | 巴东 | 4.3 | 191 | |
| 91 | 丹江 | 2017.01.28 | 2017.02.27 | 30 | 377 | 0.32 | 0.68 | 2018.02.09 | 淅川 | 4.1 | 31 | |
| 92 | 丹江 | 2017.01.28 | 2017.02.27 | 30 | 621 | 0.32 | 0.68 | 2018.10.11 | 秭归 | 4.5 | 193 | |
| 93 | 十堰 | 2013.03.20 | 2013.04.19 | 30 | 271 | 0.73 | 0.27 | 2013.12.16 | 巴东 | 5.1 | 168 | |
| 94 | 十堰 | 2013.03.20 | 2013.04.19 | 30 | 433 | 0.73 | 0.27 | 2014.05.27 | 房县 | 4.0 | 82 | |
| 95 | 十堰 | 2013.12.15 | 2013.12.30 | 15 | 1 | 0.75 | 0.25 | 2013.12.16 | 巴东 | 5.1 | 168 | |
| 96 | 十堰 | 2013.12.15 | 2013.12.30 | 15 | 163 | 0.75 | 0.25 | 2014.05.27 | 房县 | 4.0 | 82 | |
| 97 | 周至 | 2012.08.22 | 2012.09.21 | 30 | 334 | 0.19 | 0.81 | 2013.07.22 | 岷县漳县 | 6.6 | 355 | |
| 98 | 周至 | 2013.07.18 | 2013.09.16 | 60 | 4 | 0.21 | 0.79 | 2013.07.22 | 岷县漳县 | 6.6 | 355 | |
| 99 | 泾阳 | 2012.10.21 | 2012.11.20 | 30 | 274 | 0.21 | 0.79 | 2013.07.22 | 岷县漳县 | 6.6 | 412 | |
| 100 | 泾阳 | 2013.05.19 | 2013.06.18 | 30 | 64 | 0.21 | 0.79 | 2013.07.22 | 岷县漳县 | 6.6 | 412 | |
| 101 | 泾阳 | 2015.09.21 | 2015.10.06 | 15 | 687 | 0.06 | 0.94 | 2017.08.08 | 九寨沟 | 7.0 | 480 | |

续表

| 序号 | 台站 | 异常开始 | 异常结束 | 持续（天） | 至发震（天） | 异常最低值 | 异常幅度 | 发震时间 | 震中 | 震级M | 震中距（km） | 备注 |
|---|---|---|---|---|---|---|---|---|---|---|---|---|
| 102 | 汉中 | 2012.04.24 | 2012.05.09 | 15 | 454 | 0.12 | 0.88 | 2013.07.22 | 岷县漳县 | 6.6 | 271 | |
| 103 | 汉中 | 2013.07.18 | 2013.08.17 | 30 | 4 | 0.09 | 0.91 | 2013.07.22 | 岷县漳县 | 6.6 | 271 | |
| 104 | 兰州 | 2013.02.18 | 2013.04.04 | 45 | 154 | 0.06 | 0.94 | 2013.07.22 | 岷县漳县 | 6.6 | 179 | |
| 105 | 兰州 | 2016.09.30 | 2016.10.15 | 15 | 312 | 0.08 | 0.92 | 2017.08.08 | 九寨沟 | 7.0 | 321 | |
| 106 | 天水 | 2016.09.30 | 2016.11.29 | 60 | 312 | 0.24 | 0.76 | 2017.08.08 | 九寨沟 | 7.0 | 239 | |
| 107 | 都兰 | 2014.09.11 | 2014.10.11 | 30 | 497 | 0.18 | 0.82 | 2016.01.21 | 门源 | 6.4 | 345 | |
| 108 | 都兰 | 2014.09.11 | 2014.10.11 | 30 | 767 | 0.18 | 0.82 | 2016.10.17 | 杂多 | 6.2 | 483 | 疑似 |
| 109 | 湟源 | 2015.11.20 | 2015.12.20 | 30 | 62 | 0.24 | 0.76 | 2016.01.21 | 门源 | 6.4 | 111 | |
| 110 | 湟源 | 2015.11.20 | 2015.12.20 | 30 | 627 | 0.24 | 0.76 | 2017.08.08 | 九寨沟 | 7.0 | 452 | |
| 111 | 湟源 | 2016.06.02 | 2016.07.02 | 30 | 432 | 0.5 | 0.5 | 2017.08.08 | 九寨沟 | 7.0 | 452 | |
| 112 | 银川 | 2014.09.11 | 2014.10.11 | 30 | 497 | 0.48 | 0.52 | 2016.01.21 | 门源 | 6.4 | 422 | |
| 113 | 固原 | 2016.01.19 | 2016.02.18 | 2 | 0.22 | 0.78 | 2016.01.21 | 门源 | 6.4 | 447 | 疑似 | |
| 114 | 固原 | 2016.01.19 | 2016.02.18 | 567 | 0.78 | 2017.08.08 | 九寨沟 | 7.0 | 374 | | | |
| 115 | 中卫 | 2012.12.20 | 2013.01.04 | 15 | 214 | 0.35 | 0.65 | 2013.07.22 | 岷县漳县 | 6.6 | 354 | |
| 116 | 乌什 | 2011.08.28 | 2011.09.27 | 30 | 65 | 0.26 | 0.74 | 2011.11.01 | 尼勒克 | 6.0 | 374 | |
| 117 | 乌什 | 2011.08.28 | 2011.09.27 | 30 | 194 | 0.26 | 0.74 | 2012.03.09 | 和田 | 6.0 | 267 | |
| 118 | 乌什 | 2017.01.13 | 2017.02.12 | 30 | 208 | 0.32 | 0.68 | 2017.08.09 | 精河 | 6.7 | 455 | |
| 119 | 桃源 | 2013.02.03 | 2013.04.04 | 60 | 316 | 0.44 | 0.56 | 2013.12.16 | 巴东 | 5.1 | 265 | |
| 120 | 成都 | 2015.12.20 | 2016.01.04 | 15 | 597 | 0.16 | 0.84 | 2017.08.08 | 九寨沟 | 7.0 | 254 | |
| 121 | 成都 | 2016.09.15 | 2016.10.15 | 30 | 327 | 0.2 | 0.8 | 2017.08.08 | 九寨沟 | 7.0 | 254 | |
| 122 | 道孚 | 2008.12.26 | 2009.01.25 | 195 | 0.34 | 0.66 | 2009.07.09 | 姚安 | 6.0 | 488 | | |
| 123 | 道孚 | 2014.01.14 | 2014.02.13 | 30 | 201 | 0.32 | 0.68 | 2014.08.03 | 鲁甸 | 6.5 | 398 | |
| 124 | 道孚 | 2014.01.14 | 2014.02.13 | 30 | 312 | 0.32 | 0.68 | 2014.11.22 | 康定 | 6.3 | 75 | |

### 2. 有震异常

由于篇幅限制，整理部分典型震例如下：

（1）2017 年 8 月 8 日四川九寨沟 7.0 级地震，震前泾阳、兰州、天水、湟源、固原、成都台均有磁测深视电阻率（地磁谐波振幅比）空间线性度异常出现。从图中可以看出，台站距离震中越远，异常出现的时间越早，利用这一点可以根据异常出现的先后顺序判定未来主震可能的发震区域（图 6.3－4）。

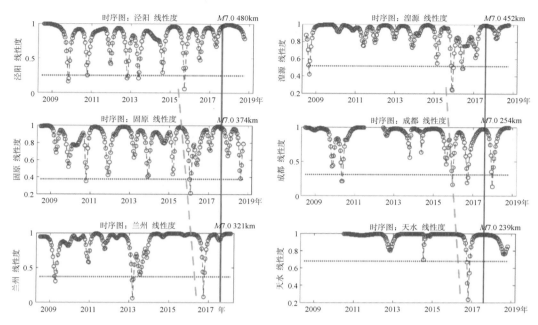

图 6.3 - 4　九寨沟 7.0 级地震前空间线性度异常曲线

（2）2013 年 7 月 22 日甘肃岷县漳县 6.6 级地震前，周至、泾阳、汉中、兰州、中卫台均出现磁测深视电阻率（地磁谐波振幅比）空间线性度异常。从图 6.3 - 5 中仍可看出震中距最小的兰州台异常出现时间最晚。

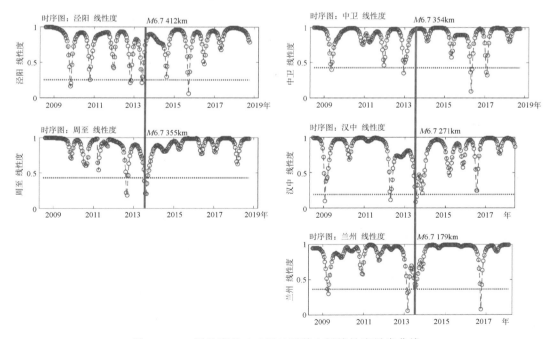

图 6.3 - 5　岷县漳县 6.6 级地震前空间线性度异常曲线

（3）2016年1月21日青海门源6.4地震前，都兰、湟源、银川台均出现磁测深视电阻率（地磁谐波振幅比）空间线性度异常。从图6.3－6中仍可看出震中距最小的湟源台异常出现时间最晚。

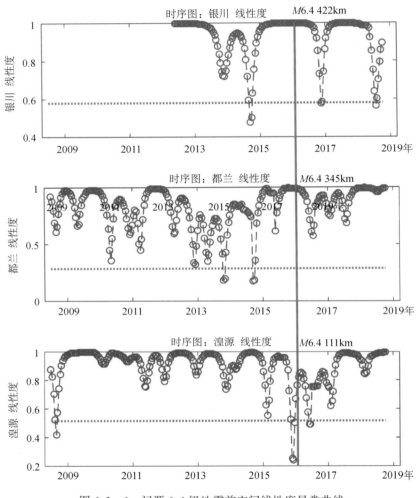

图6.3－6　门源6.4级地震前空间线性度异常曲线

（4）2013年12月16日湖北巴东5.1级地震前，丹江、十堰、桃源台均出现磁测深视电阻率（地磁谐波振幅比）空间线性度异常（图6.3－7）。

（5）漳州台空间线性度在2016年台湾高雄6.7级、2018年台湾海峡6.2级地震前均出现磁测深视电阻率（地磁谐波振幅比）异常（图6.3－8）。

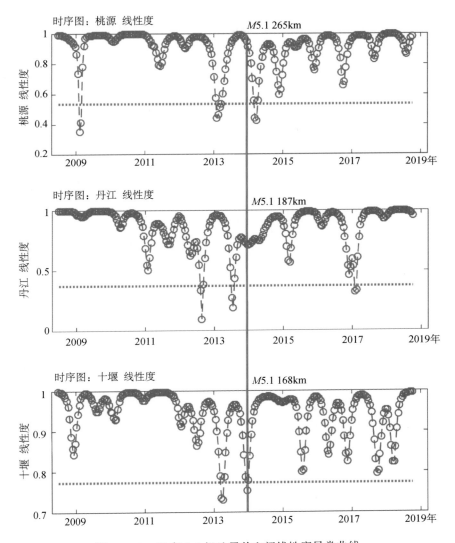

图 6.3－7　巴东 5.1 级地震前空间线性度异常曲线

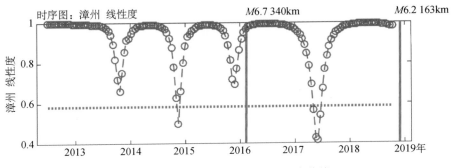

图 6.3－8　漳州台空间线性度异常曲线

### 3. 虚报异常

部分台站的空间线性度出现低阈值异常，但未对应地震，列图如图 6.3 - 9。

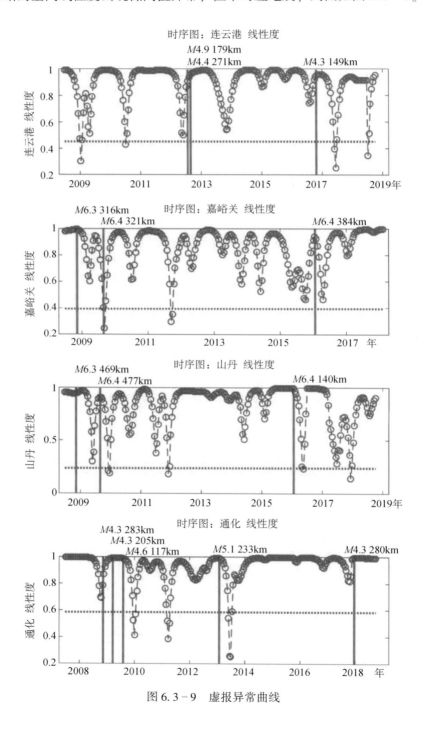

图 6.3 - 9　虚报异常曲线

**4. 疑似异常**

疑似异常主要是指异常参数不符合，但近似符合的异常。如下降到阈值线，但未超过阈值的（高邮台）；如对应地震超过给定范围的（泰安台），图例如图 6.3 - 10。

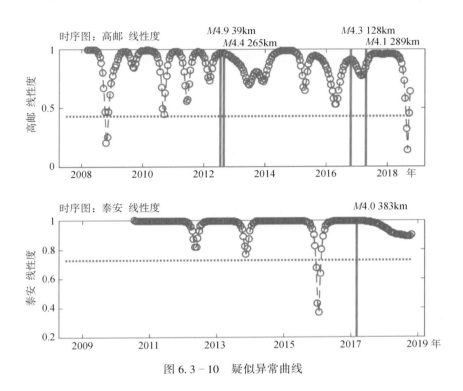

图 6.3 - 10　疑似异常曲线

## 6.3.5　讨论

磁测深视电阻率（地磁谐波振幅比）在近年的震情跟踪工作中已发挥出日益突出的作用，显示出良好的应用前景。为了该方法能够大规模的应用于各级地震局的会商，学科组一直寻求建立地磁谐波振幅比方法的定量预测指标体系。经过长期的探索和不断的尝试，空间线性度参数的计算被引入磁测深视电阻率（地磁谐波振幅比）数据的分析中，并在全国震例分析中得到了广泛的检验，本节即为其主要内容和成果。

通过全面的计算分析，目前的结果表明磁测深视电阻率（地磁谐波振幅比）空间线性度曲线能够在一定程度上代表传统的地磁谐波振幅比数据，空间线性度曲线的下降、超阈值变化可能与地震的发生孕育存在一定联系，利用空间线性度的变化可以定量预测未来主震的发生时间、地点和震级。不可否认的是，该方法也存在局限性，仍存在明显的虚报、漏报现象，与地震三要素之间的关系尚不明确等等，这仍有待于进一步的工作来逐步解决。

# 参考文献

戴勇、高立新、张立丰，2016，甘—青地区地磁谐波振幅比分析，地震工程学报，38（1）：12~18

丁鉴海、卢振业、黄雪香，1994，地震地磁学，北京：地震出版社，132~135

冯德益、顾瑾平、陈化然等，1995，海城 7.3 级地震前地震波动力学特征量的异常变化，东北地震研究，11（4）：1~11

冯德益、吴国有、陈化然等，1994，地震波动力学特征变化指标在短期地震预报中的应用，地震，1：12~22

冯德益、虞雪君、吴国有等，1993，数字化地震记录波形线性度的分析处理方法及其初步应用，地球物理学进展，8（1）：75~81

冯志生、居海华、李鸿宇等，2009，地磁谐波振幅比异常特征的进一步研究及定性解释，华南地震，29（1）：17~23

冯志生、李鸿宇、张秀霞等，2013，地磁谐波振幅比异常与强地震，华南地震，33（3）：9~15

冯志生、梅卫萍、张秀霞等，2004，中强震前地磁谐波振幅比的趋势性变化特征初步研究，西北地震学报，26（1）：50~56

龚绍京、陈化然，2001，水平场转换函数空间分布特征的数值模拟，地震学报，（06）：637~644

郝锦绮、黄平章、张天中等，1989，岩石剩余磁化强度的应力效应，地震学报，11（4）：381~391

何畅、廖晓峰、祁玉萍等，2017，2017 年 8 月 8 日九寨沟 $M_S7.0$ 地震前成都台地磁谐波振幅比异常分析，中国地震，33（04）：575~581

华卫，2002，2001 年 4 月 22 日阳江 4.2 级地震前部分地震波参数变化特征［J］，华南地震，22（3）：58~64

蒋延林、袁桂平、李鸿宇等，2016，高邮—宝应 4.9 级地震地磁谐波振幅比异常特征初步分析，中国地震，32（1）：143~150

李鸿宇、王维、袁桂平，2018，两次 4.0 级地震前高邮台和盐城台地磁谐波振幅比异常分析，中国地震，34（02）：364~370

李鸿宇、朱培育、王维、冯志生，2018，2013 年前郭 5.8 级震群的地磁多方法异常分析，地震研究，41（01）：111~117+158

李霞、冯丽丽、赵玉红等，2018，2016 年门源 6.4 级地震地磁谐波振幅比异常特征分析，地震地磁观测与研究，39（03）：81~88

刘长生、赵谊、张明东等，2017，吉林松原 $M \geqslant 5.0$ 级震群前地磁谐波振幅比异常特征，地震地磁观测与研究，38（02）：81~88

刘冠中、蒋靖祥、王建军等，2007，跨断层定点形变观测资料"速率累加分析"及其异常初步提取方法，内陆地震，（03）：230~237

刘素珍、李自红、刘瑞春，2018，2016 年 3 月 12 日运城 $M_S4.4$ 地震地磁谐波振幅比异常分析，地震地磁观测与研究，39（02）：50~56

倪晓寅、陈莹，2017，强震前短周期地磁谐波振幅比变化特征，地震研究，40（03）：431~436+511

田山、关华平、吴国有等，2004a，华北地区强震前电磁短期异常特征研究，中国地震，20（1）：80~88

田山、吴国有、关华平等，2004b，华北地区强震前地磁短期异常特征研究，地震，24（2）：97~102

吴国有、冯德益、曾正文等，1996，不连续岩石试件加载变形与破坏前后声发射波形的线性度分析，地震地质，18（3）：284~288

吴国有、刘允秀、田山等，1997，线性度方法在前兆观测数据分析处理中的应用，中国地震，13（1）：52~58

# 第7章 《地震地磁数据分析预报软件》简介

## 7.1 概述

《地震地磁数据分析预报软件》专为地磁数据分析而开发，具备多种地磁前兆分析方法的计算和绘图功能。

软件由数据下载、数据整理、数据浏览、数据分析和设置5大模块组成。数据下载模块包含观测数据和日变幅度的下载功能；数据整理模块包含格式转换、时间系统转换和数据提取等数据准备功能；数据浏览模块包含"十五"数据库和"九五"文本文件两种数据源的观测数据图形显示功能；数据分析模块包含各种地磁分析方法的计算和绘图功能；设置模块包含系统参数设置和自动运行设置，经自动运行设置后，软件可全自动执行下载、整理和计算分析任务。

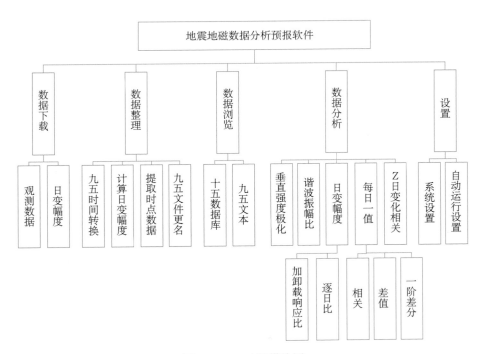

图 7.1-1　功能模块图

## 7.2　运行环境与安装和运行准备

### 7.2.1　硬件环境

　　CPU：Intel Core i3/i5/i7 系列或同等处理能力的其他型号
　　内存：2G 以上
　　存储：50G 以上
　　显示分辨率：不低于 1366 * 768

### 7.2.2　软件环境

　　操作系统：Windows 7 或 Windows 10 所有中文版本
　　其他：Oracle 11g 客户端（32bit 和 64bi 均可）

### 7.2.3　安装和设置

　　软件免安装，程序包解压即可使用。
　　首次使用要设置系统默认工作路径，因地磁数据的数据量较大，设置时要注意磁盘空间是否够用。软件的所有功能都与默认工作路径之间有关联，设置后尽可能不要改动。
　　默认工作路径在"系统设置"界面设置，打开系统设置界面的途径：系统主菜单"设置"——子菜单"系统设置"。

### 7.2.4　数据组织

　　地磁数据分析涉及众多站点和数十种数据，为了提高软件的可靠性和易用性，将数据分成了观测数据和产品数据两大类，并以层级形式组织起来。
　　观测数据和产品数据（计算结果）的第一层级分别是数据类型和分析方法，后三个层级的命名是相同的，所有这些层级的目录树均由程序自动生成，正常情况下所有得数据都由程序自动管理。必要的时候，用户可按图索骥找到需要的数据，但强烈建议不要改动任何路径名称、文件名和文件内容。数据层级组织结构示意图如图 7.2 - 1 和图 7.2 - 2。

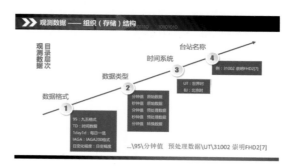

图 7.2 - 1　观测数据组织结构示意图

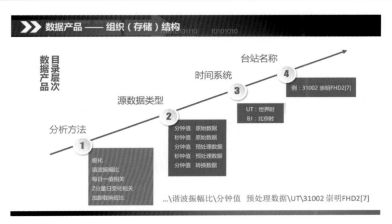

图 7.2-2 产品数据组织结构示意图

## 7.2.5 符号约定

99999 表示缺数；加卸载响应比和逐日比输出结果中以 -1 表示当日无比值。

## 7.3 使用方法

基本操作流程：系统设置（默认路径）*—登录—系统设置（格式匹配）*—下载数据—整理数据—计算—绘图。软件在计算完毕后会自动生成相关图形保存在默认工作目录下，用户可直接查看，也可在绘图界面重新绘制和调整图形。软件具体使用方法如下：

### 7.3.1 登录

系统运行有两种模式：联机模式和脱机模式。

图 7.3-1 登录界面

**1. 联机模式**

此模式必须联网，连接数据库成功后所有功能可用。

在成功登陆某一数据库后，软件会保存连接参数以备后用，最近一次的连接参数自动设置为默认参数。

在首次登录某一数据库时，软件会自动搜索该数据库中的所有地磁台站信息，并以配置文件形式存储在软件根目录下的"conn"文件夹中，文件命名方式为数据库 IP 地址去点+后缀名"STA"（例：IP 地址 192.168.0.1，文件名 19216801.STA）。登录已登录过数据库时，程序默认读取本地存储的对应台站信息，如要更新，勾选"更新参数"复选框后再登录。

**2. 脱机模式**

此模式不必联网，除下载数据和以数据库为数据源的图形显示功能不可用外，其他功能均可用。

登录方法：在服务器下拉列表框中选择已登录过的数据库服务器，然后单击"脱机运行"按钮，登录后各功能界面仅显示当前数据库对应的站点列表。

## 7.3.2 格式匹配

十五数据库中的地磁数据现有 4 种格式，为正确读取数据，登录数据库后，要在系统设置界面的"数据格式匹配"一栏进行设置。匹配关系如下：地磁台网中心 ceabak 库对应"中心压缩"；备灾中心的数据库对应"备灾库"；西安数据中心的对应"备份库"；所有台站和省局的数据库对应"非压缩"。

图 7.3-2　系统设置界面

### 7.3.3　数据浏览

支持十五数据库和九五文本文件两种数据源；时段、站点、分量和数据类型可任意组合；有富士拟合功能可选；图形可缩放。

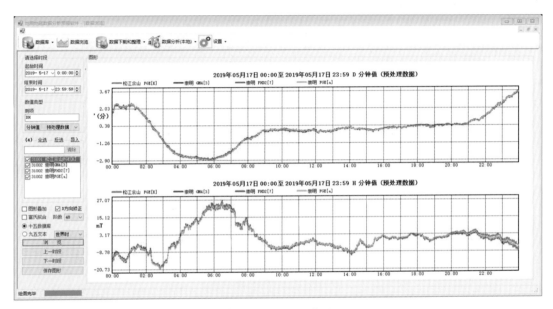

图 7.3 - 3　数据浏览界面

在图面点击右键会弹出一个包括多种功能的弹出菜单。弹出菜单的菜单项和具体功能如表 7.3 - 1。

表 7.3 - 1　右键弹出菜单功能说明

| 菜单项 | 功能 |
| --- | --- |
| 撤销 | 撤销图形的缩放操作 |
| 重做 | 重做图形的缩放操作 |
| 还原 | 将图形还原至初始状态 |
| 设为上限 | 将点下鼠标右键位置以上的数值视为缺数重新绘制图形 |
| 设为下限 | 将点下鼠标右键位置以下的数值视为缺数重新绘制图形 |
| 锁定坐标 | 切换绘图时段仍保持 Y 轴上下限刻度不变，以便观察总体变化趋势 |
| 显示变幅 | 弹出对话框，显示当前图形中每一条数据线的变化幅度和首尾差值 |
| 显示数值 | 显示鼠标当前位置的时间和数值 |
| 保存图形 | 弹出文件保存对话框，将当前显示图形保存为文件 |

## 7.3.4　下载数据

日期范围、数值类型、导出格式和台站列表可自行调整，任意组合。导出格式有 4 种可选：九五文本、每日一值、时间数据和 IAGA2002。

选择 IAGA2002 格式时，如遇单台仪器分量数大于 4 个的情况，程序会在下载该站点数据前先弹出对话框，在用户选定 4 个分量后再开始下载数据。

图 7.3 - 4　数据下载界面

## 7.3.5　数据整理

数据整理包括时间系统转换、时点数据提取和日变幅计算。

时间系统转换支持北京时和世界时之间双向互转，其实质是一个裁剪拼接的过程。

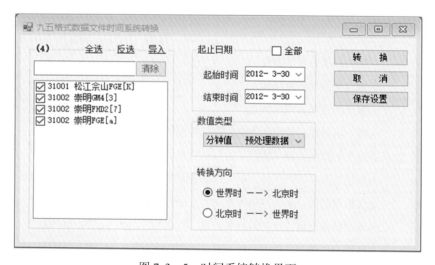

图 7.3 - 5　时间系统转换界面

时点数据提取是为每日一值的相关计算准备数据源，用户可以任意指定一个时点，提取该时点或者该时点前后 n 个数据的均值作为每日一值。

日变幅计算是为加卸载响应比和逐日比分析准备数据源，其计算过程如下：读取九五格式的全日数据；通过富氏拟合消除高频干扰信号；计算全日数据中最大值和最小值的差值，即日变化幅度。是否进行富氏拟合和拟合的阶数都是可选的，需按实际情况自行设置。富氏拟合阶数越高，保留的信息越多，建议普通用户使用默认参数。

图 7.3 - 6　提取时点数据和计算日变幅界面

## 7.3.6　计算和绘图

### 1. 地磁垂直强度极化

建议普通用户使用默认参数。可分步计算，也可一键完成。

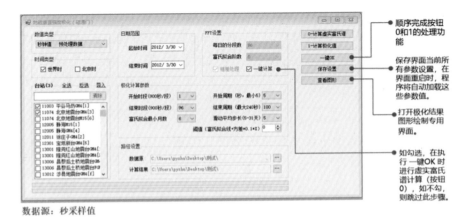

图 7.3 - 7　地磁垂直强度极化计算界面

计算完毕，单击"查看图形"按钮，进入极化专用绘图界面。绘图有两种模式：单台和自定义。单台模式下，程序按站点名称和极化计算参数自动查找计算结果，所以应注意极化参数的匹配。自定义模式用于将多个站点的极化分析结果绘制到一个大图里，用户需先行将数据文件归集到同一个文件夹里，然后在打开文件对话框中全选或选择部分文件绘图。极化专用绘图界面如图 7.3 - 8 所示。

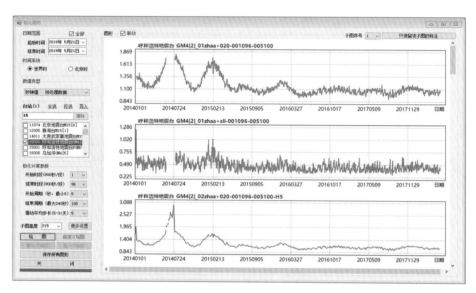

图 7.3 - 8　地磁垂直强度极化绘图界面

## 2. 地磁谐波振幅比

建议使用默认参数。可分步计算，也可一键完成。重要参数说明请见表 7.3 - 2。

表 7.3 - 2　计算谐波振幅比重要参数说明

| 参数名称 | 说明 |
| --- | --- |
| 旋转 45°（磁通门） | 水平分量观测值旋转 45 度后再计算富氏谱，用于消除磁通门仪器的定向误差 |
| 富氏拟合阶数调节 | 此处的富氏拟合用于谐波比日均值的平滑处理，富氏拟合阶数默认为数据年数+阶数调节数。可见，阶数调节数是用于调整实际使用的富氏拟合阶数的，阶数会影响最终结果的平滑程度 |

计算完毕，单击"查看图形"按钮进入谐波比专用绘图界面。程序按站点名称和参数查找数据，请注意参数匹配。

图 7.3 - 9 地磁谐波振幅比计算界面

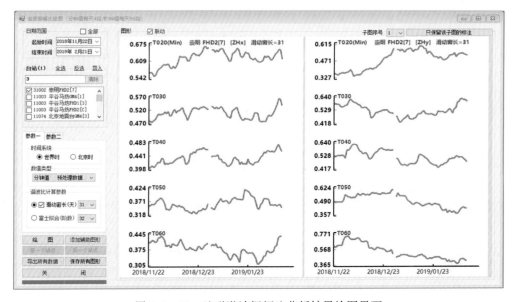

图 7.3 - 10 地磁谐波振幅比分析结果绘图界面

选定各项参数后单击"绘图"按钮,绘制的图形是如图 7.3 - 10 所示的基础图形,如再点击"添加辅助图形"按钮就会在此基础上添加凸显变化趋势的辅助图形。添加辅助图形后如图 7.3 - 11 所示,图中的第三列子图和底部长图都是辅助图形。第三列中的每一个子图的数据由与其平行的左侧两个子图的数据以专门算法计算而得,底部长图的数据由第三列全部子图数据的列相加而得。

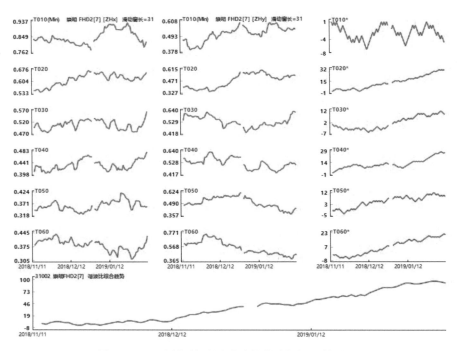

图 7.3 - 11　添加辅助图形后的谐波振幅比结果图形

### 3. 地磁加卸载响应比 （逐日比）

加卸载响应比和逐日比的数据源均为日变化幅度，虽然算法不同，但处理流程相似，因此，为了简化程序和提高计算效率，这两种比值的计算集合到了同一个界面，两者同时计算。

参数 "阈值" 需按地区差异自行设置，默认值仅供参考。

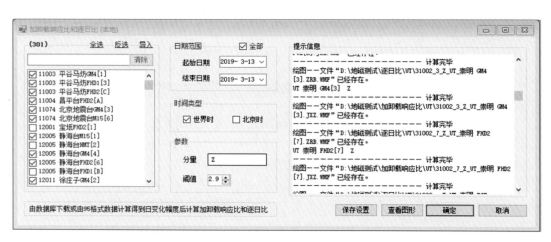

图 7.3 - 12　地磁加卸载响应比（逐日比）计算界面

计算完毕，单击"查看图形"按钮进入专用绘图界面。图中红点标记的是超阈值的数据点。阈值在此界面仍可调整，重绘生效。

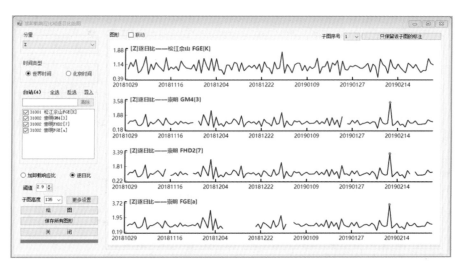

图 7.3 - 13　地磁加卸载响应比（逐日比）绘图界面

### 4. 地磁每日一值相关（每日一值差值）

每日一值相关（每日一值差值）的数据源是每日一值。如多个参考台要与同一组观测台组合分析时，全选这些参考台一次性计算可大幅减少总耗时。若参考台和观测台中有相同站点出现，软件会在结果文件中自动剔除这些自我组合。

图 7.3 - 14　地磁每日一值相关计算界面

计算完毕，单击"查看图形"按钮进入专用绘图界面。注意要使参数和计算时的一致才能绘出图形。

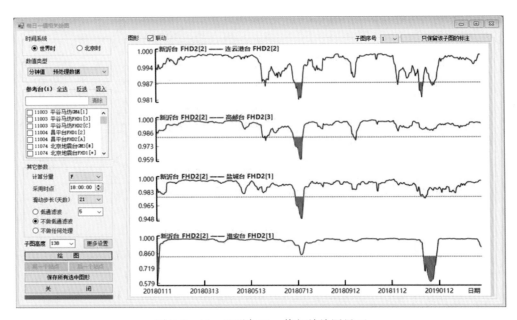

图 7.3 - 15　地磁每日一值相关绘图界面

每日一值差值计算界面和使用流程基本一致，只是图件有所不同。每日一值差值绘图界面如图 7.3 - 16 所示。

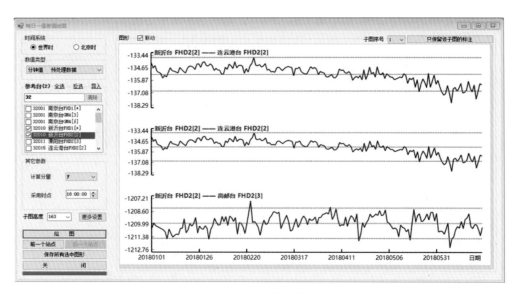

图 7.3 - 16　每日一值差值绘图界面

**5. 日变化相关**

　　日变换相关的数据源通常选用 Z 分量北京时的全天数据。如多个参考台要与同一组观测台组合分析时，全选这些参考台一次性计算可大幅减少总耗时。若参考台和观测台中有相同站点出现，软件会在结果文件中自动剔除这些自我组合。

图 7.3 - 17　地磁日变化相关计算界面

　　图 7.3 - 18 是日变化相关绘图界面，要注意参数匹配。

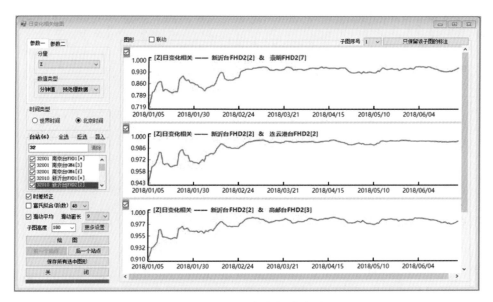

图 7.3 - 18　地磁日变化相关绘图界面

## 7.3.7 自动批处理

软件具备在设定参数条件下自动依次完成设定任务的功能。开发自动批处理功能的目的是降低分析人员劳动强度和充分利用计算机空闲时间。

自动批处理功能使用流程如图 7.3 − 19 所示。

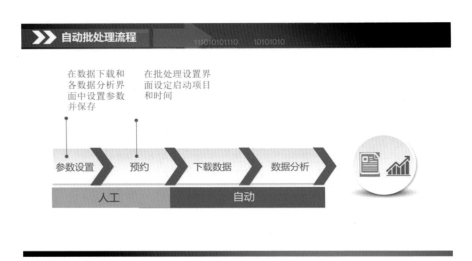

图 7.3 − 19 自动批处理功能使用流程

图 7.3 − 20 是自动批处理设置和监视界面。已设置参数的处理任务会显示为可选（不可选以灰色显示，表示相关参数尚未设定），用户可在此最终选定要自动执行的任务，勾选完毕，用户可选择"立即开始"，也可预约执行。开始执行后，界面会实时显示任务执行进度。

图 7.3 − 20 自动批处理设置和监视界面

## 7.3.8　绘图设置和图形相关操作

本软件中，所有分析结果的图形都是由专为此软件开发的同一个绘图控件绘制的。

所有图形均可通过鼠标拖曳操作进行缩放。在每一个图形显示区左上方都有一个"联动"复选框，当"联动"处于未勾选状态时，所有操作只作用于按下鼠标左键时鼠标所在位置的子图；当"联动"处于勾选状态时，在任意一个子图的操作作用于所有子图。"联动"内容包括缩放和标注等所有操作。

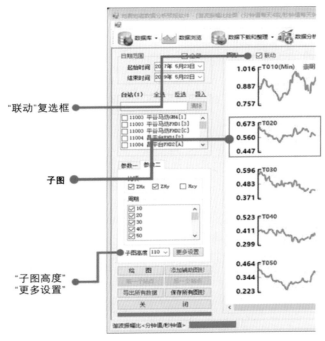

图 7.3 - 21　"联动"复选框、"子图高度"和"更多设置"位置示意图

除上述控制操作范围的"联动"选项外，每一个绘图界面还有"子图高度"和"更多设置"两个用于调整图件细节的功能选项。

"子图高度"用于设置每一个子图的高度，单位是像素。

"更多设置"包含更多细节设置，详见图 7.3 - 22。因界面已有文字说明，故在此不再展开说明。所有设置在单击"确定"按钮后生效。

在"更多设置"界面还有一个"标注地震"选项卡。程序可按设定参数在《地震目录》中搜出符合条件的条目显示在表格中，用户可在表格中删减或编辑，单击"添加标注"后程序将地震标注到图面。这些标注不会因缩放等操作而消失（图 7.3 - 23）。

在图面右键弹出菜单单击"标注管理"还可进一步调整标注，调整包括移除、文字编辑和位置调节。文本中加入半角分号可以起到让文字换行的作用（图 7.3 - 24）。

图 7.3 - 22　更多设置之"绘图设置"界面

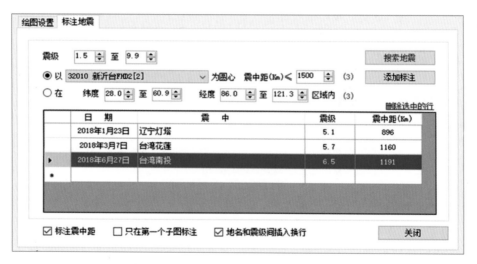

图 7.3 - 23　更多设置之"标注地震"界面

图 7.3 - 24　"标注管理"界面

　　在任意一个子图的图面单击鼠标右键，弹出包含以下菜单项的弹出菜单，各菜单项具体功能详见表 7.3 - 3。

表 7.3 - 3　图面右键弹出菜单功能说明

| 菜单项 | 功能 |
|---|---|
| 撤销缩放 | 撤销图形的缩放操作，可以撤销多步操作 |
| 重做缩放 | 重做图形的缩放操作，可以重做多步操作 |
| 还原 | 将图形还原至初始状态 |
| 设为上限 | 将点下鼠标右键位置以上的数值视为缺数重新绘制图形 |
| 设为下限 | 将点下鼠标右键位置以下的数值视为缺数重新绘制图形 |
| 撤销门限 | 取消上下限设置，重绘图形 |
| 标记开始 | 记录按下鼠标位置并标记符号"S"。缩放操作不会丢失标记 |
| 标记结束 | 记录按下鼠标位置并标记符号"E"。缩放操作不会丢失标记 |
| 撤销标记 | 删除开始和结束标记 |
| 滑动平均 | 图面数据按设置的平滑步长平滑后重绘图形 |
| 预处理 | 弹出预处理浮窗（详见预处理界面说明） |
| 标注 | 在点下鼠标位置添加标注 |
| 标注管理 | 弹出当前子图的标注管理界面 |
| 暂存数据 | 以图面当前显示数据替代初始绘图数据 |
| 导出数据 | 导出三种数据：当前子图图面数据、等值线数据和异常幅度值 |
| 全程均值线 | 添加或删除全程均值线 |
| 区间均值线 | 添加或删除由标记的起止区间计算所得的均值线 |
| 全程倍方差线 | 添加或删除全程倍方差线 |
| 区间倍方差线 | 添加或删除区间倍方差线 |
| 计算变幅 | 弹出对话框，显示当前子图全程和区间变化幅度 |
| 填色 | 在图面指定区域填色 |
| 显示数值 | 显示鼠标当前位置的时间和数值 |
| 保存图形 | 弹出文件保存对话框，将当前图形保存到图形文件 |

　　单击上述右键弹出菜单的"预处理"菜单项可打开图 7.3 - 25 所示的预处理浮窗，与弹出菜单中的标示起止功能配合使用，可实现删除数据和台阶改正的功能。具体使用的方法如下：先标注起始和结束位置，然后根据情况在预处理浮窗选择对应的选项，最后单击"删除"或"改正"按钮即可，所有操作均可撤销或重做。"导出预处理数据"的功能是弹出文件保存对话框，将数据存储到用户指定的文本文件中；"保存预处理数据（覆盖源文件）"则顾名思义就是以预处理后的数据覆盖原来的数据文件，覆盖后不可恢复。

图 7.3 - 25　预处理浮窗

## 7.4　结束语

　　地震地磁数据分析预报软件的算法是以冯志生研究员开发的相关软件为基础，经指标建设组所有成员反复验证和优化后形成的。软件的其它方面，如功能设计、图件设计和文件结构设计等，也都是指标建设参与人员共同努力的成果。

　　软件于 2018 年 6 月正式发布，之后根据用户的错误报告和提出的新要求又做了多次完善和修改，目前的版本已趋于稳定。

　　虽然目前的版本已经基本没有错误，但仍有一些方面有待完善和改进，其中，最有改进必要的是计算效率。由于地磁分析数据量较大，虽然目前的版本已经做了提高效率的设计，但有些处理步骤的耗时仍然很大，所以，进一步提高效率仍然很有必要。

　　最后，感谢有关领导对软件开发工作的大力支持，感谢热心用户提出的宝贵意见和建议！